圖解版

噴射客機的
飛行原理

在飛行員的操縱下飛機怎麼運作？
噴射客機系統的詳細圖解！

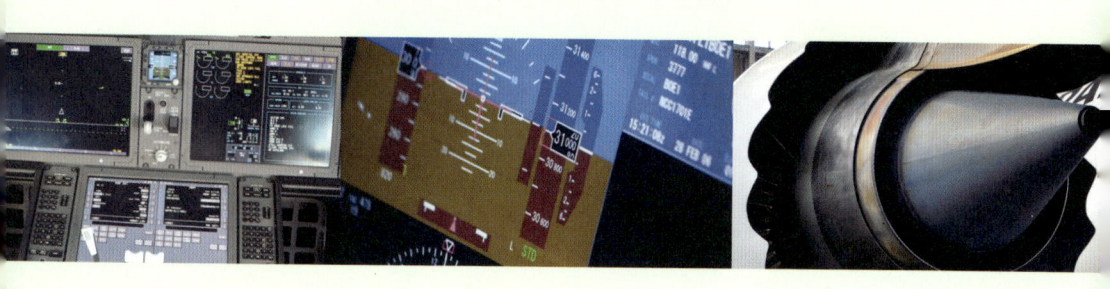

前飛航工程師 中村寬治

晨星出版

序

　　本書的主題是噴射客機的工作原理，特指系統。書籍重點是飛行員操作控制面板（配有儀表、開關等的控制面板）時，噴射客機的系統如何運作。例如：

- 移動操縱桿或側桿，指令如何傳遞到機身？
- 在駕駛艙內操作自動駕駛時，飛機會發生什麼事？
- 單側引擎停止運作時，如何解決燃油量的差異？

等。此外，現代的面板操控已經從類比轉為數位控制為主流。因此，本書主題也包含「控制面板有哪些改變」和「控制面板的操作程序有哪些改變」。

　　早期噴射客機的系統控制是「手動操作」。例如「切換電源時，必須用拇指和食指夾住開關，用小指調節頻率」等，在某些情況下需要專業技巧。而如今，大多數系統無需開關或旋鈕，均可以自動控制。

　　然而，在這個自動控制成為主流的時代，筆者認為還是要讓大家了解，曾經有這段需要專業技巧的年代，因此提筆而書。

　　本書針對飛機相關主題，參考筆者自身的筆記書寫而成。

序

因此有關系統上的限制數值是當初筆者服務時的資料。這些數據可能會因後續修改而改變，但筆者認為「為什麼必須有所限制？」等根本問題是相同的，因此，直接使用當初服務時的數據資料。

本書中討論的噴射客機系統，只是這個系統的一小部分。但筆者由衷希望書中內容能多少為「噴射客機的系統是什麼？」解惑。

最後，筆者要感謝在執筆過程中提供指導的前輩們，以及在出版過程中大力相助的視覺圖書編輯部石井顯一先生。藉此前言，向各位表達誠摯的感謝。

2023 年 7 月吉日　　中村寬治

目錄

序 2

Gallery　點綴日本上空的客機 9

第1章　歡迎來到「噴射客機系統」的世界 21

1-1　噴射客機的基本知識 22
　　1-1-1　飛機形狀 22
　　1-1-2　飛機各部名稱 22
　　1-1-3　翼型（機翼橫切面） 24

1-2　飛機飛行方向 25
　　1-2-1　機翼與三個方向的關係 25

1-3　飛行中的力量平衡 26
　　1-3-1　巡航時的力量平衡 26
　　1-3-2　上升過程中的力平衡 26
　　1-3-3　下降過程中的力平衡 26

1-4　國際標準大氣 28
　　1-4-1　什麼是國際標準大氣？ 28

　　專欄1　飛機與積雨雲 30

第2章　操縱系統（飛控電腦） 31

2-1　襟翼（增升裝置） 32
　　2-1-1　襟翼的作用 32
　　2-1-2　襟翼的移動原理 34
　　2-1-3　襟翼操作步驟 36

2-2	副翼（輔助翼）	38
2-2-1	副翼的作用	38
2-2-2	副翼的移動原理～以波音 727 為例	40
2-2-3	副翼的移動原理～以波音 747 為例	43
2-3	水平尾翼與升降舵（Elevator）	44
2-3-1	水平尾翼與升降舵的作用	44
2-3-2	水平尾翼與升降舵的移動原理～以波音 747 為例	46
2-4	方向舵（Rudder）	48
2-4-1	方向舵的作用	48
2-4-2	方向舵的移動原理～以波音 747 為例	50
2-5	線傳飛控系統（空中巴士及波音客機）	52
2-5-1	線傳飛控系統的優點	52
2-5-2	操作限制範圍保護系統～以波音 787 為例	54
專欄2	操縱桿與側桿	56

第 3 章　自動飛行系統（Auto Flight System） … 57

3-1	自動駕駛儀	58
3-1-1	自動駕駛儀的作用	58
3-1-2	自動駕駛儀的運作原理～以波音 727 為例	60
3-1-3	自動駕駛儀的運作原理～以波音 747-200 為例	62
3-1-4	自動駕駛儀的運作原理～以波音 787 為例	64
3-1-5	自動駕駛儀的運作原理～以空中巴士 A350 為例	66
3-2	導航系統	68
3-2-1	導航類型	68
3-2-2	波音 727 的導航系統	70
3-2-3	波音 747-200 的導航系統	72
3-2-4	波音 787 的導航系統	74
3-2-5	慣性導航系統的運作原理	78

| 專欄 3 | 過去的導航～無線電導航、歐米茄導航、ISS、INS | 82 |

第 4 章　飛行儀表／顯示系統 …… 83

4-1　了解飛行狀態的五種儀表 …… 84
- 4-1-1　了解飛行狀態的五種儀表是什麼？ …… 84
- 4-1-2　噴射客機儀表 …… 85

4-2　速度表 …… 88
- 4-2-1　速度計算的依據是什麼？ …… 88
- 4-2-2　如何測量動壓 …… 90
- 4-2-3　為什麼需要馬赫表？ …… 94
- 4-2-4　升降指示器（垂直速度表） …… 96

4-3　高度表 …… 96
- 4-3-1　高度表的運作原理 …… 98
- 4-3-2　什麼是高度表撥定 …… 100

4-4　大氣數據系統 …… 102
- 4-4-1　波音 727 和 747 的大氣數據系統 …… 102
- 4-4-2　ADRS（大氣數據基準系統） …… 104
- 4-4-3　指示空速、真實空速和馬赫數之間的關係 …… 107

4-5　航向指示器 …… 108
- 4-5-1　磁北和真北 …… 108
- 4-5-2　定向陀螺儀（DG） …… 109
- 4-5-3　定向陀螺儀和磁羅盤 …… 112
- 4-5-4　波音 747 航向指示系統 …… 114

4-6　姿態儀 …… 116
- 4-6-1　垂直陀螺儀（VG）與姿態儀 …… 116

4-7　水平狀態指示器 …… 120
- 4-7-1　了解水平狀態的儀表（波音 747） …… 120

4-8　綜合顯示系統 …… 124

4-8-1	顯示系統（波音 787）	124
4-8-2	PFD、ND、EICAS	126
專欄 4	飛機與風	128

第 5 章　噴射引擎的運作原理與控制系統 … 129

5-1　噴射引擎 … 130
- **5-1-1**　什麼是噴射引擎？ … 130
- **5-1-2**　波音 727 引擎的操控原理 … 133
- **5-1-3**　波音 747 引擎的操控原理 … 138
- **5-1-4**　波音 787 引擎的操控原理 … 140

5-2　燃油供給系統 … 142
- **5-2-1**　油箱 … 142
- **5-2-2**　波音 747 的燃油供應系統 … 144
- **5-2-3**　波音 787 的燃油供應系統 … 146

5-3　引擎顯示儀表 … 150
- **5-3-1**　引擎顯示儀表的作用 … 150
- **5-3-2**　N_2 表 … 152
- **5-3-3**　N_1 表 … 154
- **5-3-4**　燃油流量表 … 156
- **5-3-5**　EGT（排氣溫度）表 … 157

專欄 5　時刻表上所需時間的過去與現在 … 162

第 6 章　電力系統 … 163

6-1　發電機 … 164
- **6-1-1**　直流電和交流電 … 164
- **6-1-2**　三相交流發電機 … 166
- **6-1-3**　波音 727 的電力控制系統 … 168

6-1-4	波音 747 的電力控制系統	172
6-1-5	波音 787 的電力控制系統	176
6-1-6	空中巴士 A350 的電力系統	182

專欄 6　所有發電機故障（所有發電機停止） 184

第 7 章　液壓系統 185

7-1　液壓系統的運作原理 186

7-1-1	波音 727 的液壓系統	188
7-1-2	波音 747 的液壓系統	194
7-1-3	波音 787 的液壓系統	200
7-1-4	空中巴士 A350 的液壓系統	204

專欄 7　「簡單的系統」卻有「複雜的操作流程」 206

第 8 章　空氣系統 207

8-1　空調系統 208

8-1-1	蒸汽循環和空氣循環	208
8-1-2	波音 727 的空調系統	210
8-1-3	波音 747 的空調系統	218
8-1-4	波音 787 的空調系統	226
8-1-5	空中巴士 A350 的空調系統	228
8-1-6	增壓系統	228

專欄 8　共享資訊以提升操作流程效率 232

結語 233
索引 235

Gallery
點綴日本上空的客機

一架波音 787 客機在被寂靜包圍的停機坪上安靜等待起飛。

波音787採用日本製造商製造的碳纖維複合材料，是既能高速飛行、油耗又低的雙引擎客機。

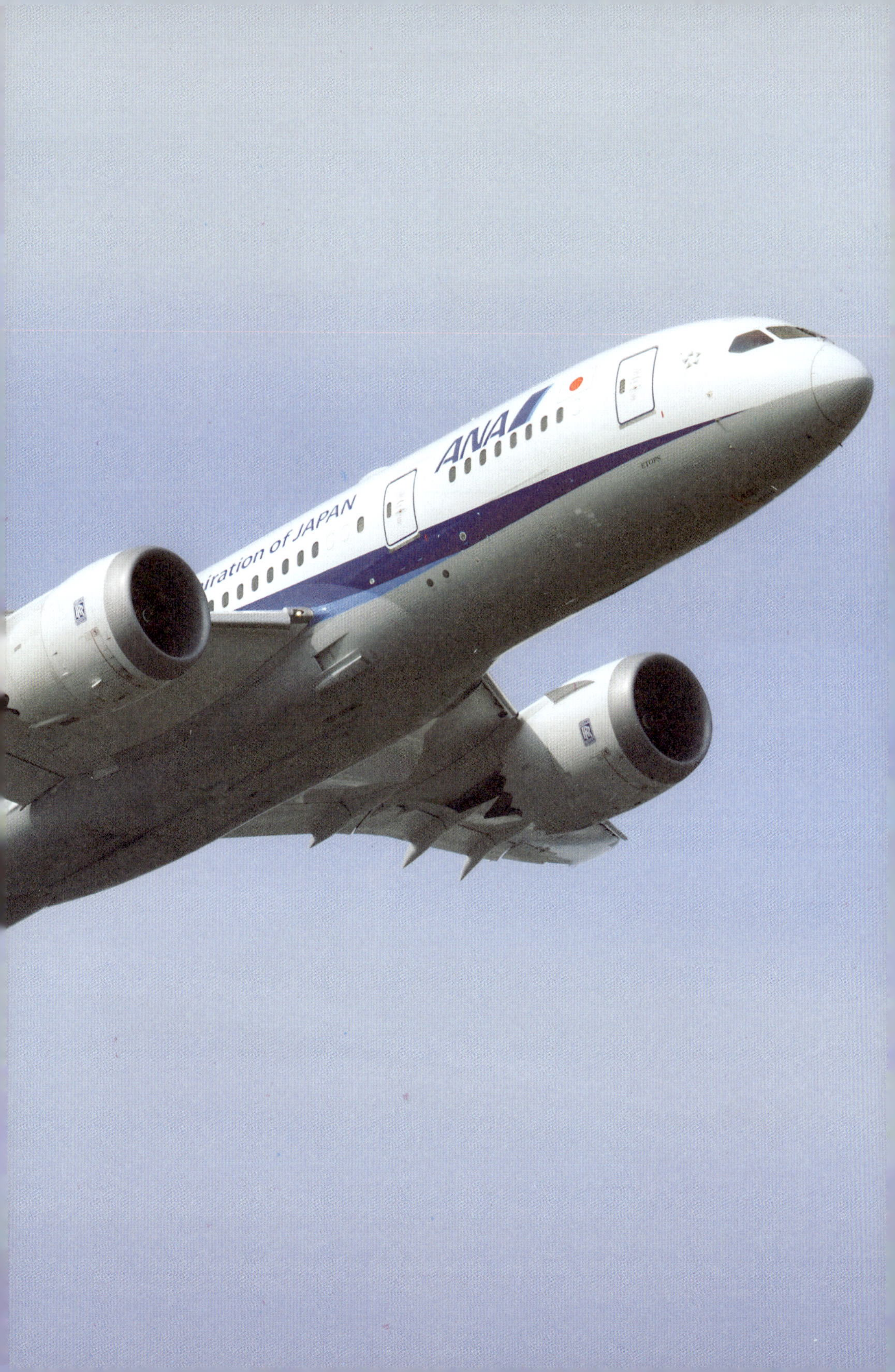
ANA
iration of JAPAN

波音 787 的駕駛艙螢幕畫面配置與波音 777 幾乎相同。雖然沿用了操控座艙的設計方向，但面板的顏色從波音 777 的橙色調回歸到波音 747-200 的灰白色調。

波音 777 是一款雙引擎客機，以「Working Together（合作小組）」為名，反映出日本和其他國家航空公司的意見（包含飛機設計）。

波音767是一款雙引擎客機，採用非單獨儀表設計，為整合式儀表，是「玻璃駕駛艙」的原型。

波音727是該公司第一架三引擎飛機。這是一款著名的客機，機身酷似能夠輕鬆轉彎的「跑車」，共生產了1800多架。

照片來源：時事通信社

波音747暱稱「巨無霸客機（Jumbo Jet）」。這是一架四引擎飛機，駕駛艙位於二樓。其特點是飛行穩定，抗搖晃能力強。

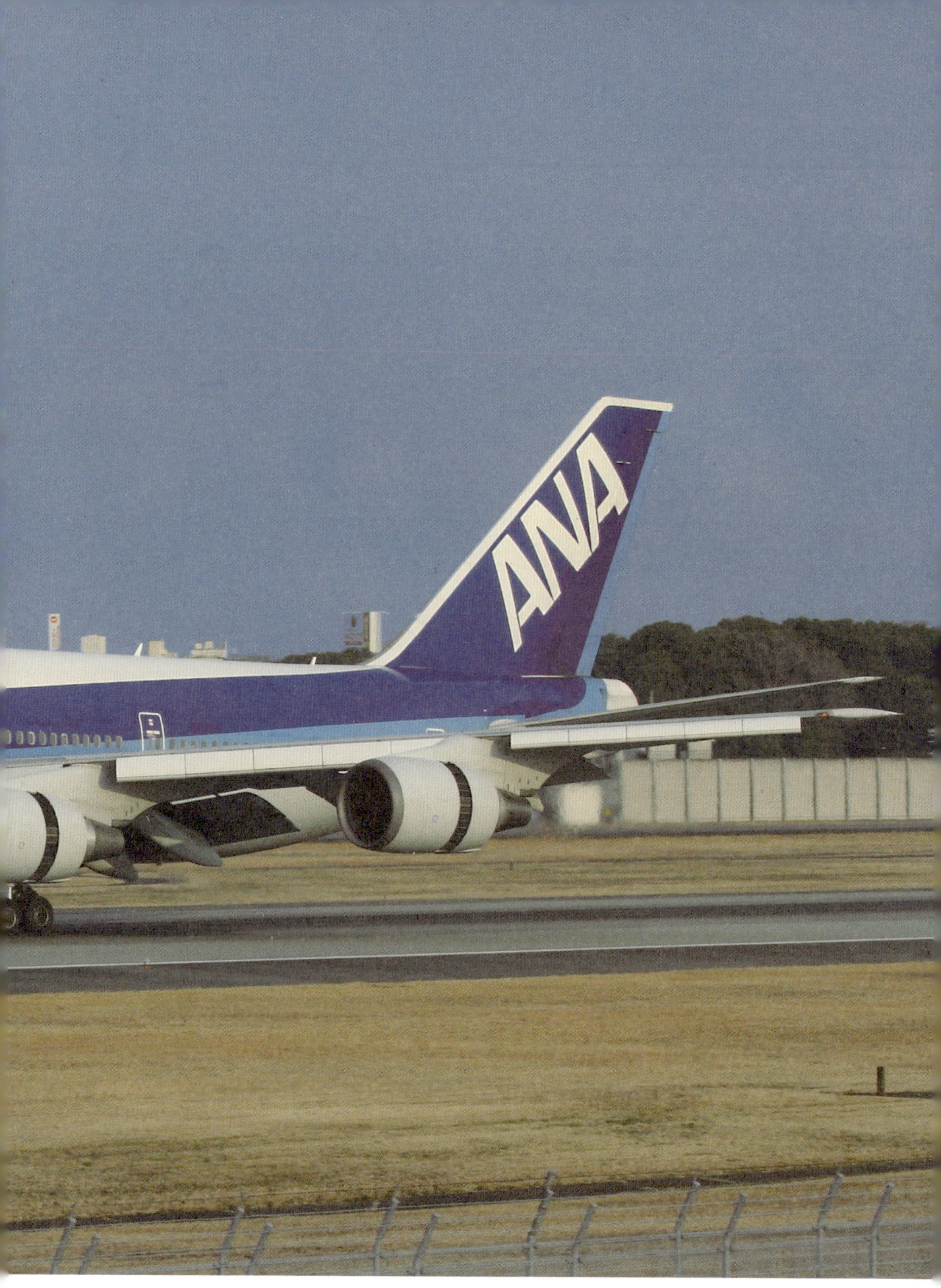
ANA

A380是世界最大的客機。雖然是超大型飛機，但它是一架低速時具有良好空氣動力學特性、且起降性能優越的四引擎飛機。

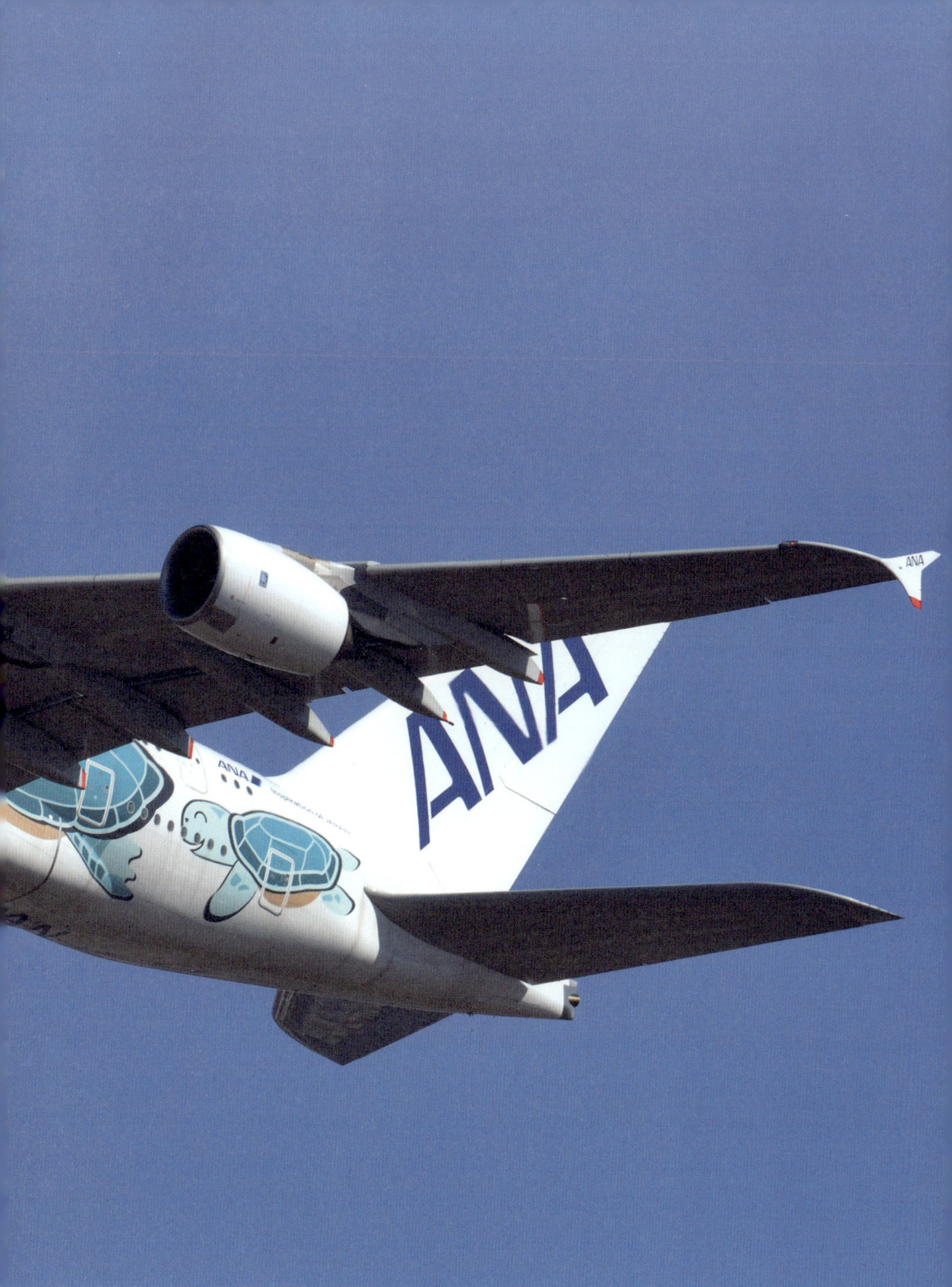
ANA
ANA
ANA

A350 是一架最先進的機種，融合了「柔性大螢幕顯示」、「雙液壓系統」及「備用電力系統」等創新技術。

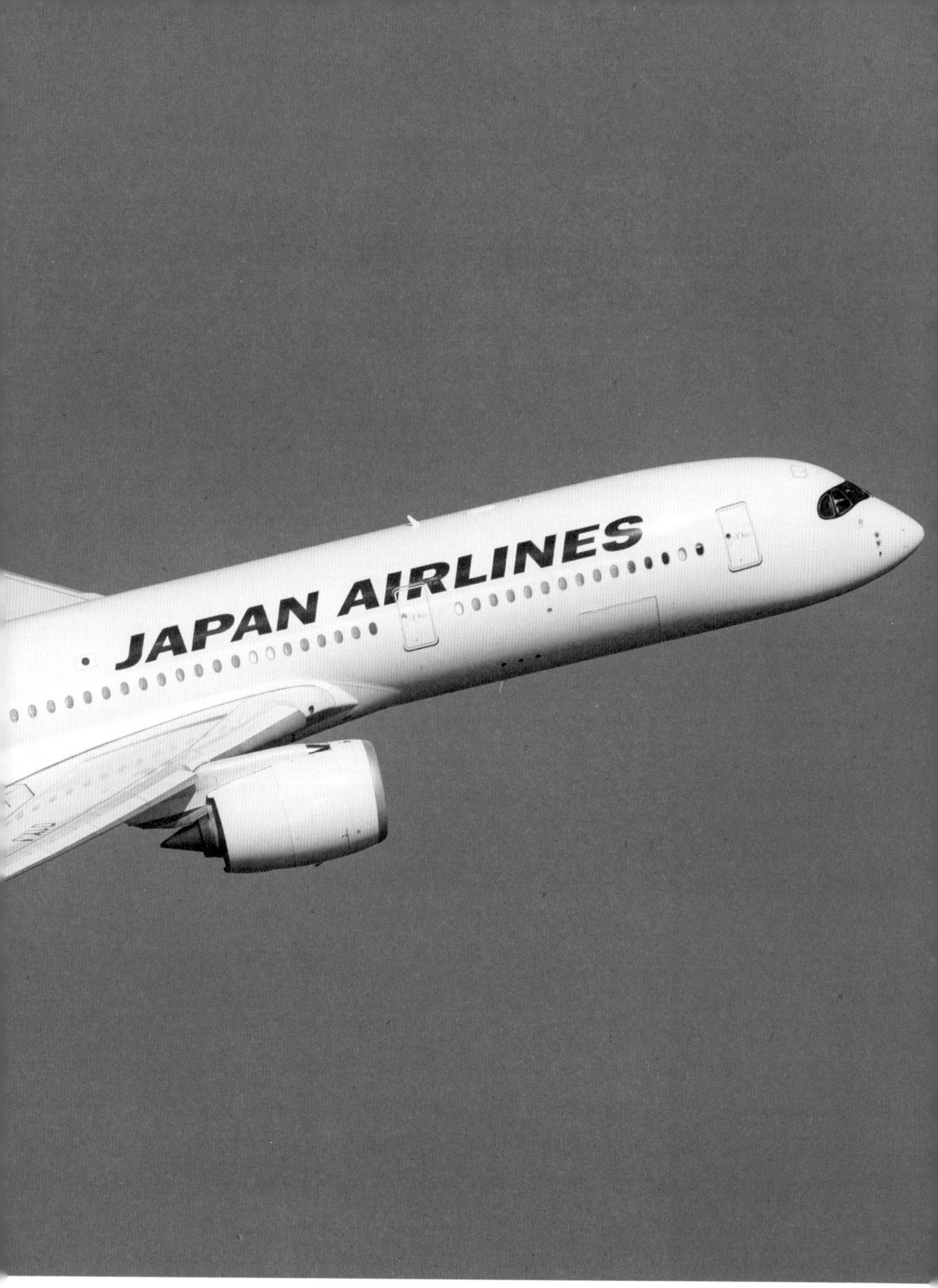
JAPAN AIRLINES

A340 專為長程航線設計，與 A330 幾乎相同。這也是空中巴士公司第一架四引擎飛機。

A330 是 A340 的姊妹機。它是一款為短程或中程航線而開發的雙引擎飛機，但後來也能適用於長程航線。

第1章

歡迎來到「噴射客機系統」的世界

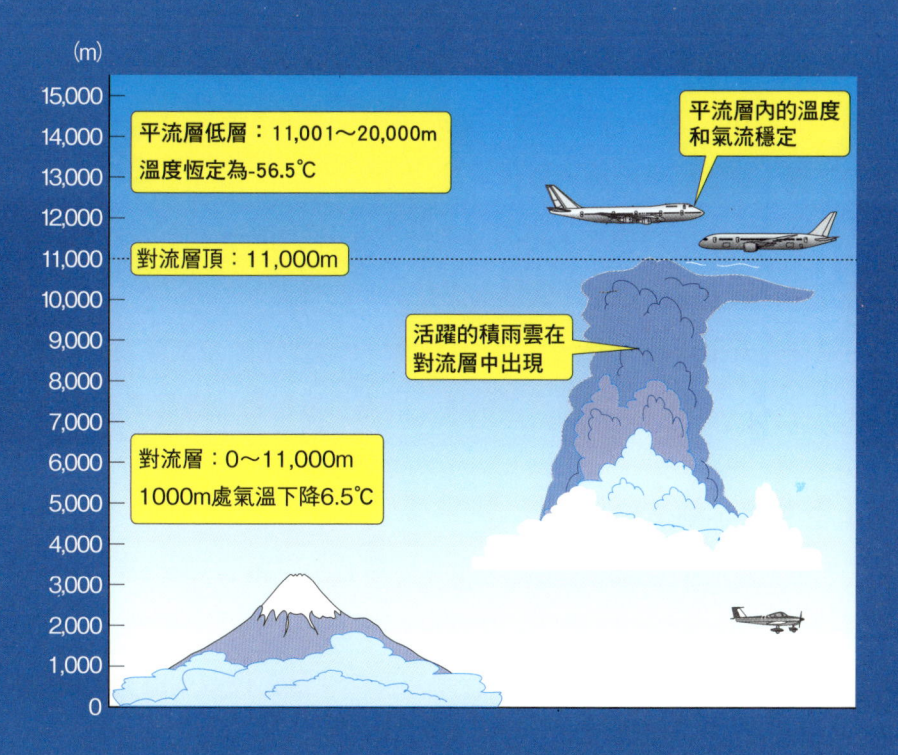

(m)

15,000
14,000 — 平流層低層：11,001～20,000m
13,000   溫度恆定為-56.5℃
12,000
11,000 — 對流層頂：11,000m
10,000
9,000
8,000
7,000
6,000 — 對流層：0～11,000m
5,000   1000m處氣溫下降6.5℃
4,000
3,000
2,000
1,000
0

平流層內的溫度和氣流穩定

活躍的積雨雲在對流層中出現

首先，我們來了解一下噴射客機的各部位名稱以及大氣層的結構等基本知識。

1-1 噴射客機的基本知識

飛機基本構造由機翼、機身及尾翼組成。以下讓我們來確認各部位名稱及功能。

1-1-1 飛機形狀

在李奧納多・達文西（Leonardo da Vinci）活躍的15世紀至16世紀，人們相信人類可以像鳥一樣透過拍打翅膀來飛翔。此後，對飛行的研究持續發展，至1804年，英國人喬治・克萊（George Cayley）駕駛了一架由主翼、機身及尾翼組成的模型滑翔機，這就是現今飛機的原型。大約100年後，在1903年，萊特兄弟（Wright brothers）成功實現了世上首次的飛機動力飛行。

動力飛行之所以成功，是因為飛機靠著引擎推動前進，讓空氣通過固定的機翼，藉此產生將機體支撐在空中的升力。

這個方式並非模仿鳥類透過拍打翅膀同時獲得升力及推力，而是將作用分工，透過固定機翼支撐飛機、透過引擎推動飛機前進。

1-1-2 飛機各部名稱

如圖1-1所示，飛機有主翼、水平尾翼及垂直尾翼3個機翼，每個機翼都有一個控制面。移動這些機翼的方式有人力操作（手動控制系統，Manual control system）及動力操作（電力控制系統，Power control system）兩種。人力操作是透過電纜（Cable）直接操控控制面。而動力操作則有兩種方式：

① 透過電纜對控制面驅動裝置進行機械控制
② 透過電線（Wire）對控制面驅動裝置進行電子控制

第 1 章　歡迎來到「噴射客機系統」的世界

圖 1-1　飛機各部名稱

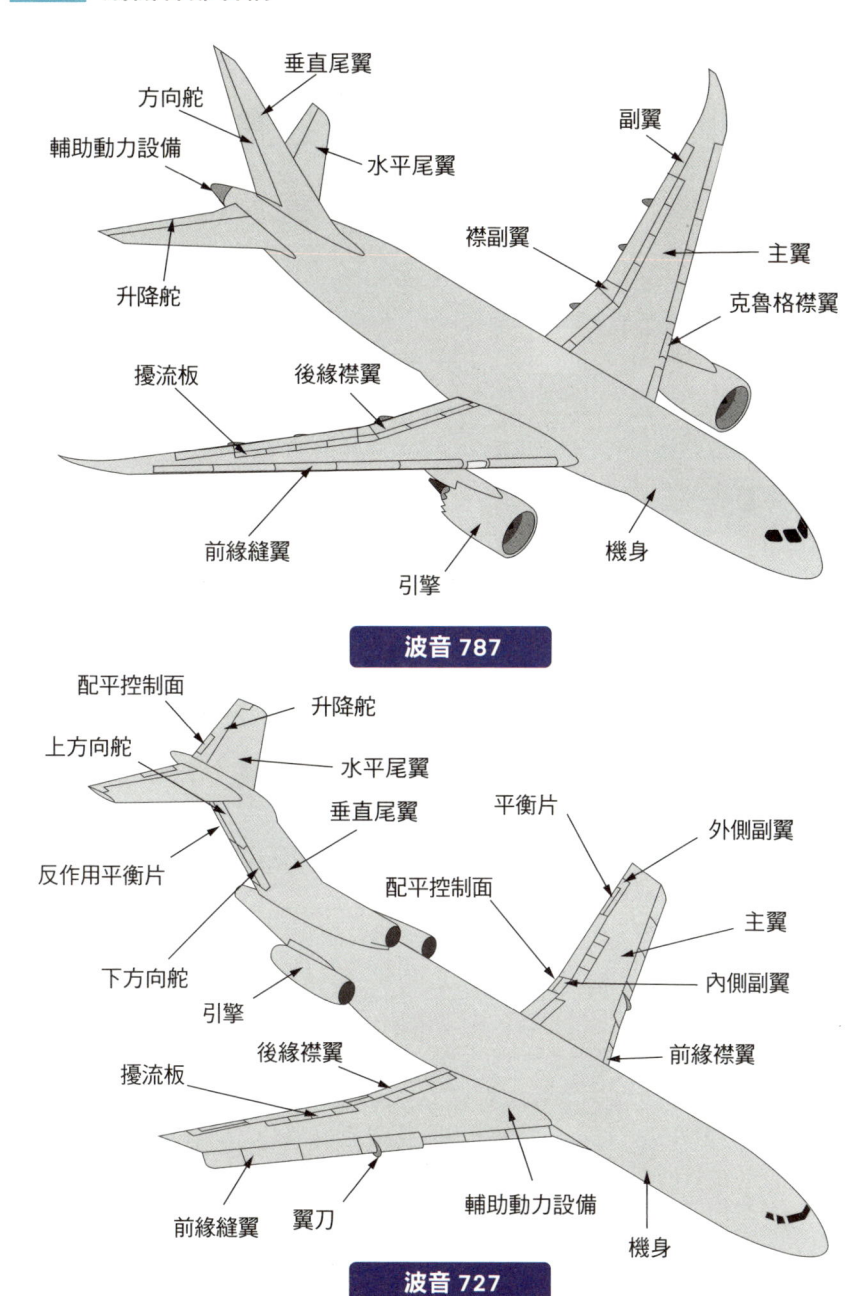

波音 787

- 垂直尾翼
- 方向舵
- 輔助動力設備
- 水平尾翼
- 升降舵
- 副翼
- 襟副翼
- 主翼
- 克魯格襟翼
- 擾流板
- 後緣襟翼
- 前緣縫翼
- 引擎
- 機身

波音 727

- 配平控制面
- 升降舵
- 上方向舵
- 水平尾翼
- 反作用平衡片
- 垂直尾翼
- 平衡片
- 外側副翼
- 配平控制面
- 主翼
- 下方向舵
- 內側副翼
- 引擎
- 前緣襟翼
- 擾流板
- 後緣襟翼
- 前緣縫翼
- 翼刀
- 輔助動力設備
- 機身

23

1-1-3 翼型（機翼橫切面）

機翼的橫切面稱為**翼型**。**圖1-2**標示了翼型的基本組件名稱。翼型最前端為**前緣**，最後端為**後緣**，連接後緣及前緣的直線則是**翼弦**，其長度稱為**翼弦長**。

翼型上部稱為**上翼面**，下部為**下翼面**，兩側內接圓心所畫出的曲線稱為**弧線（Camber line）**。弧線與翼弦之間的距離則稱為**弧度**。弧度在上翼面呈現「翹曲」，這樣的翹曲是有效產生升力的設計。

圖 1-2 翼型各部位名稱

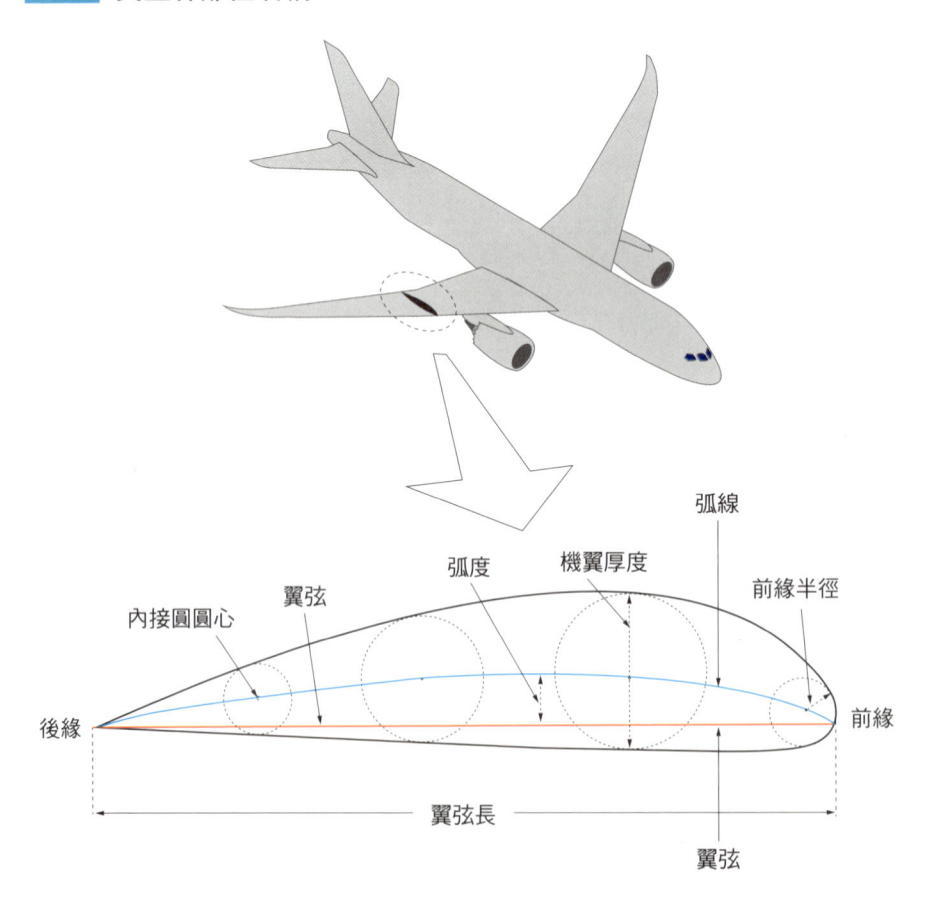

1-2 飛機飛行方向

在三次元空間中飛行的飛機會在三個方向上搖擺（運動）。讓我們參考**圖1-3**來了解一下運動狀態。

1-2-1 機翼與三個方向的關係

首先，圍繞垂直軸的旋轉運動稱為偏航（Yawing）。例如，當垂直尾翼的左側翼面產生升力時，飛機的機首會向右旋轉。

接著，圍繞左右軸的旋轉運動稱為俯仰（Pitching）。例如，當水平尾翼的向下升力增加時會造成旋轉運動，使飛機的機首向上。

最後，圍繞前後軸旋轉的運動稱為滾轉（Rolling）。例如，如果右翼的升力小於左翼的升力，飛機就會向右傾斜產生滾轉。

圖 1-3 三種搖擺運動

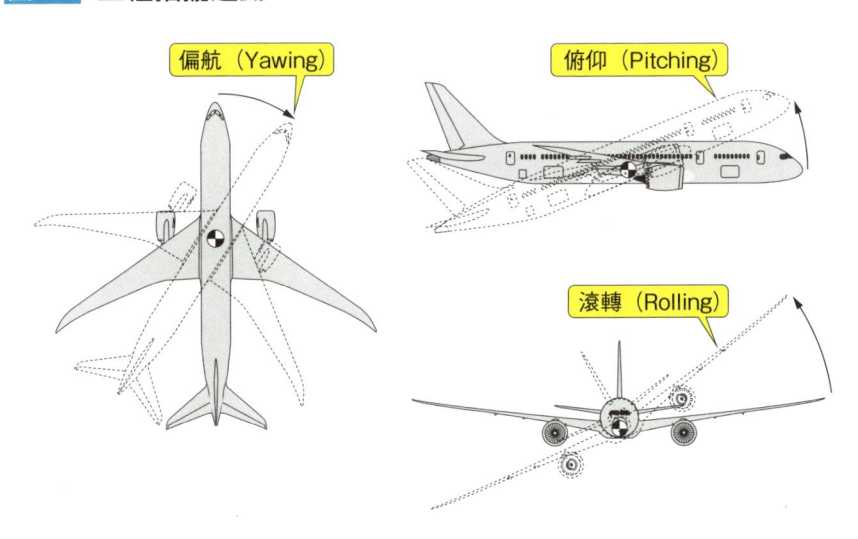

1-3 飛行中的力量平衡

在飛行過程中，有四種力作用在飛機上。**重力**是飛機的重量，**升力**是支撐飛機的力，**阻力**源自於空氣，引擎則產生了**推力**。

1-3-1 巡航時的力量平衡

如**圖1-4**所示，維持高度和速度進行水平飛行的巡航狀態下，飛機受力平衡如下：

（推力）=（阻力）

（升力）=（重力）

1-3-2 上升過程中的力平衡

從**圖1-5**可以看出，**飛機並不是透過增加升力來上升的**。就像汽車爬坡時踩油門一樣，靠的是**引擎的動力向上**移動。

1-3-3 下降過程中的力平衡

直至飛機到達巡航高度消耗的引擎能量儲存為勢能，因此在下降過程中不需要引擎推力。相對地，**在怠速推力下，引擎噴射速度將低**

圖1-4 巡航中力的平衡

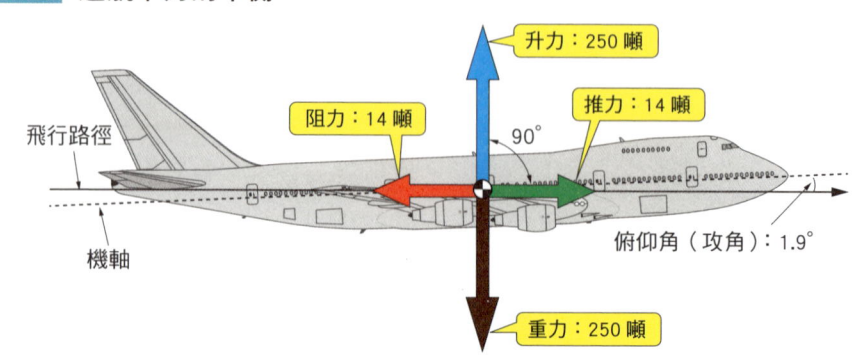

升力：250 噸
阻力：14 噸
推力：14 噸
90°
飛行路徑
機軸
俯仰角（攻角）：1.9°
重力：250 噸

第 1 章 歡迎來到「噴射客機系統」的世界

於飛行速度,也就是低於吸入的空氣速度。因此,引擎不會在空氣中產生運動作用,推力為負。此時的阻力大於分力,是因為飛機在減速的同時下降。

圖 1-5 上升和下降過程中力的平衡

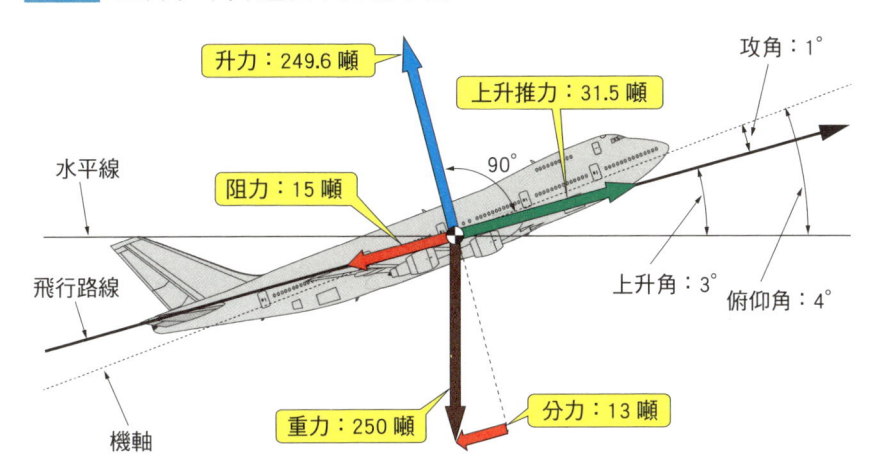

升力:249.6噸
上升推力:31.5噸
攻角:1°
水平線
阻力:15噸
90°
飛行路線
上升角:3°
俯仰角:4°
重力:250噸
分力:13噸
機軸

上升過程中力的平衡

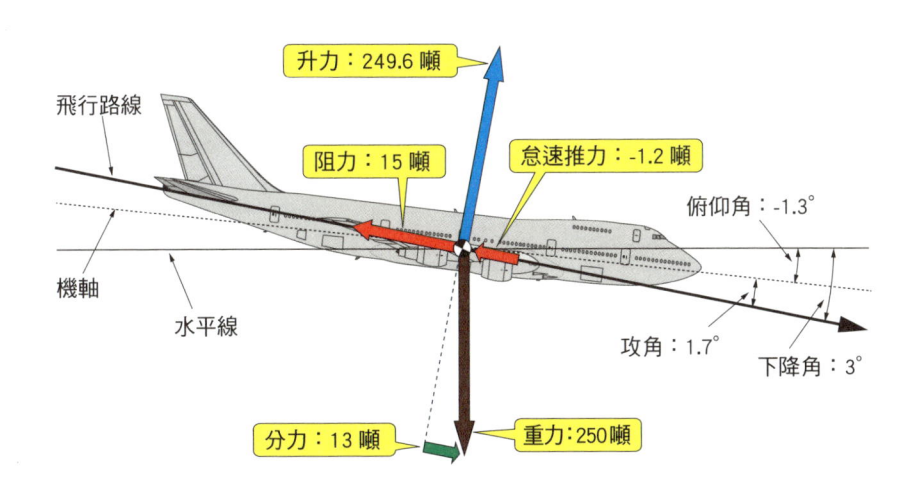

升力:249.6噸
飛行路線
阻力:15噸
怠速推力:-1.2噸
俯仰角:-1.3°
機軸
水平線
攻角:1.7°
下降角:3°
分力:13噸
重力:250噸

下降過程中力的平衡

27

1-4 國際標準大氣

大氣層是圍繞地球的一層氣體，從下到上分為**對流層、平流層、中間層和增溫層**。以下要探討的是客機能夠飛行的範圍，即從對流層到平流層底部之間的區域。

1-4-1 什麼是國際標準大氣？

首先，**對流層**顧名思義，就是大氣確實進行了對流（由於溫差而導致大氣的流動及移動）。由於大部分水蒸氣存在於對流層中，對流的過程會產生雲，因此可知這個區域內會有降雨等氣象現象。

該層的厚度會根據大氣溫度而變化。在氣溫較高的赤道附近，厚度高達18公里，而在氣溫較低的兩極附近，厚度只有赤道的一半左右。穿過對流層頂進入**平流層**後，溫度維持恆定，且為穩定的無對流空域，是客機的最佳巡航高度。

無論在哪一個大氣層，飛行性能都受到大氣條件的極大影響，但由於大氣會因地點和時間而改變，因此在設計飛機和實際操作飛航時，需要定義標準大氣狀態。**標準大氣**是國際民用航空組織（ICAO）制定，稱為**國際標準大氣（ISA：International Standard Atmosphere）**。

例如，飛行性能數據是以ISA為基準。將試飛過程大氣條件下採集的性能數據整理為ISA條件下的數據，並換算大氣溫度比ISA高10℃和20℃時的數據，並將「ISA」「ISA＋10℃」「ISA＋20℃」三種性能數據記錄在手冊中。此外，**大氣壓力比**也用作測量飛行高度的量尺。

本書是以《適航審查指南》使用的工程單位為依據，該指南專為飛機的強度、構造及性能制定標準。力的單位為kg，大氣壓力的單位為kg/m^2，密度的單位為kg/m^3除以重力加速度$9.8m/s^2$，即$kg\ s^2/m^4$。

第1章 歡迎來到「噴射客機系統」的世界

圖 1-6　大氣的結構

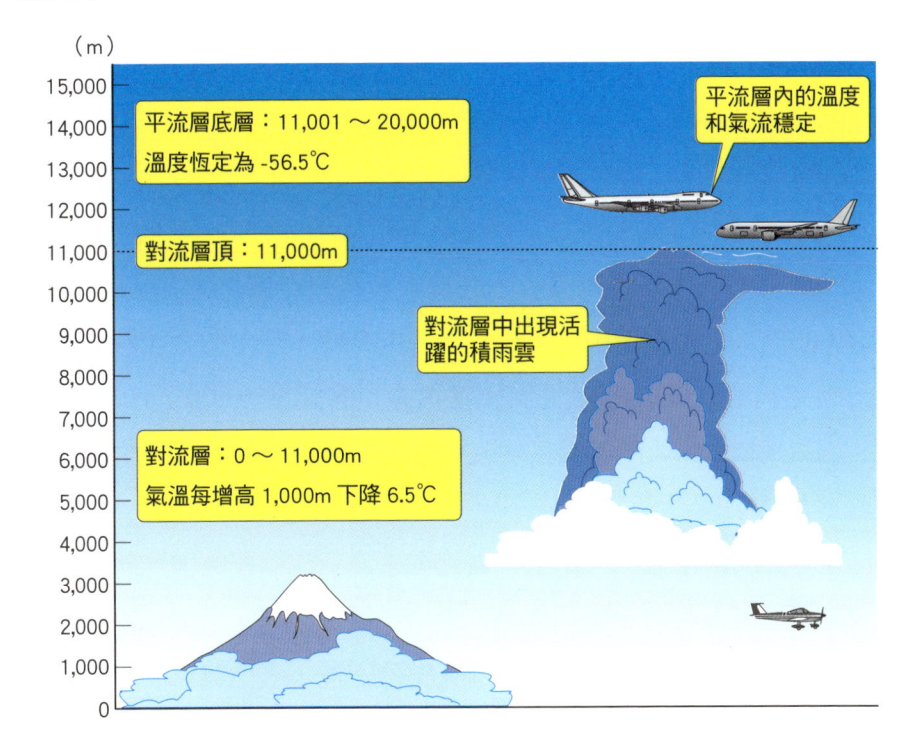

（m）
- 15,000
- 14,000 — 平流層底層：11,001～20,000m　溫度恆定為 -56.5℃
- 13,000
- 12,000 — 平流層內的溫度和氣流穩定
- 11,000 — 對流層頂：11,000m
- 10,000
- 9,000 — 對流層中出現活躍的積雨雲
- 8,000
- 7,000
- 6,000 — 對流層：0～11,000m　氣溫每增高 1,000m 下降 6.5℃
- 5,000
- 4,000
- 3,000
- 2,000
- 1,000
- 0

國際標準大氣狀態

國際標準大氣定義了 0m（海平面以上）處的溫度、密度及氣壓值，以及這些數值隨著高度產生的變化。

・溫度

在海平面上方為 15℃，到對流層和平流層的交界處，即對流層頂（11,000m）為止，氣溫遞減率為 0.0065℃/m，平流層以上溫度恆定在 -56.5℃。

・密度

海平面處為 0.12492kg・s^2/m^4。隨著海拔上升，密度會按一定規律降低。

・氣壓

海平面 1 大氣壓 = 760mmHg = 10332.3kg/m^2 = 1013.2hPa = 29.92inHg。隨著海拔上升，氣壓會按一定規律下降。

專欄 1　　　　　　**飛機與積雨雲**

　　從日本到澳洲、新加坡等的南方航線必須經過赤道附近的空域，稱為**間熱帶輻合區（ITCZ）**。這些南部航線多為夜間飛行，因此需仰賴氣象雷達或月光才能穿越該區域。

　　ITCZ 的對流活動頻繁，不穩定的熱帶氣團上升並形成積雨雲。由於赤道附近的對流層頂較高，一些**積雨雲群**的雲頂高度可達18,000m（60,000英尺）。當積雨雲群輪流發生閃電時，空中的全貌將得以展現，但這只是一瞬間，而且無法確定雲頂的高度。即使已知雲頂高度，因為飛機的最大飛行高度約為13,000m（43,000英尺），也不可能在其上方飛行。

　　在活躍的積雨雲中，由上升氣流或下降氣流引起的強烈亂流，可能會讓飛機無法控制地嚴重搖晃、帶電、遭遇雷擊、大雨、冰雹和結冰。因此飛行時，必須一邊確認氣象雷達回波，考慮繞道或在最壞情況下，穿過較不活躍的雲層。即使在較不活躍的雲層中，也須留意強烈搖晃。

　　此外，飛機帶電可能會對無線電設備產生噪音，導致擋風玻璃上出現小閃電等發光現象，機首附近會發出藍紫色的光，讓駕駛艙充滿緊張的氣氛。

　　如果飛機遭遇雷擊，駕駛艙內發生的閃光可能會蒙蔽眼睛，導致駕駛幾秒鐘內看不到儀表。因此，如果發生帶電現象，即使在夜間飛行，駕駛艙內的所有室內照明燈就會透過風雨燈[※]一鍵全開。

　　當飛機穿過積雨雲時，擋風玻璃上映出滿天星空，駕駛艙內則充滿如釋重負的感覺。而且儘管天空的星星不亮，那能夠讓人清楚看見積雨雲全貌的明亮**滿月**，與只能依靠氣象雷達的**黑夜**相比，差距之大可謂天壤之別。

※ 暴風雨燈、雷雨燈。當飛機遭遇雷雨（打雷伴隨著大雨），可以將駕駛艙內所有照明設備一鍵全開的裝置。

第 2 章

操縱系統（飛控電腦）

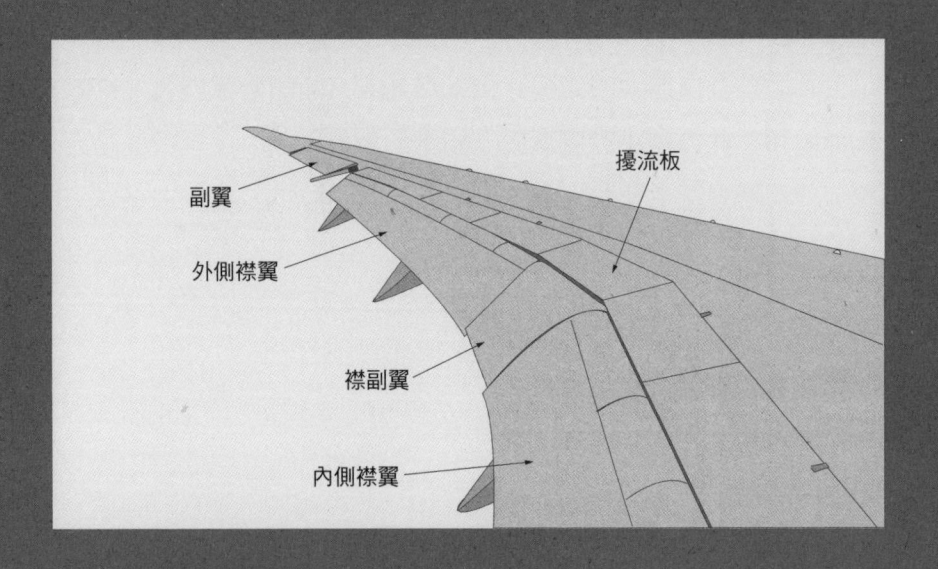

擾流板
副翼
外側襟翼
襟副翼
內側襟翼

除了副翼（Aileron）、方向舵（Rudder）和升降舵（Elevator）這三個控制面外，噴射客機還配備了襟翼（Flap）、擾流板（Spoiler）、尾翼配平片（Stabilizer trim）等。讓我們來看看這些是什麼樣的設備。

2-1 襟翼（增升裝置）

當飛機要起飛，靠自身動力向跑道滑行時，從客艙的窗戶觀看，就能看到在主翼後緣「嗡」地一聲伸出一個小機翼（**圖2-1**）。這就是為起飛而展開的襟翼。襟翼是當飛機在起飛、進場及著陸等需要低速飛行的狀態下增加升力的設備。

2-1-1 襟翼的作用

那麼，為什麼降低襟翼會增加升力呢？為了找出原因，我們要先說明升力。

空氣能夠發揮巨大的力量。例如風速為50m的暴風就有足夠的力量吹掉屋頂。此力是由動壓產生，相當於空氣的動能。飛機就是充分利用這種動壓來產生升力，由於飛機飛行速度是50m風速的2倍以上，

圖 2-1 主翼上的控制面

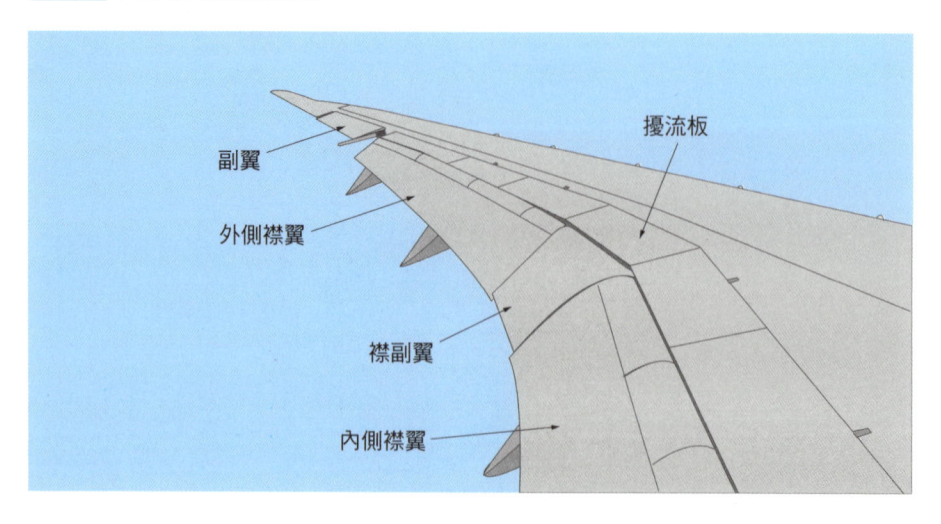

（副翼、外側襟翼、襟副翼、內側襟翼、擾流板）

第 2 章　操縱系統（飛控電腦）

也難怪此力可以支撐重量超過200噸的飛機。

　　機翼與空氣的關係如**圖2-2**所示。襟翼可以說是一種增加空氣運動量以增加升力的設備。降低襟翼就可使升力增加約1.5倍。

　　然而，僅靠襟翼不可能讓升力變1.5倍，還需要增加機翼切入空氣的角度，更正確地說是攻角，也就是「機翼前緣和後緣的連線」與「氣流」之間的角度。

　　根據機型不同，機首向上約15°的姿勢稱為離地升空（漂浮：輪子離開跑道並起飛）。另一方面，在著陸過程中，因應3°的下降路徑，飛機會以機首向上1～2°的姿勢，維持4～5°的攻角朝跑道下降進場。起飛和降落時攻角的差異是由於襟翼放下角度不同所造成的。

圖 2-2　流經主翼的空氣

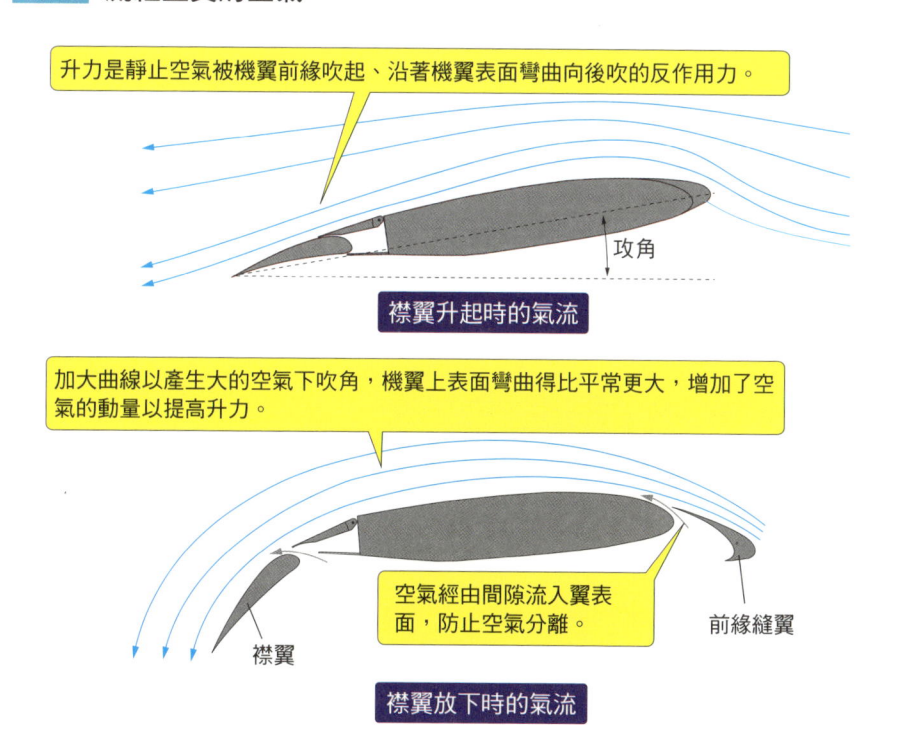

升力是靜止空氣被機翼前緣吹起、沿著機翼表面彎曲向後吹的反作用力。

攻角

襟翼升起時的氣流

加大曲線以產生大的空氣下吹角，機翼上表面彎曲得比平常更大，增加了空氣的動量以提高升力。

空氣經由間隙流入翼表面，防止空氣分離。

襟翼　　前緣縫翼

襟翼放下時的氣流

2-1-2 襟翼的移動原理

圖2-3就是波音747的<u>三重開縫襟翼</u>。它最初是為了讓波音727能夠在跑道長度小於2000m的機場起降而開發的，字面意思就是「三個翼面之間有縫隙的襟翼」。以下將參考此圖檢查襟翼操作。

由飛行員操作的襟翼桿的位置透過電纜（金屬電纜）傳送到控制閥（Control valve）。控制閥打開閥門並將液壓油輸送到驅動裝置（Drive unit）。驅動裝置透過扭力管（Torque tube）使螺旋千斤頂（Screw jack）旋轉，讓襟翼開始動作。當安裝在襟翼上的感測器偵測到襟翼與操縱桿的位置相符時，就會向控制閥發送訊號停止輸送液壓油。

此外，波音747的特徵是，前緣襟翼和前緣縫翼不是由液壓設備操

圖 2-3 襟翼的結構（波音 747）

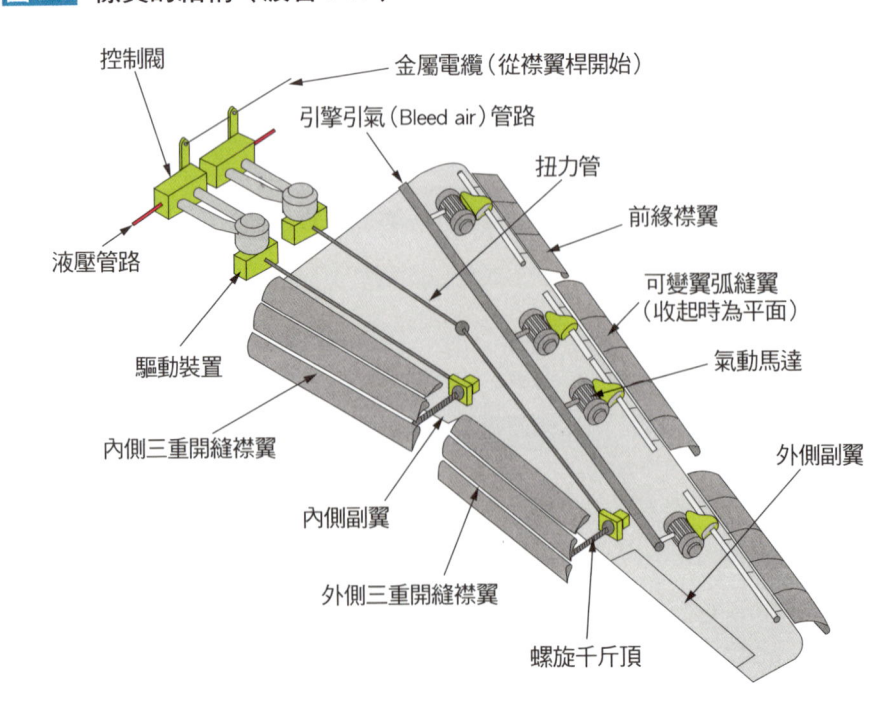

作，而是由從引擎抽出的壓縮空氣驅動的<mark>氣動馬達</mark>操作，當翼面從平坦收納狀態展開時，會變成彎曲的<mark>可變翼弧縫翼</mark>。

雖然三重開縫襟翼具有縮短起飛和著陸距離的巨大優勢，但由於驅動系統複雜且笨重，支撐結構龐大，因此缺點是在高速時阻力會增加。由於現在要求節約能源，引擎性能也提高了，加上機場維護也已進步，由單翼面構成的輕量且簡單的<mark>開縫襟翼</mark>現已成為主流。

圖**2-4**是波音787的開縫襟翼。如圖所示，<mark>襟翼、擾流板、襟副翼一體形成反曲</mark>，可提供較大的升力。

由飛行員操作的襟翼桿的位置轉換成電訊號並發送到執行控制電子設備（ACE，Actuator Control Electronics）和主要飛行電腦（PFC，Primary Flight Computer）。當PFC確定襟翼位置適合飛行速度、高度等飛行條件時，ACE就會驅動旋轉液壓執行器，展開襟翼至襟翼桿操縱位置。

圖 2-4 襟翼的結構（波音 787）

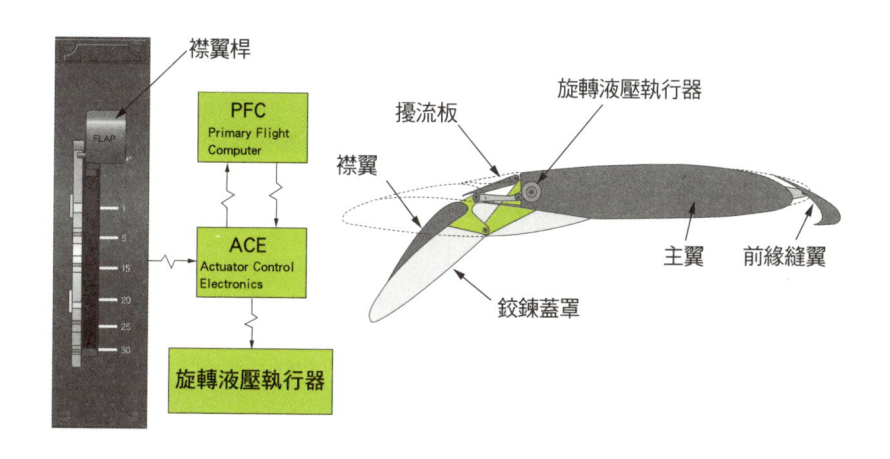

2-1-3 襟翼操作步驟

現在各位已經了解襟翼的作用和結構，讓我們參考**圖2-5**來**操縱襟翼桿**。

首先，將襟翼桿向上拉到1的位置，這時只有前緣縫翼會動作，停留在半全開的位置。之所以要將控制桿向上拉，是因為這樣即使在操作其他面板時，手或手肘碰到它也不會輕易移動。此外，為了不讓前緣縫翼一下子過度操作到5的位置，在位置1的地方設有閥門，讓操作的時候需要繞道閥門，逐步操作至5、15、20的位置，這時前緣縫翼會維持半全開狀態，只有襟翼會移動至與襟翼桿操作位置相同。當操縱桿設置到25時，襟翼狀態不會從位置20移動，只有前緣縫翼會完全打開。當設定為最終位置30時，襟翼也將完全打開。

如圖所示，起飛時使用較小的襟翼位置，降落時使用較大的襟翼位置。這是因為在起飛時，會希望盡量減少空氣阻力以提高爬升率，而在著陸時，則希望盡可能減慢速度以縮短降落距離。位置20是用於重飛（Go around）或引擎故障等緊急降落時的襟翼位置。

這裡要注意的是，**任何襟翼位置都有可飛行的最大和最小速度**。最大速度由作用在襟翼上的空氣動力負荷決定，最小速度則是即使在40°傾斜角（轉向角25°，加上15°的過衝）下也能穩定轉彎而不失速的速度。因此，**襟翼操作必須在每個位置設定的最大和最小速度之間進行**。所以飛行員會呼叫（用其他飛行員可以聽到的音量）「檢查速度，襟翼5」後才操作襟翼桿。

第 2 章 操縱系統（飛控電腦）

圖 2-5 襟翼的操縱（波音 787）

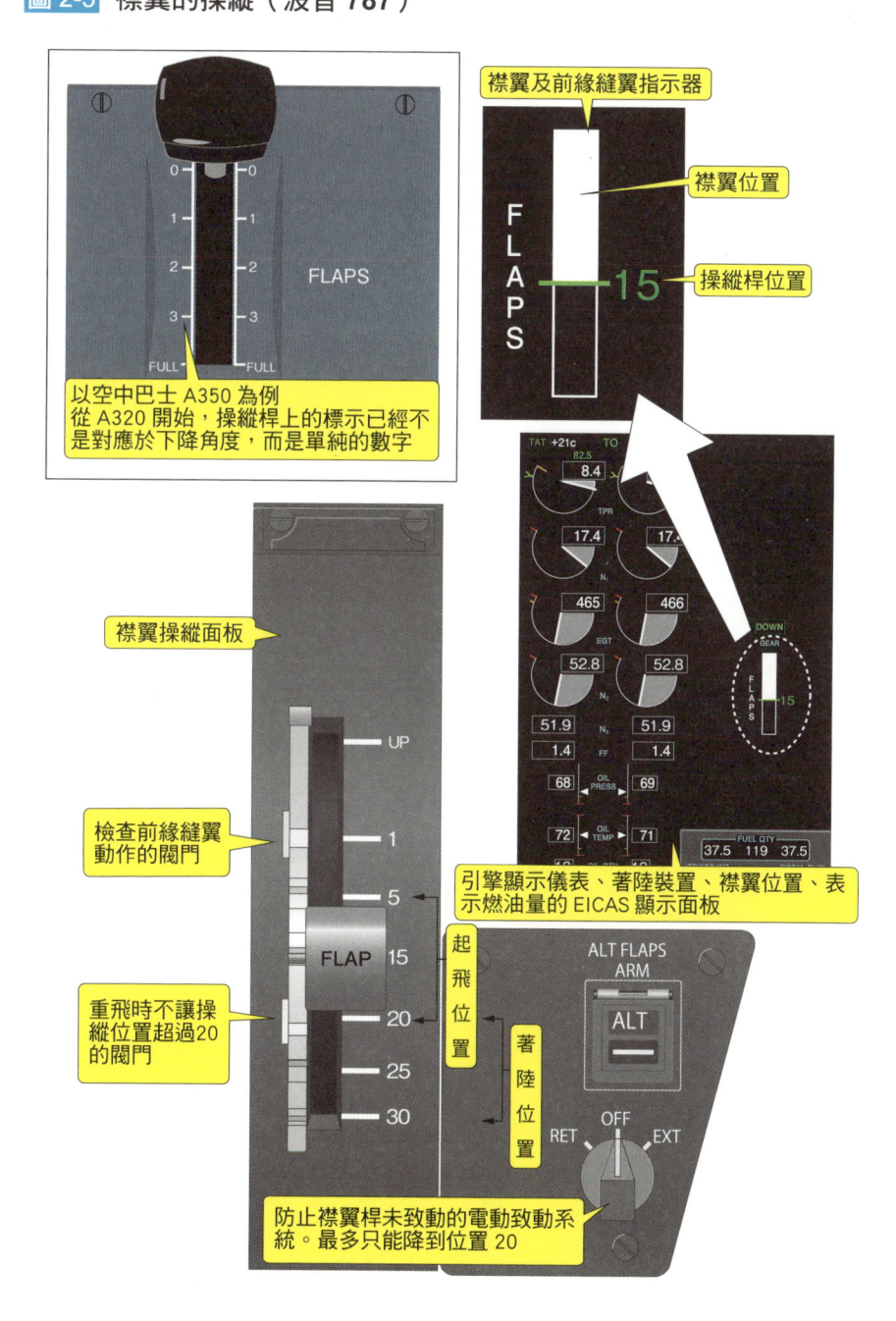

襟翼及前緣縫翼指示器

襟翼位置

操縱桿位置

以空中巴士 A350 為例
從 A320 開始，操縱桿上的標示已經不是對應於下降角度，而是單純的數字

襟翼操縱面板

檢查前緣縫翼動作的閥門

重飛時不讓操縱位置超過20的閥門

起飛位置

著陸位置

引擎顯示儀表、著陸裝置、襟翼位置、表示燃油量的 EICAS 顯示面板

防止襟翼桿未致動的電動致動系統。最多只能降到位置 20

2-2 副翼（輔助翼）

副翼是在左右主翼之間產生升力差並產生滾轉力矩（繞縱軸旋轉的運動能力）的控制面。

2-2-1 副翼的作用

1903年成功實現世界上首次動力飛行的萊特兄弟並非只是想從天上眺望風景，而是有著明確的「駕駛」目的。當時人們認為飛機只能像輪船一樣使用方向舵改變方向，萊特兄弟卻注意到鳥類在改變方向時會傾斜，因此他們採用了翹曲機翼（Wing warping），成功讓飛機轉向。例如要左轉時，就將翹曲機翼的左翼前緣向下扭轉讓攻角變小，將右翼前緣向上扭轉讓攻角變大，藉此產生升力差。1909年開發了讓剛性機翼也能轉彎的副翼（法文為「小機翼」之意），至今仍在使用（圖2-6）。

讓我們來想想為什麼必須傾斜飛機才能轉彎。轉彎是以畫圓的方式改變飛行方向，也就是圓周運動的一部分。如圖2-7所示，為了做圓周飛行，需要有向心力改變飛行速度的方向。而飛機傾斜時所產生的升力的水平分力就成為向心力。另一方面，在駕駛艙內的飛行員身上則會承受到被拋出圓外的離心力。飛行員必須傾斜飛機來抵抗離心

圖2-6 副翼的作用

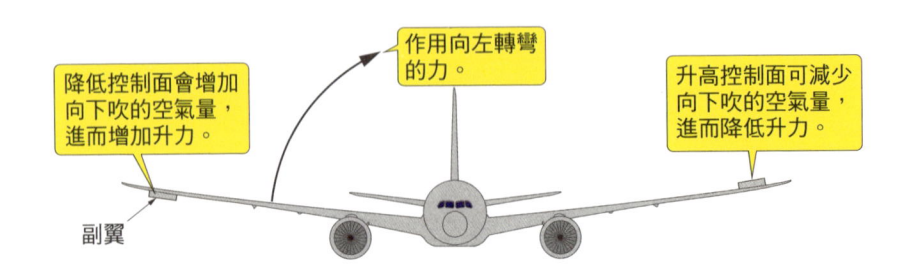

第 2 章 操縱系統（飛控電腦）

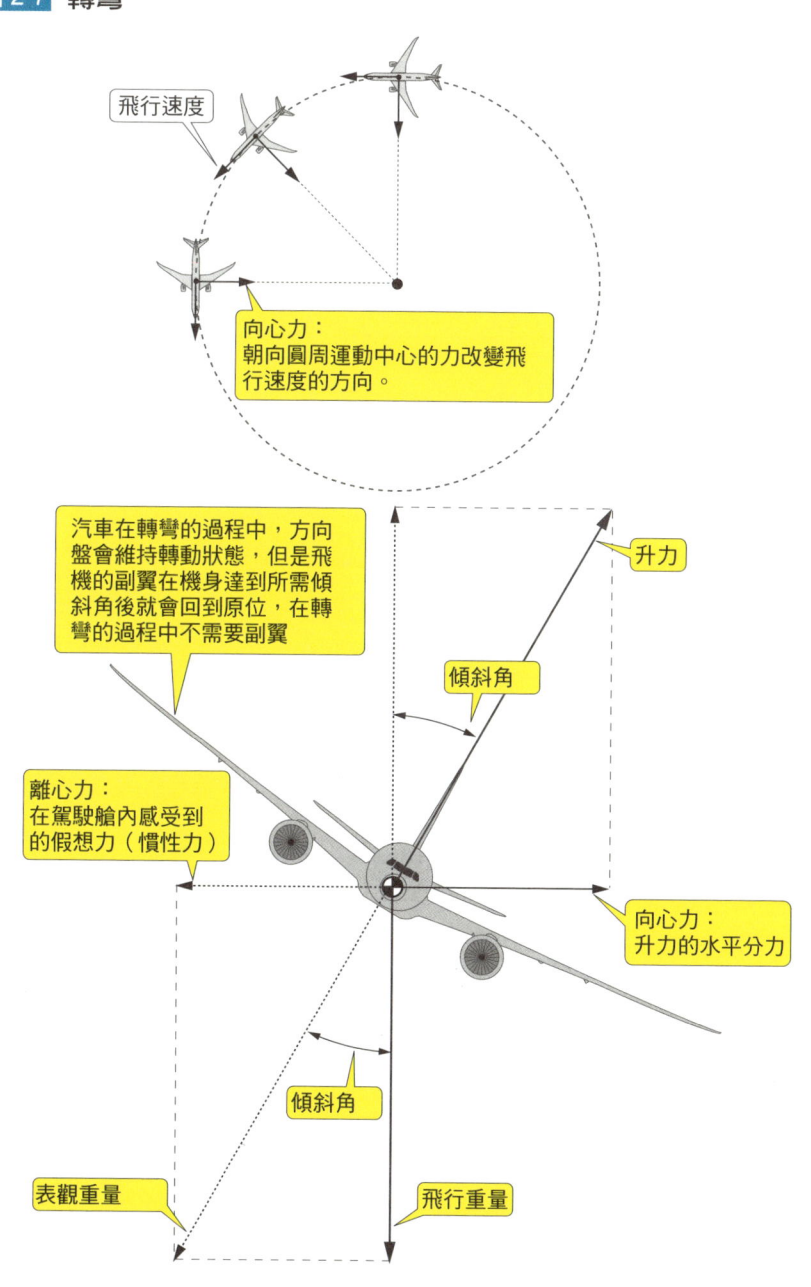

圖 2-7 轉彎

飛行速度

向心力：
朝向圓周運動中心的力改變飛行速度的方向。

汽車在轉彎的過程中，方向盤會維持轉動狀態，但是飛機的副翼在機身達到所需傾斜角後就會回到原位，在轉彎的過程中不需要副翼

升力

傾斜角

離心力：
在駕駛艙內感受到的假想力（慣性力）

向心力：
升力的水平分力

傾斜角

表觀重量

飛行重量

39

力。

2-2-2 副翼的移動原理～以波音 727 為例

如圖2-8，波音727的副翼分為內側副翼和外側副翼。翼尖附近的**外側副翼**遠離重心，其優點是能夠以較小的舵角獲得足夠的力矩。

然而在結構上，愈靠近翼尖，翼厚度愈薄，因此在高速行駛下攻角會因空氣的力量發生變化，使其效能變差，可能會發生與轉彎方向相反的傾斜，即副翼反效（Aileron reversal）。因此，外側副翼僅在飛機放下襟翼等飛行速度較慢時啟用，當高速飛行時則會處於鎖定位置。

擾流板混合器是一種將擾流板與副翼連動操作，以防止**反向偏航（Adverse yaw）**的裝置。反向偏航是當飛機要左轉而提高右翼升力時，由於誘導阻力（升力誘導發生的阻力，升力愈大，誘導阻力愈大）會增加，因此產生機身雖向左傾斜，機首卻向右偏轉的轉彎不穩定現象。

其解決對策就是將左翼擾流板也與副翼一起展開，讓左翼產生比右翼更大的阻力，使機首產生向左的**偏航力矩**。這個方式可以在不使用方向舵的情況下有效率地轉彎。

飛行員對控制輪的操作透過副翼PCU（電力控制單元，Power control unit）中的液壓放大，並傳送到電纜使副翼作用。此時，外側副翼的平衡片因機械連接，會與副翼本身的控制面連動，但**內側副翼**的配平控制面幾乎不會移動。

然而，如果液壓系統故障，控制輪的動作會直接傳遞到配平控制面，作用在配平片上的空氣力就可以讓副翼本身的控制面移動。該動作透過電纜傳輸到外側副翼，藉由平衡片的輔助，讓外側副翼也跟著連動。

圖 2-8 副翼的移動原理（波音 727）

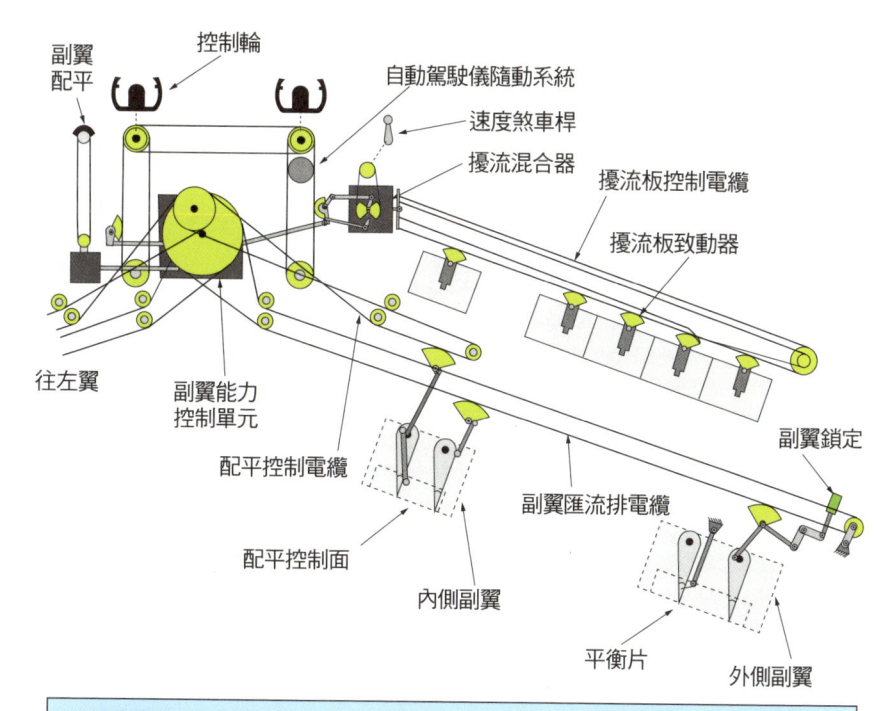

副翼配平
控制輪
自動駕駛儀隨動系統
速度煞車桿
擾流混合器
擾流板控制電纜
擾流板致動器
往左翼
副翼能力控制單元
配平控制電纜
配平控制面
內側副翼
副翼匯流排電纜
副翼鎖定
平衡片
外側副翼

副翼鎖定：
外側副翼在高速下啟動時，主翼翼尖會產生扭轉導致攻角改變，因此當襟翼完全收起時，外側副翼也會被鎖定。

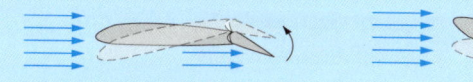

配平控制面（伺服調整片）：
透過移動配平片，讓控制面受空氣力作用而移動。

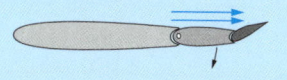

平衡片：
透過與操縱面相反的方向彎曲來減少轉向力。

41

圖 2-9 副翼移動的原理（波音 747）

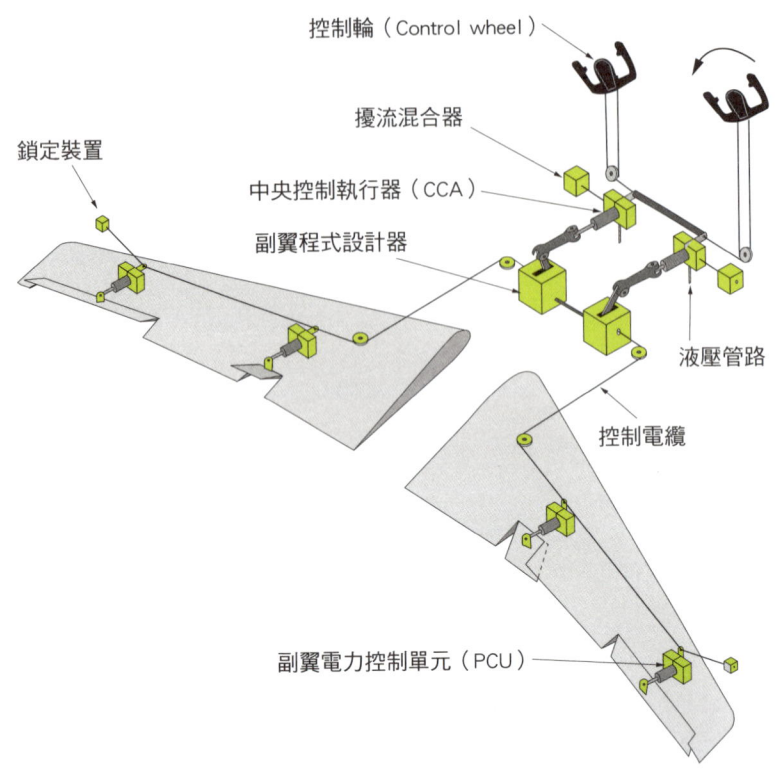

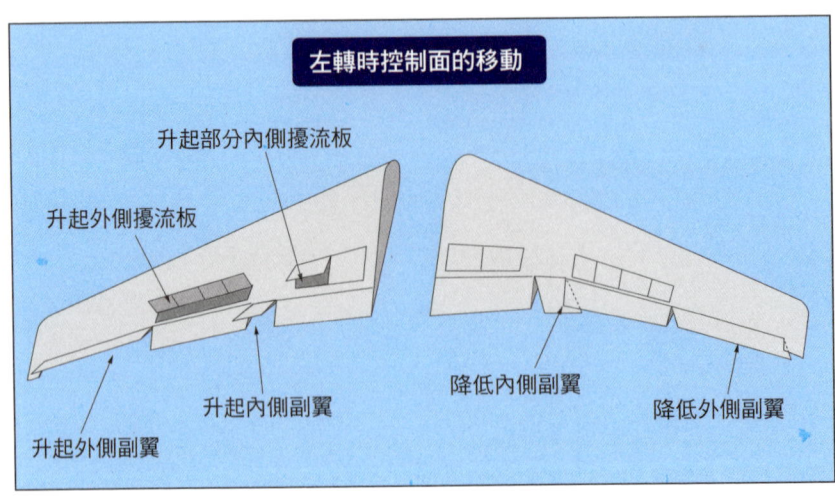

控制輪（Control wheel）
擾流混合器
中央控制執行器（CCA）
副翼程式設計器
鎖定裝置
液壓管路
控制電纜
副翼電力控制單元（PCU）

左轉時控制面的移動

升起部分內側擾流板
升起外側擾流板
升起內側副翼
升起外側副翼
降低內側副翼
降低外側副翼

2-2-3 副翼的移動原理～以波音 747 為例

與波音727的主要區別在於，電纜主要功能並非移動控制面，而是控制副翼電力控制單元（副翼PCU）。副翼PCU是移動副翼的執行器。

飛行員對控制輪的操作透過電纜輸入到中央控制執行器（CCA），透過液壓系統放大，並傳送到副翼程式設計器。副翼程式設計器內會針對控制輪的旋轉角度，對副翼轉向角編程（機械設定）指定值，並透過電纜傳輸到副翼PCU。而副翼PCU就會移動副翼達到編程的轉向角。

擾流板混合器的功能不是升高所有擾流板，而是阻擋機翼底部附近的擾流板運作，因為它們產生的氣流會讓機體後部振動。

順帶一提，波音飛機上的副翼分別安裝在內側和外側，襟翼位於中間，而在空中巴士飛機上，副翼安裝在翼尖附近。例如空中巴士A350在翼尖附近並排安裝了兩個副翼，如**圖2-10**所示。這個方式具有**增加襟翼面積**的優點。

圖2-10 空中巴士 A350

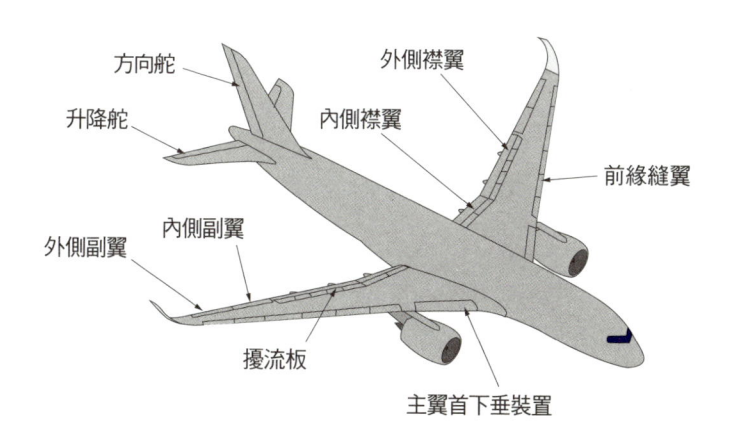

2-3 水平尾翼與升降舵（Elevator）

水平尾翼和升降舵是產生俯仰力矩（繞俯仰軸旋轉的能力）的機翼和控制面。

2-3-1 水平尾翼與升降舵的作用

水平尾翼的作用是維持飛機的垂直穩定，也稱為水平安定面或安定翼（Stabilizer）。如圖2-11所示，一般飛航時會將重心調整到升力作用的典型中心點（壓力中心）前方，水平尾翼會產生向下的升力。因此水平尾翼的下翼面會形成與主翼相反的逆弧。

升降舵與副翼不同，它透過朝同方向移動左右控制面來改變水平尾翼的升力，從而產生俯仰力矩。例如當拉動控制桿時，左右控制面會向上移動。襟翼在機翼後面向下吹，以增加向上的升力，而另一方面，透過向上吹動空氣，向下的升力增加，就會在重心周圍產生俯仰力矩，形成機首向上的姿勢。

此外，當水平尾翼的重心位置非常靠前，在起飛操作時就需要能

圖 2-11 水平尾翼的功能

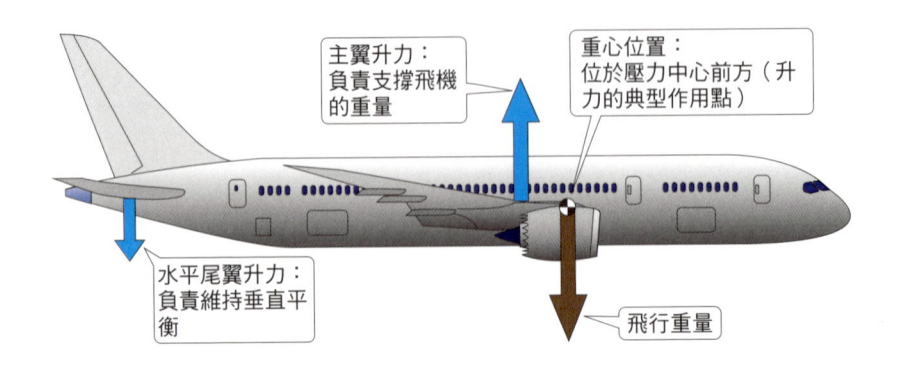

主翼升力：
負責支撐飛機的重量

重心位置：
位於壓力中心前方（升力的典型作用點）

水平尾翼升力：
負責維持垂直平衡

飛行重量

獲得足夠的機首上仰力矩。相反地，當重心位置非常靠後，為了啟動緊急下降，就須獲得足夠的機首下俯力矩。

此外，為了應對飛行速度和飛行狀態（起落架和襟翼位置）的變化，取得平衡力保持飛行姿勢，需要仔細操作升降舵。

由於上述原因，大型客機採用了**尾翼配平片**。尾翼配平片是透過移動水平尾翼主體來改變攻角，從而在不移動升降舵操縱面的情況下改變俯仰力矩的裝置。

將此尾翼配平片與升降舵結合，可以增加俯仰力矩的效果。此外，透過進行與速度和重心變化的相對應配平，就不會產生操控升降舵造成的阻力。例如在起飛時，將水平尾翼的攻角設定為與重心位置適配，就能讓起飛操作更容易，也能在升空後保持垂直平衡。

此外，當速度變化而需要向操縱桿施力以維持飛行路線時，透過使用尾翼配平片，即使手離開操縱桿也能保持穩定的飛行姿勢及飛行路線。像這樣在無需操縱的情況下就能讓所有力量達到平衡，維持穩

圖 2-12 水平尾翼及尾翼配平片

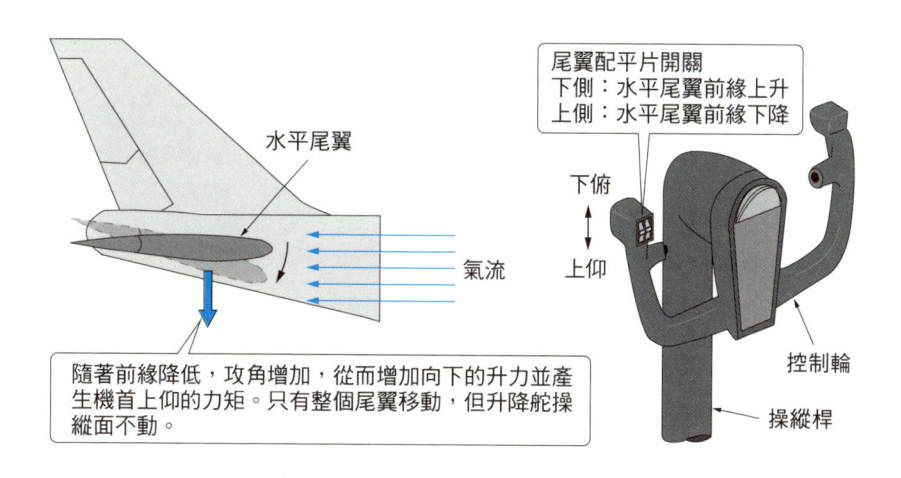

定飛行，這就是配平。

2-3-2 水平尾翼與升降舵的移動原理～以波音 747 為例

如圖2-13，拉動操縱桿升降舵操縱面升起，飛機機首處於上仰姿勢。接著我們以圖2-14的波音747為例，探討升降舵操縱面如何運作。

當拉動操縱桿時，它會透過電纜傳輸到升降舵感覺計算器（Elevator feel computer）。升降舵感覺計算器會以機械算出與拉動操縱桿角度相符的轉向角度量，並操縱內側升降舵的控制面。內側副翼的動作透過連動電纜傳輸至另一側外副翼的電力控制單元。升降舵感覺計算器也是一種機械調節裝置，會因為速度變快、或是重心位置在前面而感覺到拉動操縱桿的力度變大而進行調節。順帶一提，當手從控制輪上移開時，副翼會透過彈簧返回到空檔，因此無論飛行速度如何，轉向力都保持恆定。

啟動尾翼配平片的開關位於握住控制輪的同時可用拇指進行操作的位置。例如，如果持續將開關推至俯仰側，螺旋千斤頂將繼續朝降低水平尾翼前緣的方向旋轉。當鬆開開關時，液壓馬達停止，同時制動器開始運作，停止旋轉。

圖2-13 升降舵操縱面及飛行姿勢

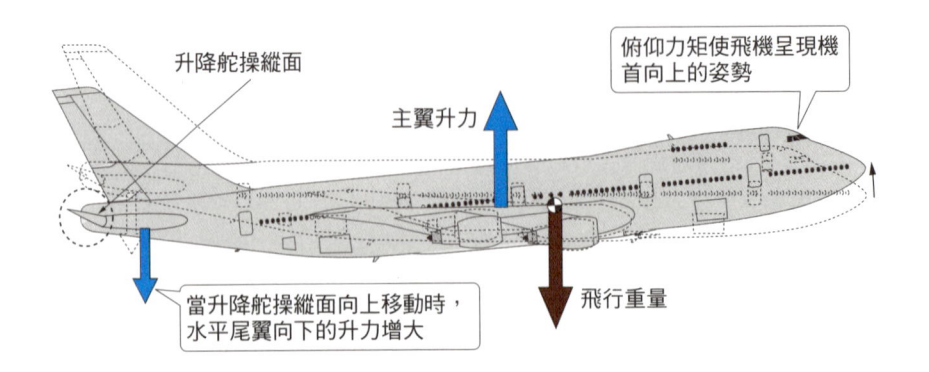

第 2 章 操縱系統（飛控電腦）

圖2-14 波音 747 的水平尾翼

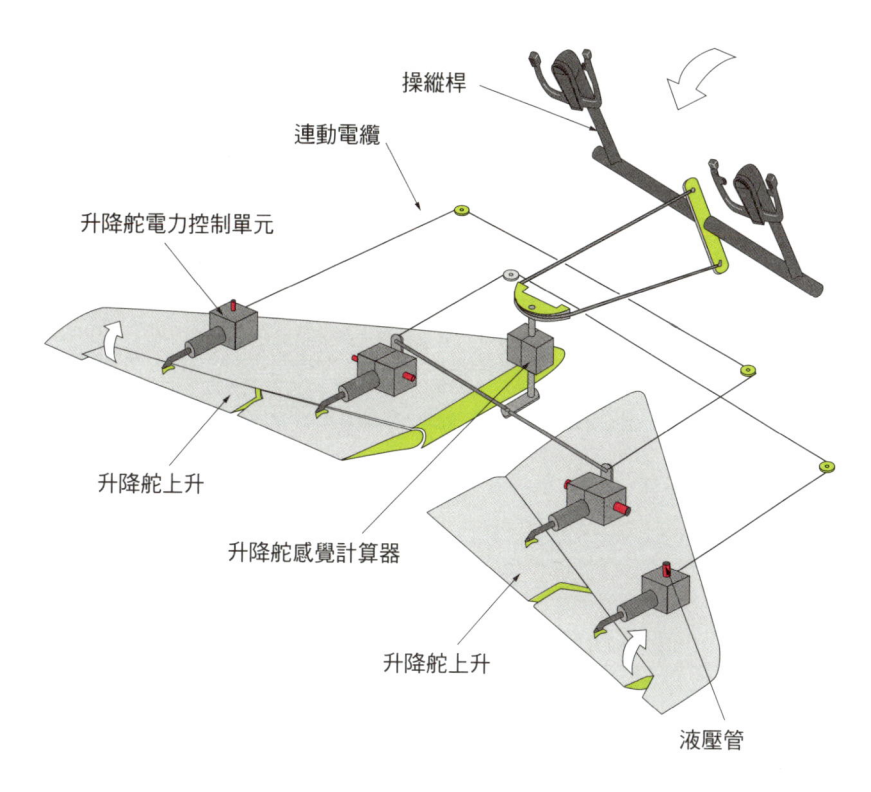

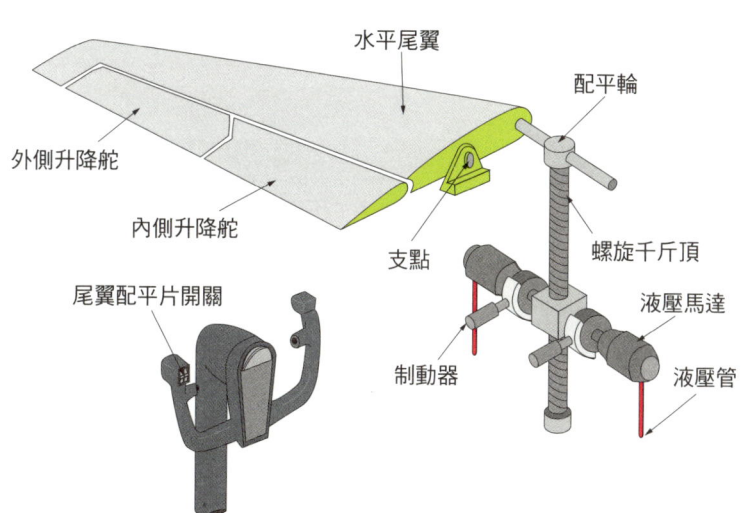

2-4 方向舵（Rudder）

　　方向舵是會產生繞偏航軸（垂直軸）的力矩並將飛機的機首向左右引導的控制面。不過飛機不能和船一樣用方向舵轉彎。

2-4-1 方向舵的作用

　　垂直尾翼和方向舵的作用是**保持方向穩定**。例如，如**圖 2-15**所示，如果飛機在直線飛行時突然因一陣風而偏離飛行員控制，機首向右轉向，這時無需任何操縱，飛機就會返回到原來的位置。這就是所謂的**方向穩定性**。

　　另外，水平尾翼在機翼下表面有一個翹曲，可以產生向下的升力，由於垂直尾翼在無攻角時不會產生升力，因此水平尾翼形成左右兩邊都有翹曲的對稱機翼。

　　此外，即使在引擎故障導致推力不對稱的情況下，也必須有足夠的維持方向功能。如**圖 2-16**示例，為了因應最大起飛推力不對稱，需要大量的力來維持方向，這裡的力就是由方向舵透過**垂直尾翼產生的升力**。

圖 2-15 方向穩定性

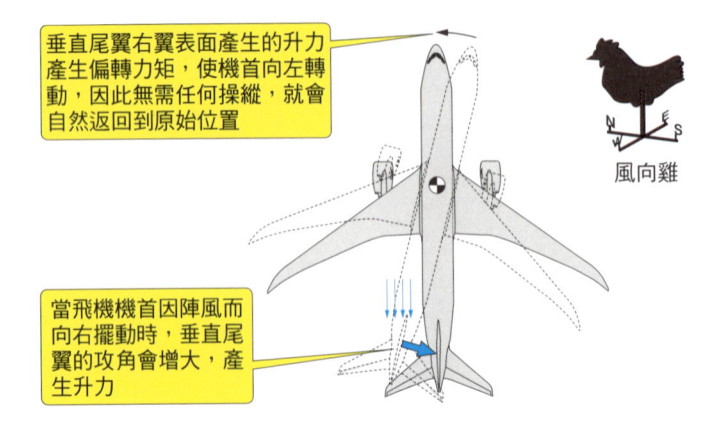

垂直尾翼右翼表面產生的升力產生偏轉力矩，使機首向左轉動，因此無需任何操縱，就會自然返回到原始位置

風向雞

當飛機機首因陣風而向右擺動時，垂直尾翼的攻角會增大，產生升力

第 2 章 操縱系統（飛控電腦）

圖2-16 方向舵的作用

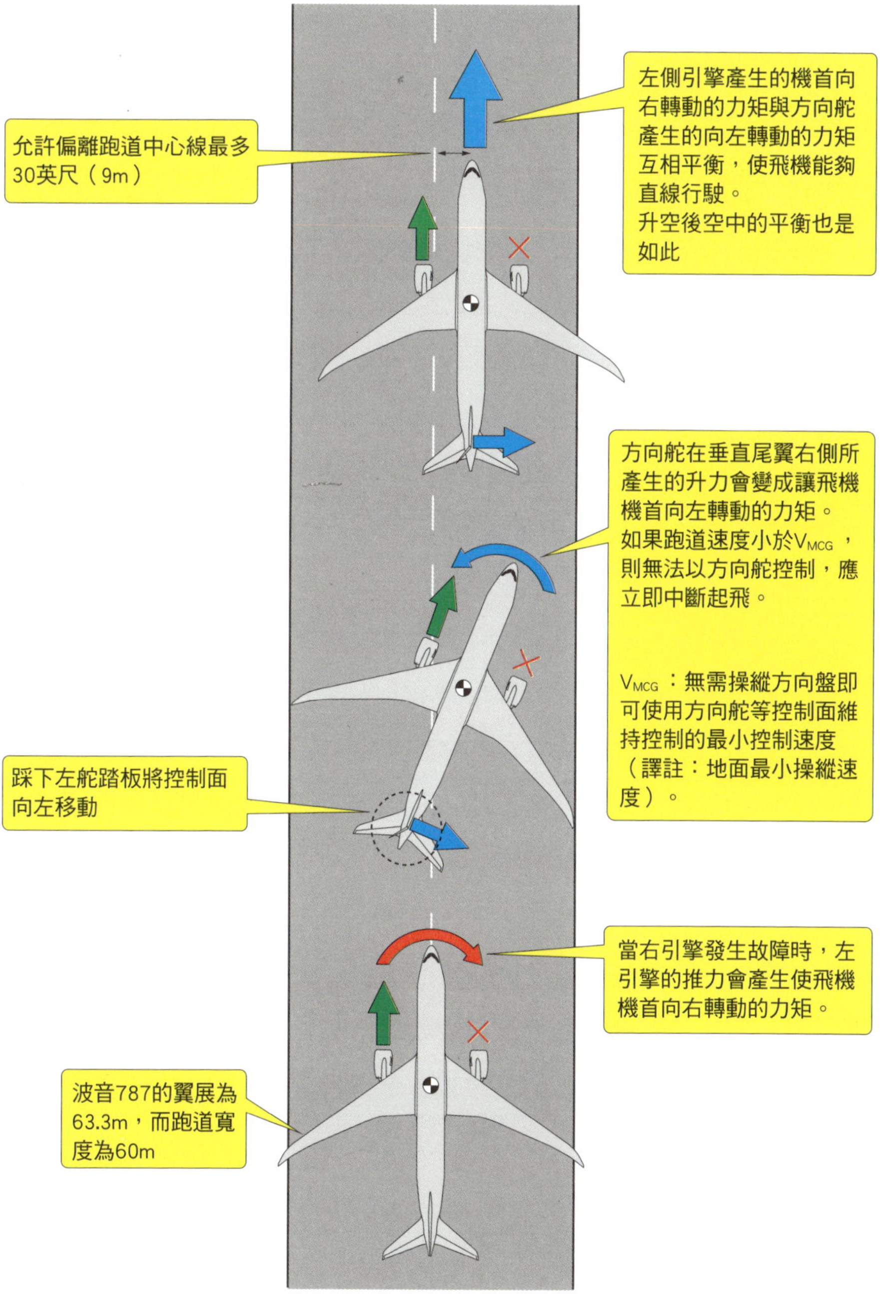

允許偏離跑道中心線最多30英尺（9m）

左側引擎產生的機首向右轉動的力矩與方向舵產生的向左轉動的力矩互相平衡，使飛機能夠直線行駛。
升空後空中的平衡也是如此

方向舵在垂直尾翼右側所產生的升力會變成讓飛機機首向左轉動的力矩。如果跑道速度小於V_{MCG}，則無法以方向舵控制，應立即中斷起飛。

V_{MCG}：無需操縱方向盤即可使用方向舵等控制面維持控制的最小控制速度（譯註：地面最小操縱速度）。

踩下左舵踏板將控制面向左移動

當右引擎發生故障時，左引擎的推力會產生使飛機機首向右轉動的力矩。

波音787的翼展為63.3m，而跑道寬度為60m

2-4-2 方向舵的移動原理～以波音 747 為例

當踩下**方向舵踏板**的一側時，它會透過電纜傳輸到感力定中組件（Feel And Centering Unit），如**圖2-17**所示。

將腳從踏板上移開時，組件內部的彈簧會使踏板返回原始位置，該彈簧還有一個功能，就是為了防止過度操作，無論飛行速度如何，踩下踏板的次數愈多，感覺就愈重。操作駕駛艙內的**方向舵配平輪（配平圓形控制盤）**也會透過電纜傳輸至組件。方向舵配平輪可以透過手動轉動來微調升降舵控制面角度，同時移動踏板，保持下踩讓踩踏的力減小到零。

如**2-17**的圖表所示，即使踏板踩下量和配平操作量相同，透過**比例計算器**的機械計算，在速度增加的同時，會讓方向舵偏角跟著減小，並傳輸至電力控制單元。

之所以要讓方向舵的舵角跟著速度改變，是為了防止過度操作，讓過大的負荷作用在垂直尾翼和機身上。速度愈高，動壓愈大，即使是最輕微的踏板操作也會在垂直尾翼產生更大的升力，因此快速深踩踏板的操作從優勢上而言並不建議。然而，由於**無法根據飛行速度限制踏板下踩的次數，只能從舵角限制**。

讓我們來思考為什麼高速飛行轉彎時不使用方向舵。例如，當要右轉而踩下右方向舵踏板，這時不僅會產生導致**機首向右轉的偏航力矩**，還會產生導致**機身向左傾斜的偏航力矩**。這是因為垂直尾翼的左翼表面產生的升力中心位於飛機重心上方。方向舵的升力與副翼產生的向右傾斜力相反，導致發生扭轉機身的作用力。之所以每次轉彎都會有扭力負載，是因為機身和尾翼底部的強度問題，所以在高速下不使用方向舵，而是改以擾流板連動進行轉彎。

第 2 章 操縱系統（飛控電腦）

圖 2-17 方向舵的運作原理（波音 747）

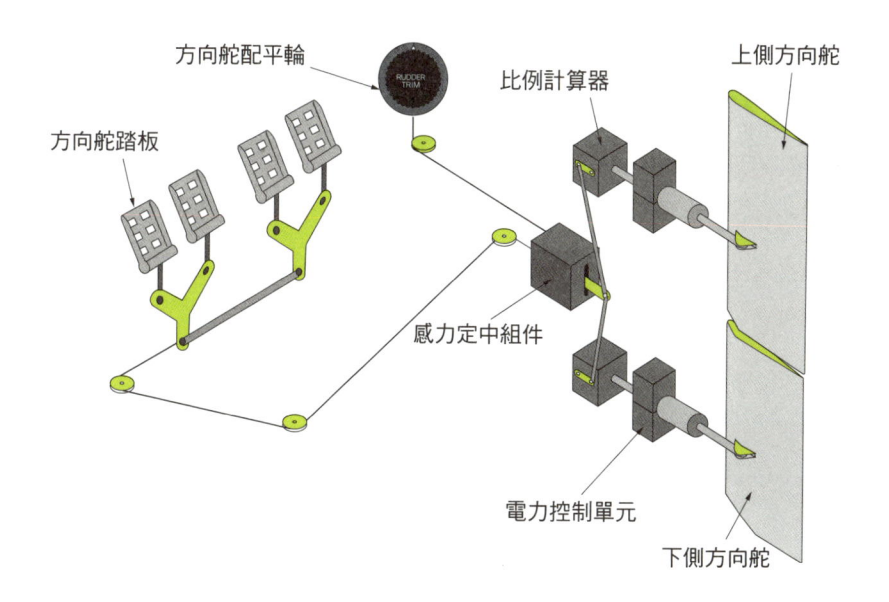

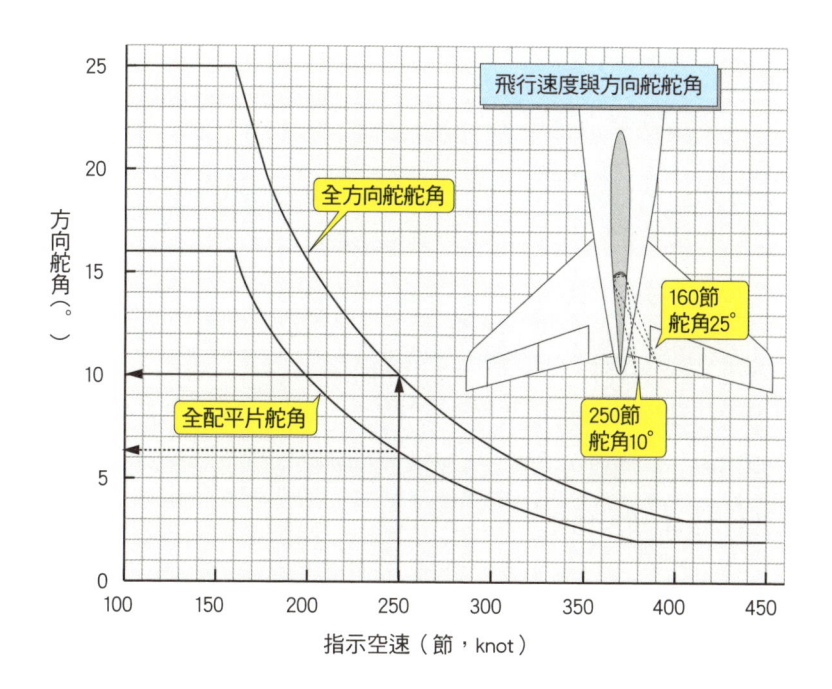

2-5 線傳飛控系統（空中巴士及波音客機）

目前的主流是線傳飛控系統（FBW，fly by wire），它將飛行員的操作轉換為數位訊號，並透過電線（Wire）傳輸到控制器來控制操縱面。

2-5-1 線傳飛控系統的優點

飛行員的操作被數位化，電腦處理的訊號能即時送到操縱面而不會變質，因此能夠進行極細的操縱控制。

例如，使用電纜式的類比控制系統進行轉彎時，不僅要操作控制輪沿轉彎方向轉動，如圖2-7所示，為了支撐飛機因傾斜而增加的表觀飛行重量，需增加主翼攻角，也就是說需要同時操作「拉動操縱桿」。在達到所需傾斜角後，為了快速停止滾轉，還需要逆操舵，將操縱輪往轉彎反方向轉動。

在線傳飛控系統中，飛行員操作的控制輪訊號在飛行控制電腦中，會根據「飛行速度」「飛行高度」「襟翼位置」和「引擎資料」等從其他系統取得的飛行狀態或飛行姿勢，計算出最適合的副翼舵角及俯仰角。這些會讓各個控制面執行器開始運作，實現有效率的轉彎，因此不需要再操作逆操舵或操縱桿。

不過同樣是線傳飛控飛機，空中巴士和波音的概念卻大不相同。

空中巴士A350上的飛行員操縱訊號會直接輸入到主飛行控制電腦（PRIM），如圖2-18所示。

另一方面，在波音787上，資訊透過操縱面執行器控制電子設備（ACE）發送到主要飛行電腦（PFC）。然後，PFC根據飛行狀態計算最佳舵角並將其回傳給ACE。ACE收到此訊號後，即按照PFC計算

第 2 章 操縱系統（飛控電腦）

圖2-18 線傳飛控系統（空中巴士和波音）

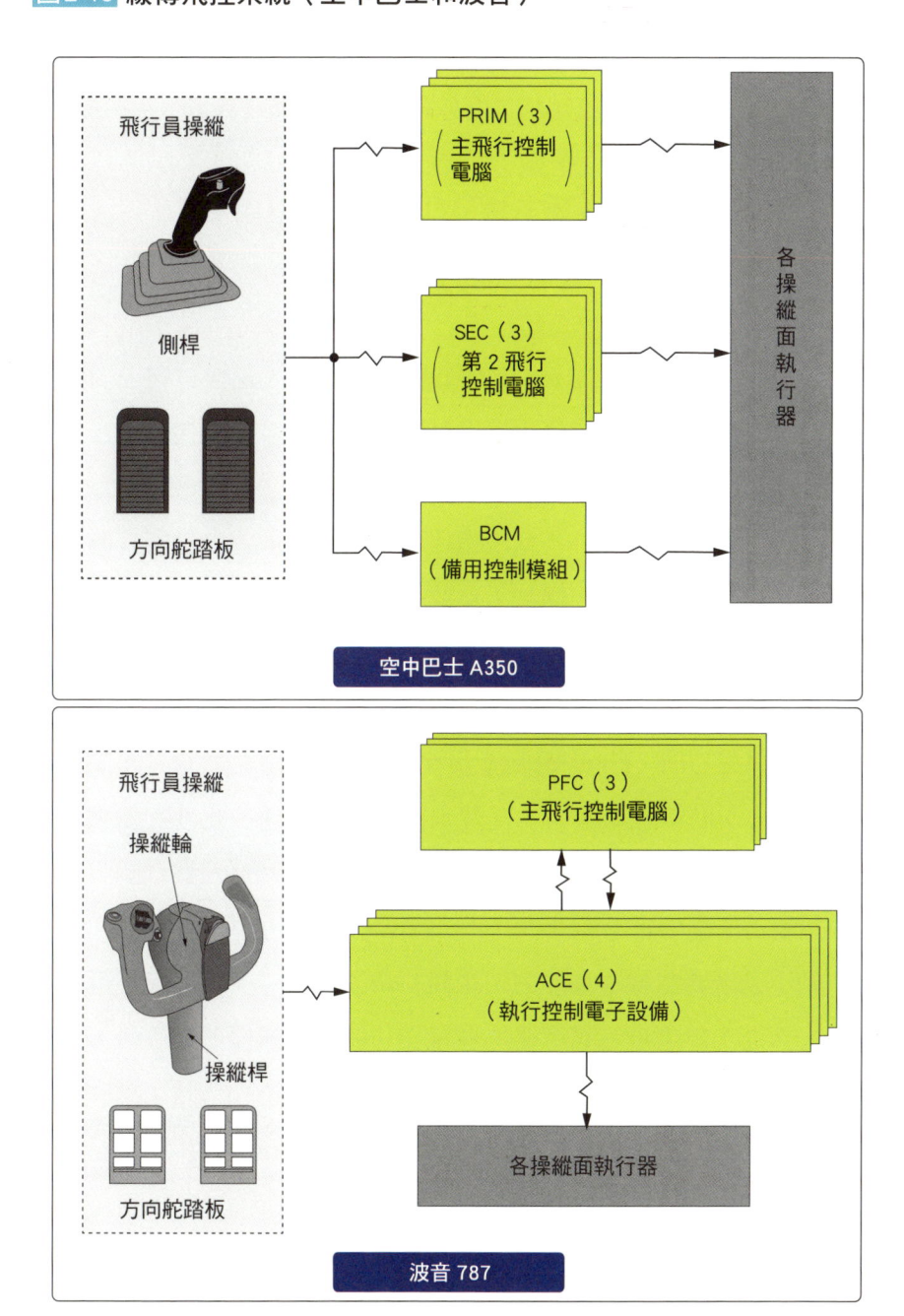

空中巴士 A350

飛行員操縱：側桿、方向舵踏板

- PRIM（3）主飛行控制電腦
- SEC（3）第 2 飛行控制電腦
- BCM（備用控制模組）

→ 各操縱面執行器

波音 787

飛行員操縱：操縱輪、操縱桿、方向舵踏板

- PFC（3）（主飛行控制電腦）
- ACE（4）（執行控制電子設備）

→ 各操縱面執行器

53

出來的舵角控制各個控制面的執行器。像這樣將計算和控制分開的目的，是讓飛行員可以直接透過ACE來移動操縱面，不需要透過電腦。這項設計概念是基於「控制飛行的最終權力在於飛行員」。

2-5-2 操作限制範圍保護系統～以波音 787 為例

操作限制是「飛行員在操作運行上不得超出的限制」。為了不超出限制，有保護系統可以預防。

失速保護（Stall protection）如圖2-19所示，在機首向上姿勢的限制圖示以及空速表上的最小速度以紅色虛線表示。當機首抬升到高於姿勢極限標示或低於最低速度標示時，自動震桿器就會開始運作，微微地震動操縱桿。此外，當飛機速度已經接近啟動自動震桿器時，操縱桿也會變重（讓拉力增加）藉此提醒飛行員如果機首姿勢再更加抬高，可能會失速，但是飛行員也可能忽略提醒，加大雙倍的操縱力道，導致飛機更進一步減速。

超速保護功能（Over-speed protection）會在接近最大限制空速（V_{MO}/M_{MO}）時增加操縱力，提醒飛行員留意超速。此外，如果以正常操縱力道的雙倍力量操作，速度有可能會超過最大限制空速。

傾斜角保護功能（Bank angle protection）是當飛機傾斜角超過35°時，系統將對操縱輪施力，讓傾斜角回到30°，藉此提醒飛行員注意。然而，如果飛行員忽略這種保護功能並持續操縱控制輪，那麼飛機傾斜角有可能超過35°。

機尾擦地保護（Tail strike protection）是在起飛和降落過程中發生尾部觸地時，系統將會升降舵運作。

波音這些保護系統的設計理念，是建立在控制飛機的最終權力屬於飛行員的基礎上。

圖 2-19 顯示與保護系統（波音 787）

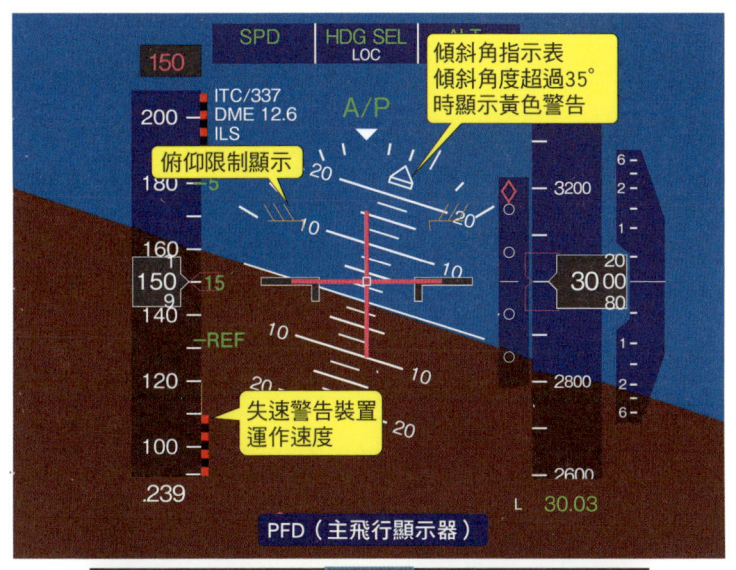

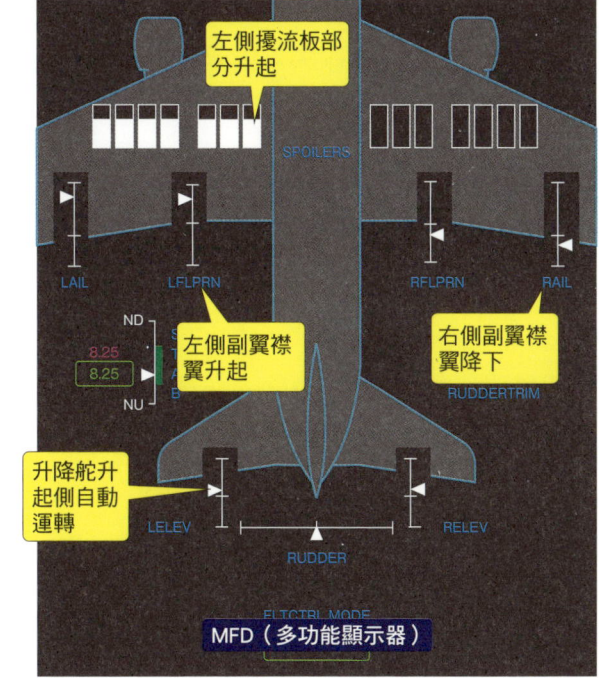

專欄 2　　操縱桿與側桿

儘管它們都是FBW（線傳飛控），但它們的設計理念卻截然不同，波音是使用**操縱桿**的代表，而空中巴士使用**側桿**。以下讓我們探討兩者有什麼區別。

首先，波音公司對駕駛艙的設計方針，最大前提是「飛行員擁有控制飛行的最終權力」。相對地，空中巴士的方針是「飛行員只能在正常限制內控制飛行」。也就是說，駕駛空中巴士的飛行員無法執行超出限制範圍的飛行。

此外，由於波音公司的設計理念是「重視飛行員過去的訓練和飛航經驗」，因此一直採用與先前機種相同的操縱桿。

甚至在引進具有新技術或新功能的設備時，也會考慮「有明確功能和效率」「介面不會對飛行員產生不利影響」等。操縱桿用任何一隻手都能操作，但如果**側桿設置側的手因受傷而無法移動，則有難以控制側桿的風險**。這似乎是波音公司不採用側桿的原因之一。

以下舉個例子來說明飛行員控制飛機的權限有何不同。波音公司即使設計了傾斜角度限制的保護功能，但沒有設計自動停止傾斜的功能。另一方面，空中巴士在飛機傾斜角超過33°時會發出警報，但即使飛行員忽略警報並繼續操作側桿，系統也有防止傾斜角超過67°的功能設備。這項差異是因為波音的設計理念是「**自動化只是協助的角色，而非飛行員的替代品**」。

第 3 章

自動飛行系統（Auto Flight System）

波音747-200 模式選擇面板（Mode select panel）

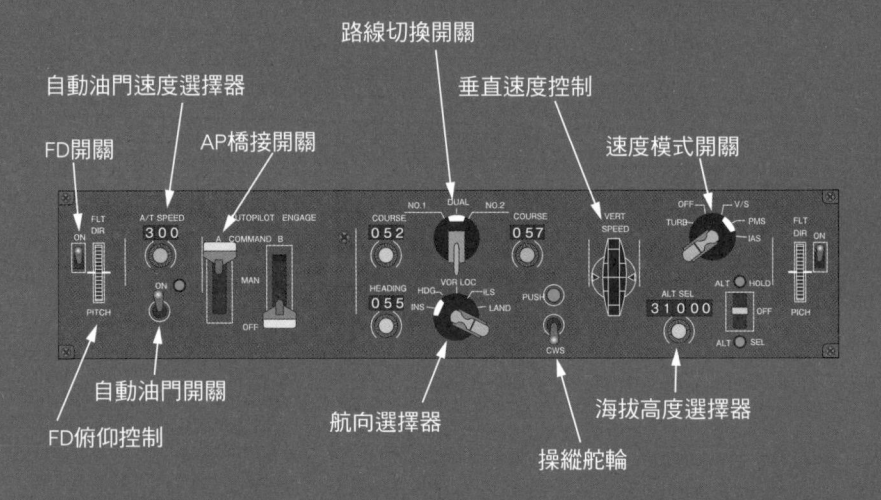

- 自動油門速度選擇器
- FD開關
- AP橋接開關
- 路線切換開關
- 垂直速度控制
- 速度模式開關
- 自動油門開關
- FD俯仰控制
- 航向選擇器
- 操縱舵輪
- 海拔高度選擇器

自動飛航系統是利用自動駕駛儀、自動推力裝置和飛航管理系統實現安全、經濟的自動飛航裝置。

3-1　自動駕駛儀

自動駕駛儀是一種根據飛行員的控制面板操作或電腦訊號**自動操作**副翼、升降舵和方向舵**的裝置**。

3-1-1 自動駕駛儀的作用

自動駕駛儀的作用包括**穩定、操縱和引導**。首先，我們來看看與「穩定」相關的功能。

自動駕駛儀歷史悠久，從萊特兄弟1903年首次飛行後，經過不到10年的時間，於1912年就已投入實際使用。當時的飛機極不穩定且難以控制，所以它們的主要作用就是人為補償飛行穩定性。在現代，透過飛行員手動控制就可以穩定飛行，但自動駕駛儀的最大功能是讓駕駛不需要長時間握住操縱桿，具有**穩定維持的功能（維持巡航高度、爬升速度、下降速度、航向等）**。

另外，噴射客機的主翼具有後掠角和上反角，因此需要採用**荷蘭滾模式**。後掠角的設計是為了增加**臨界馬赫數（通過主翼的空氣超過音速時的飛行馬赫數）**，上反角的設計目的是為了防止側滑和滾轉，能夠達到狀態復原，稱為上反效應。荷蘭滾是由於側面發生強陣風時，主翼的**上反效應**強於垂直尾翼提供的方向穩定性所造成的。結果，側滑、滾轉和偏航這三種運動結合在一起，產生了一種快速循環的複雜蛇行運動，稱為荷蘭滾。

手動操控很難控制荷蘭滾，因此配備了**偏航阻尼器**。偏航阻尼器是一種當偵測到偏航角速度時，就會自動移動方向舵讓偏航振動變小的裝置。偏航阻尼器並未合併組裝到自動駕駛儀中，而是單獨的自動操控設備。

第3章　自動飛行系統（Auto Flight System）

接著來探討「操縱」。操縱指的是透過移動副翼、升降舵和方向舵來**控制飛行路徑**。為了讓自動駕駛儀控制飛行路徑，它必須與**飛行控制系統連接**（Engage）。連接開關已從類比時代的控制桿變成數位時代的按鈕式。

為了將兩者連接，讓飛行路徑也能自動控制，須有**操縱面板**將飛機航向及高度維持等訊號傳送到自動駕駛儀。

以波音為例，727在控制自動駕駛的操作板叫作**自動駕駛儀控制面板（Autopilot control panel）**，而傳統的747是選擇飛行模式的**MSP（模式選擇面板，Mode select panel）**。到了數位機時代，則改用控制飛行模式的**MCP（模式控制面板，Mode control panel）**。

空中巴士從A300到A340都使用**FCU（飛航控制單元，Flight control unit）**，但從A350之後就有了大改變，開始用**AFS CP（自動飛行系統控制面板，Automatic flight system control panel）**。

最後，「引導」指的是自動駕駛儀**不僅連接飛行控制系統，更與導航系統連結，扮演引導飛行路徑的角色**。

圖 3-1　後掠角及上反角

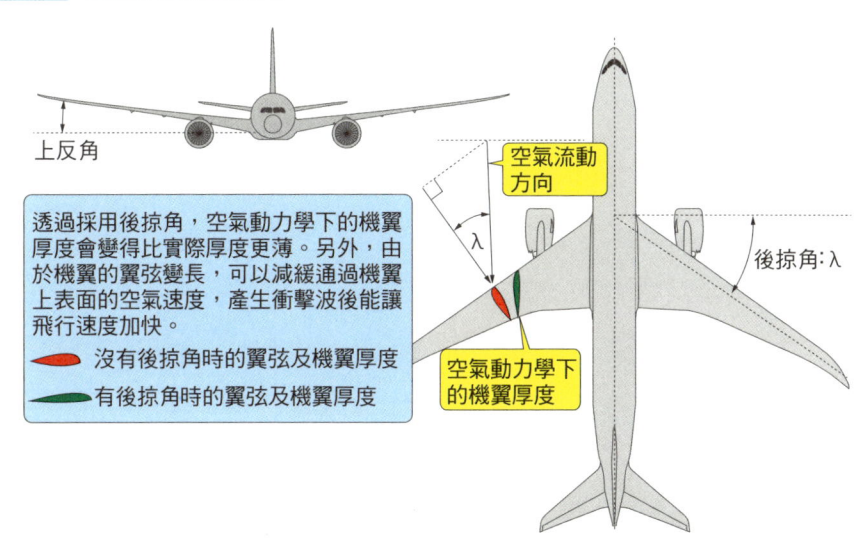

上反角

空氣流動方向

後掠角: λ

透過採用後掠角，空氣動力學下的機翼厚度會變得比實際厚度更薄。另外，由於機翼的翼弦變長，可以減緩通過機翼上表面的空氣速度，產生衝擊波後能讓飛行速度加快。

🔴 沒有後掠角時的翼弦及機翼厚度
🟢 有後掠角時的翼弦及機翼厚度

空氣動力學下的機翼厚度

59

3-1-2 自動駕駛儀的運作原理～以波音 727 為例

自動駕駛控制面板位於左右座椅之間的中央基座上，如**圖3-2**所示。此外，由於現代飛機可以在檢查外部監控和儀表的同時操作自動駕駛儀，因此自動駕駛儀控制面板採用遮光罩安裝在前面板上。而727客機則在該位置安裝了引擎火災警報系統，這讓人感受到駕駛艙設計概念的歷史。

當連接桿操縱到連接位置時，**滾轉通道電腦**會將安裝在右座操縱桿底部的自動駕駛儀電動伺服器連接至滾筒（圓形旋轉盤），**俯仰通道電腦**連接自動駕駛儀控制液壓執行器連接到升降動力裝置。

轉動**轉向俯仰控制器**上的旋鈕就能轉彎。例如，向右轉動時，滾轉通道將根據來自VG（Vertical Gyroscope：旋轉軸垂直的陀螺儀）、指南針（羅盤：檢測地磁氣並指示磁方位的設備）等設備的資訊讓**自動駕駛儀電動伺服器**向右轉向。當滾筒向右旋轉時，左右座椅的控制輪會透過電纜自動向右旋轉，同時升起右副翼及右擾流板，並降低左副翼開始右轉。

轉向俯仰控制器可以在任何位置停止，但即使設定為最大位置，轉彎時的傾斜角度也不會超過32°。

轉向俯仰控制器上的旋鈕如果往前按壓，機首就會下降，向後拉可讓機首呈現上仰姿勢。例如向後拉時，俯仰通道將根據VG和ADC（大氣數據計算機：測量通過飛機的空氣狀態並計算飛行速度、馬赫數、高度、溫度等的設備）提供的資訊，計算與旋鈕操作量相符的升降舵控制面角度，並透過自動駕駛儀控制液壓執行器操作**升降舵動力控制裝置**以保持機首向上的姿勢。同時，它會接收來自升降舵控制面位置感測器的訊號並自動操作**尾翼配平片**。

第 3 章 自動飛行系統（Auto Flight System）

圖 3-2 自動駕駛儀的運作原理（波音 727）

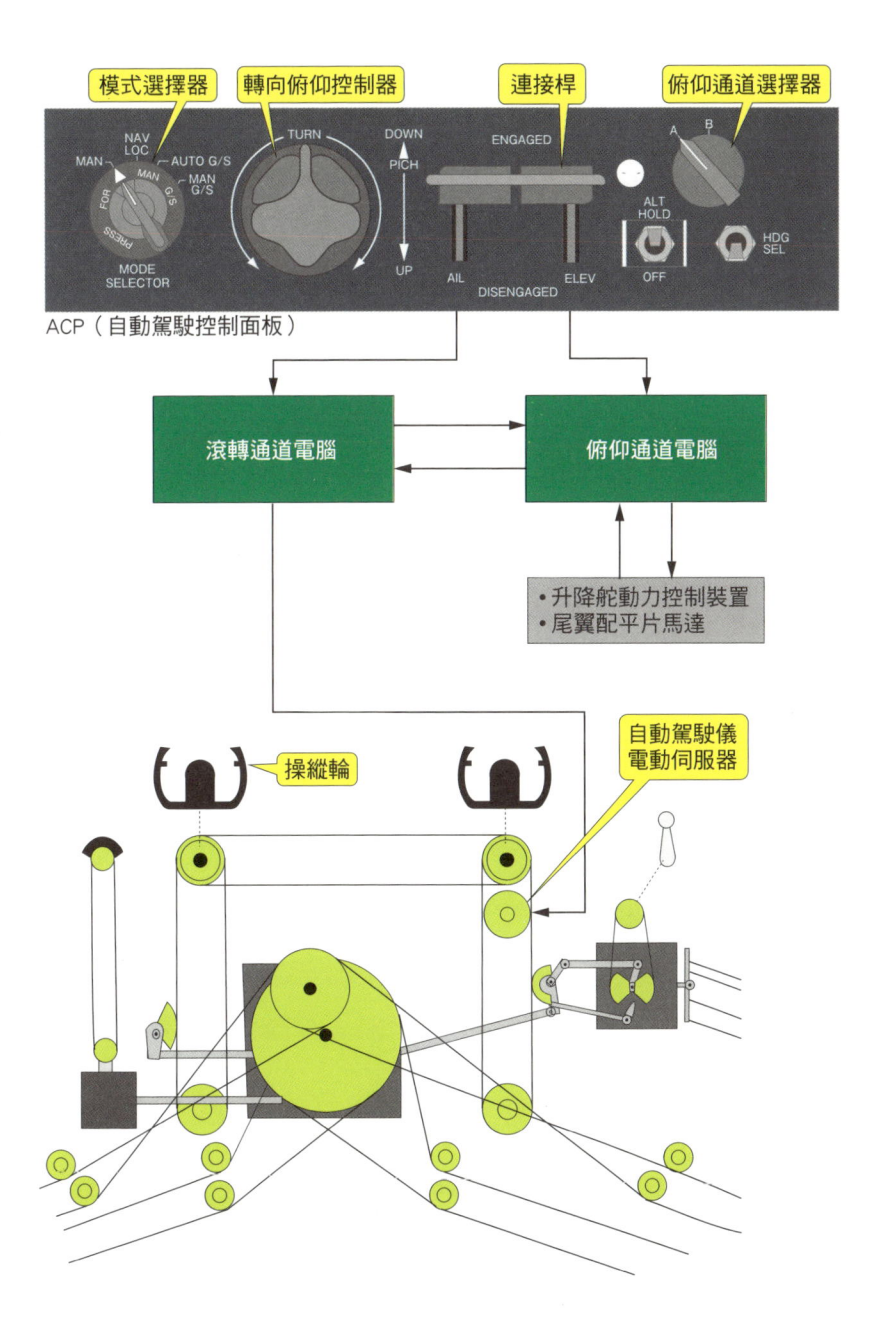

3-1-3 自動駕駛儀的運作原理～以波音 747-200 為例

如**圖3-3**所示，MSP在左側安裝有速度、姿勢、高度相關的開關和旋鈕。這個設計是因為和飛行相關的重要儀表「需在沿著飛行路線向前看就可以輕鬆看到的位置，而不會影響正常姿勢，且不需大幅移動視線」，所以「最有效指示姿勢的儀表位於儀表板的上部中央」「最有效指示空速的儀表置於左側，緊鄰上部中央」「最有效指示高度的儀表置於右側，緊鄰上部中央」，這個排列順序與符合適航審查指南的空速表、姿態儀、氣壓高度計等儀表類的排列順序相同。

位於與速度相關的儀表右側的**連接桿**有A、B兩個通道。正常操作時，如果左座飛行員是PF（Pilot Flying：操控駕駛員），則使用A通道，如果右座飛行員是PF，則使用B通道。當連結A通道時，AP/FD 電腦（A）會開啟切換閥並準備好操作CCA和升降舵動力裝置。

導航模式開關的主要作用是水平方向控制和引導。例如當開關位於HDG（航向：磁方位）位置，且航向選擇器（磁方位選擇旋鈕）逆時針設定為55，則飛機將以磁方位55°為目標，以30°傾斜角開始左轉。

速度模式開關的主要作用是垂直方向控制和引導。例如爬升過程中速度表顯示300節，此時切入IAS（指示空速）位置，飛機將維持300節的速度爬升。此外，即使在下降時，飛機也會保持與開關設定到IAS位置時相同的速度下降。

飛航指引系統（FD，Flight director）是利用INS（慣性導航系統）、CADC（中央大氣數據計算機）等訊息，根據飛行員或導航設定的飛行路徑，在姿態儀上顯示副翼、升降舵所需操作變化量的設備。當不使用自動駕駛儀時，飛行員將根據FD的指示進行操作。

圖 3-3 自動駕駛儀的運作原理（波音 747-200）

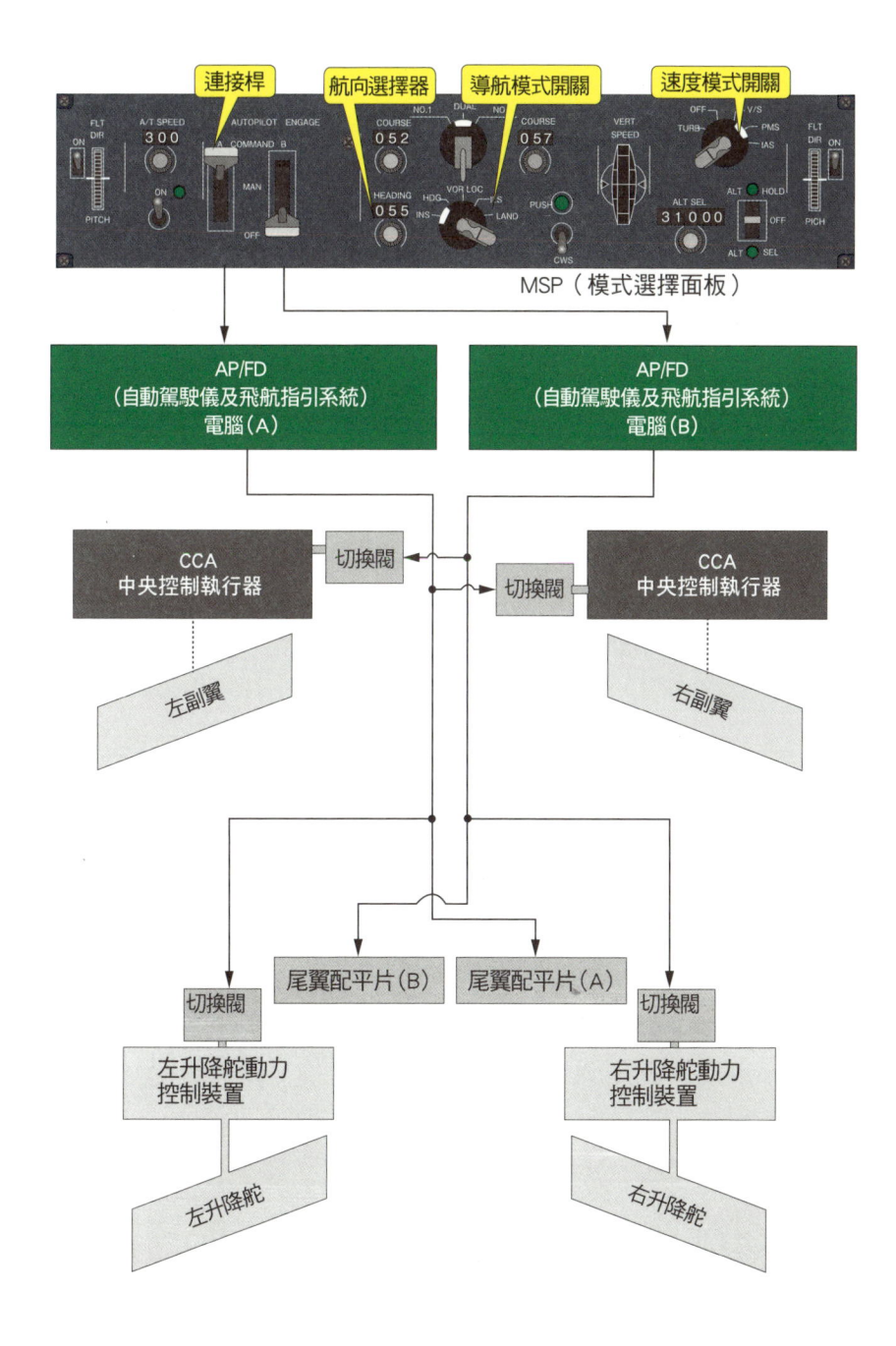

3-1-4 自動駕駛儀的運作原理～以波音 787 為例

如圖**3-4**所示，自動駕駛儀面板從747選擇飛行模式的MSP變成模式控制的**MCP**。當按下從拉桿式變為推動式的連結開關時，連結燈亮起，飛行員操縱的MCP指令以及來自**FMS（飛航管理系統）**的訊息被當作自動駕駛儀的命令，傳輸到**PFC（主要飛行電腦）**。PFC以接收到的命令計算出最佳舵角並發送到ACE。ACE收到訊息後，就會操控各個控制面上的執行器。

PFC也會根據計算出的舵角操縱反向驅動執行器，移動操縱桿、操縱輪及方向舵踏板。特地裝設反向驅動執行器的設計理念，是為了讓自動駕駛儀不僅僅是像姿態儀那樣的顯示儀表，透過操縱桿的移動，讓飛行員也能知道自動駕駛儀的飛行狀態。同樣的設計概念下，自動油門（Autothrottle）也配有讓推力桿移動的裝置。空中巴士客機則沒有讓側桿或推力桿也能同步移動的設計。

自動駕駛儀可以透過MCP或**FMS CDU（FMS 控制顯示組件）**進行控制。如果機場周圍有很多來自ATC（航空交通管制）的指令如改變飛行速度、航向、高度等，可以用MCP操控自動駕駛，同時能夠檢查外部監控和儀表板，而當在飛行計畫航線中要執行爬升、巡航、下降時，則可使用FMS操控自動駕駛。

MCP可以控制空速、馬赫數、高度、航向（機首方位）、航跡（飛行航道）、垂直速度（爬升率和下降率）、航行角（Flight-path angle）等。航向的功能是維持機首方位，飛行路線會受到風的影響。另一方面，航跡與風無關，其功能是維持設定的飛行路線，即維持抵達計畫地點所通過的路線不受風吹動改變。為了維持航跡，航向（機首方位）會根據風向及風速而改變。

第 3 章 自動飛行系統（Auto Flight System）

圖 3-4 自動駕駛儀的運作原理（波音 787）

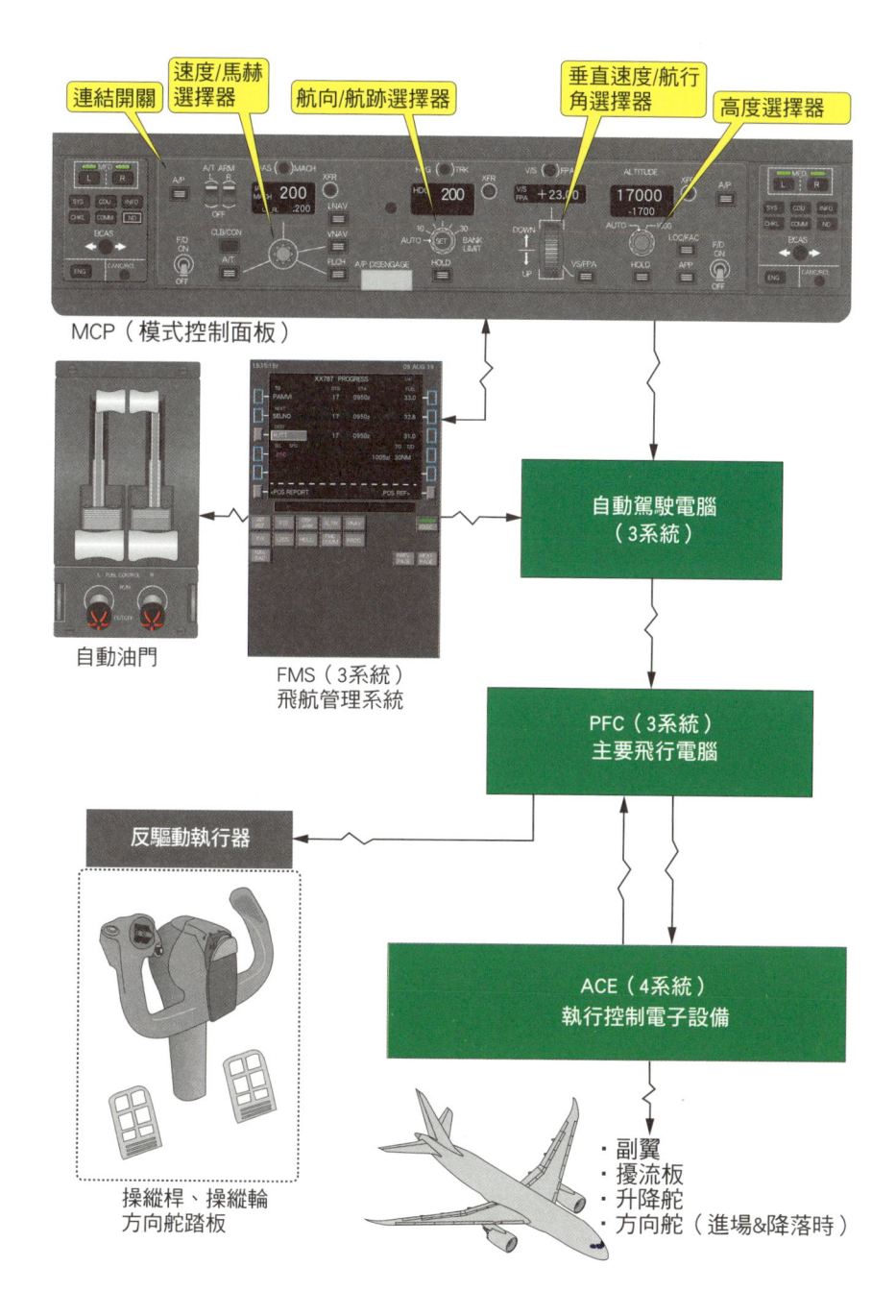

- 連結開關
- 速度/馬赫選擇器
- 航向/航跡選擇器
- 垂直速度/航行角選擇器
- 高度選擇器

MCP（模式控制面板）

自動油門

FMS（3系統）
飛航管理系統

自動駕駛電腦（3系統）

PFC（3系統）
主要飛行電腦

反驅動執行器

操縱桿、操縱輪
方向舵踏板

ACE（4系統）
執行控制電子設備

- 副翼
- 擾流板
- 升降舵
- 方向舵（進場&降落時）

65

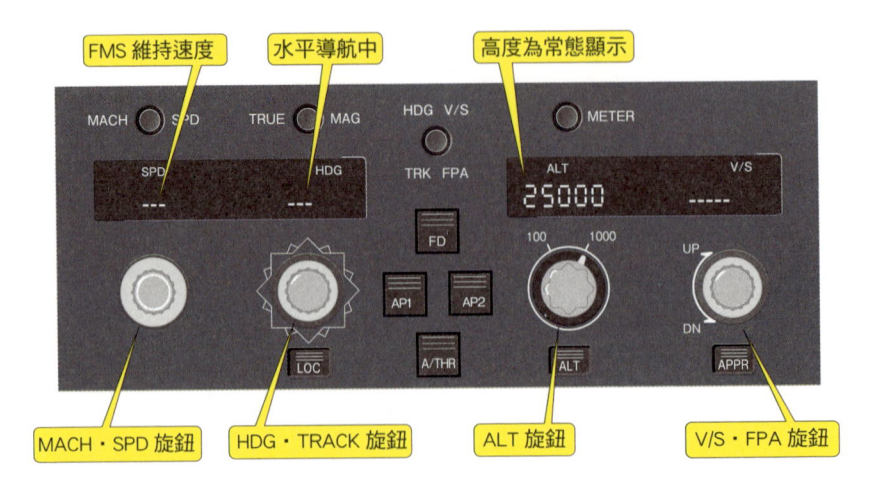

3-1-5 自動駕駛儀的運作原理～以空中巴士 A350 為例

空中巴士A350的自動駕駛功能與本書目前所介紹的基本相同。但控制流程和操作方法不同，以下就來看看有那些差異。

圖3-5中**AFS CP**上的每個旋鈕，拉起就代表由飛行員操縱控制自動駕駛，下壓則是透過FMS的數據資料進行控制。圖例中，當各個旋鈕下壓，面板會顯示「---」，這是使用FMS保持速度、水平自動引導和垂直自動引導時的顯示範例。而波音787的MCP上如果顯示**水平導航的LNAV（Lateral navigation）**亮燈、或顯示**垂直導航的VNAV（Vertical navigation）**亮燈，就可以知道當下是由FMS控制。此外，如圖3-6所示，**PRIM（主要飛行及導航電腦）**也有**自動推力的功能**，而波音的自動推力則是在FMS當中執行（見圖3-4）。

順帶一提，類比色彩濃厚的A310機以前，空中巴士都是稱呼自動油門，自A320成為成熟的數位飛機開始就改稱為自動推力。另一方面，波音一直都稱為自動油門，沒有改變。

圖 3-5 AFS CP（空中巴士 A350）

第 3 章 自動飛行系統（Auto Flight System）

圖 3-6 自動駕駛儀的運作原理（A350）

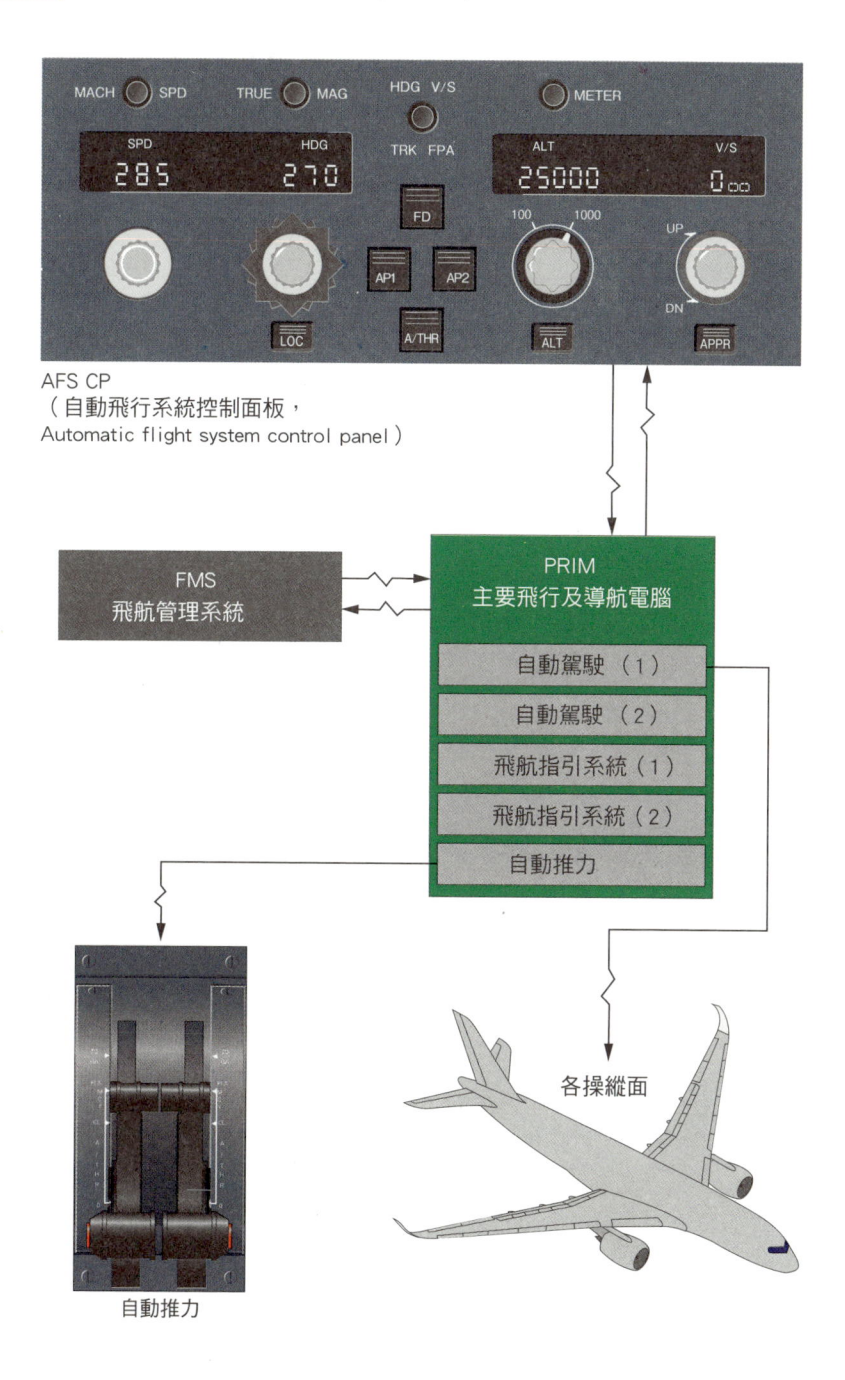

3-2 導航系統

導航系統是顯示並引導飛行路線,讓飛機安全、確實且有效率地到達目的地的設備。

3-2-1 導航類型

導航的作用是了解目前位置並預測到達下一個地點的航向和時間。典型的例子包括地文航行術(Geonavigation)、無線電導航(Radio navigation)和航位推測法(Dead reckoning)。

地文航行術是在能見度良好的情況下,參考地形和建築物,一邊檢查飛行位置和方向一邊飛行的導航方式。即使在今天,飛機降落時有時也會目視檢查機場、建築物和前面的飛機,同時朝著跑道進場。

無線電導航的方式是利用輔助航行的無線電助航設備所發射的 **NDB(歸航臺,Non-directional beacon)、VOR/DME(特高頻多向導航台/測距儀)**以及GPS等所傳的無線電波。例如**圖3-7**,使用ADF(自動定向儀)和HSI(水平狀態儀)進行導航。VOR/DME可單站顯示與設定路線的關係,並可與自動駕駛儀連動進行自動引導。另一方面,NDB僅能得知電台與飛機之間的方位,但無法顯示與路線的詳細關係,也無法用於自動引導。

航位推測法是一種不仰賴地形或助航設施,僅憑飛行速度及機首方位等基本資訊,推測飛機位置及航向的航法。從過去必備的類比式導航計算尺,到現在的**慣性導航系統**改用陀螺儀及加速規,能計算出更正確的方位及地速。然而,慣性導航系統的缺點是隨著時間的推移會出現位置誤差(約1海浬/小時)。儘管如此,在開發當時它仍被認為是「精確的導航設備」。然而,隨著交通量的增加,尤其是在海

第 3 章　自動飛行系統（Auto Flight System）

圖 3-7　無線電導航示例（波音 747-200）

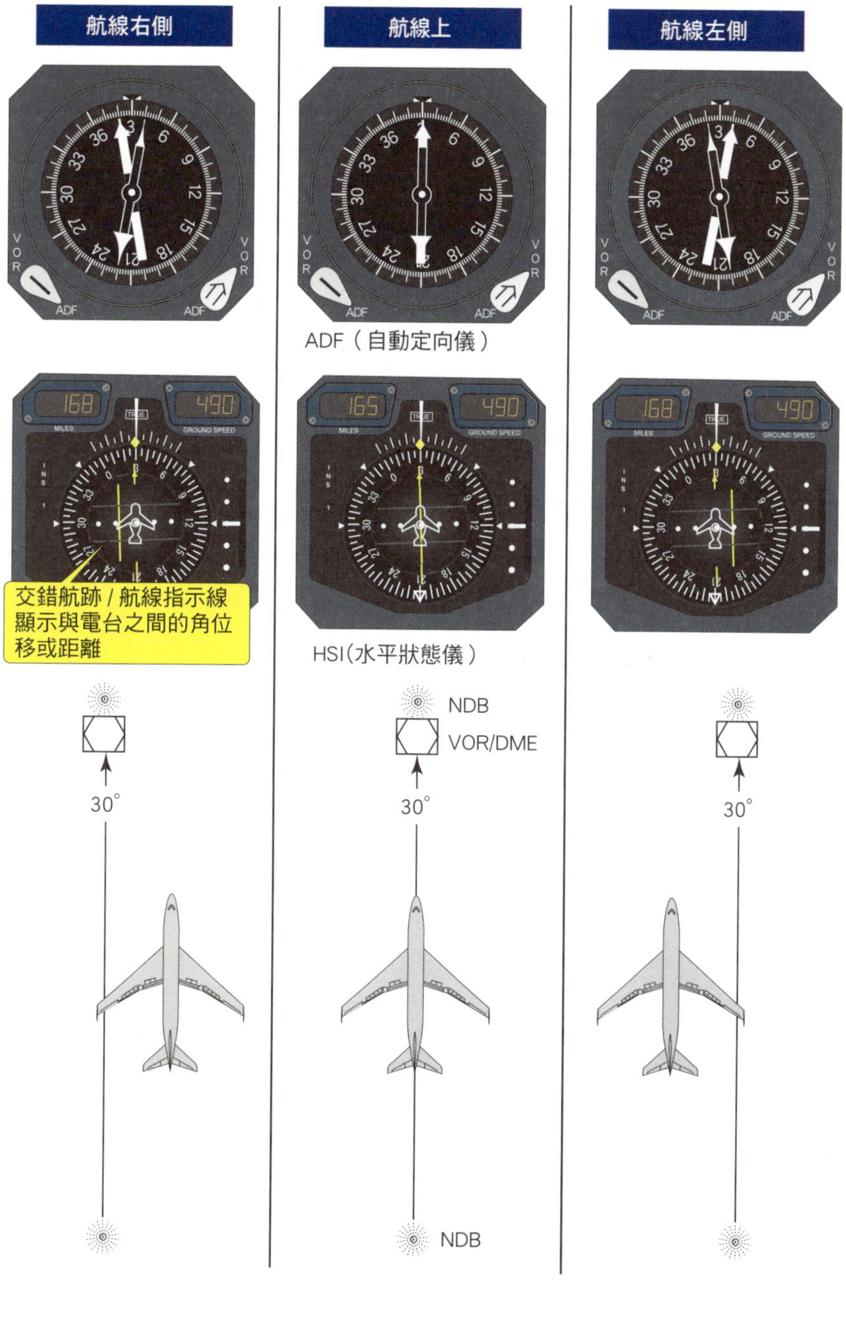

航線右側	航線上	航線左側

ADF（自動定向儀）

交錯航跡 / 航線指示線顯示與電台之間的角位移或距離

HSI（水平狀態儀）

NDB
VOR/DME

NDB

上，需要高正確性的導航，目前的方法是使用**GPS**來修正位置誤差。

3-2-2 波音 727 的導航系統

727的一大特點是自動駕駛儀和飛航指引系統各自獨立。另外，自動駕駛儀控制面板安裝在中央底座上，飛航指引系統安裝在左右座椅上，各自獨立操作。

讓我們來看看飛航指引系統導航的例子。如**圖3-8**所示，模式選擇器的位置為「VOR/LOC」，當與前方VOR電台呈55°航線時，**HSI（水平狀態儀）**的航線指示線位於左側。這代表飛機正在航線的右側飛行。因此，**ADI（姿態儀）**的命令指示線會指示左轉返回航線。飛行員向左轉讓飛機符號與命令指示線重合後，飛機即返回航線。返回航線後，HSI的航線指示線就會與航線游標（航線指示器）對齊成一條直線。

透過連結自動駕駛儀並將模式選擇器設定至「VOR/LOC」，就可以自動引導至航線。不過，因為系統沒有自動將無線電信標的頻率或航線游標切換到下一個路線的功能，因此每次通過無線電信標上方時，須將模式選擇器設置到「HDG」，這些變更完成後，需再操作選擇器返回到「VOR/LOC」的位置。

如上所述，巡航時自動引導的操作複雜，再加上1960年代，727作為第一架日本國內線啟航的噴射客機，當時許多航線都採用了**NDB（歸航臺）**，能夠自動引導的航線數量有限。因此須將模式選擇器設定為「HDG」，並使用ADI、HSI、ADF和速度表等儀器，一邊推估上層風向及強弱，來決定能夠在航線上飛行的機首方位。

順帶一提，727沒有地速表，而是使用**DME（測距儀）**計算。例如當DME每分鐘的變化為8英里，則速度將為60x8=480節（約890

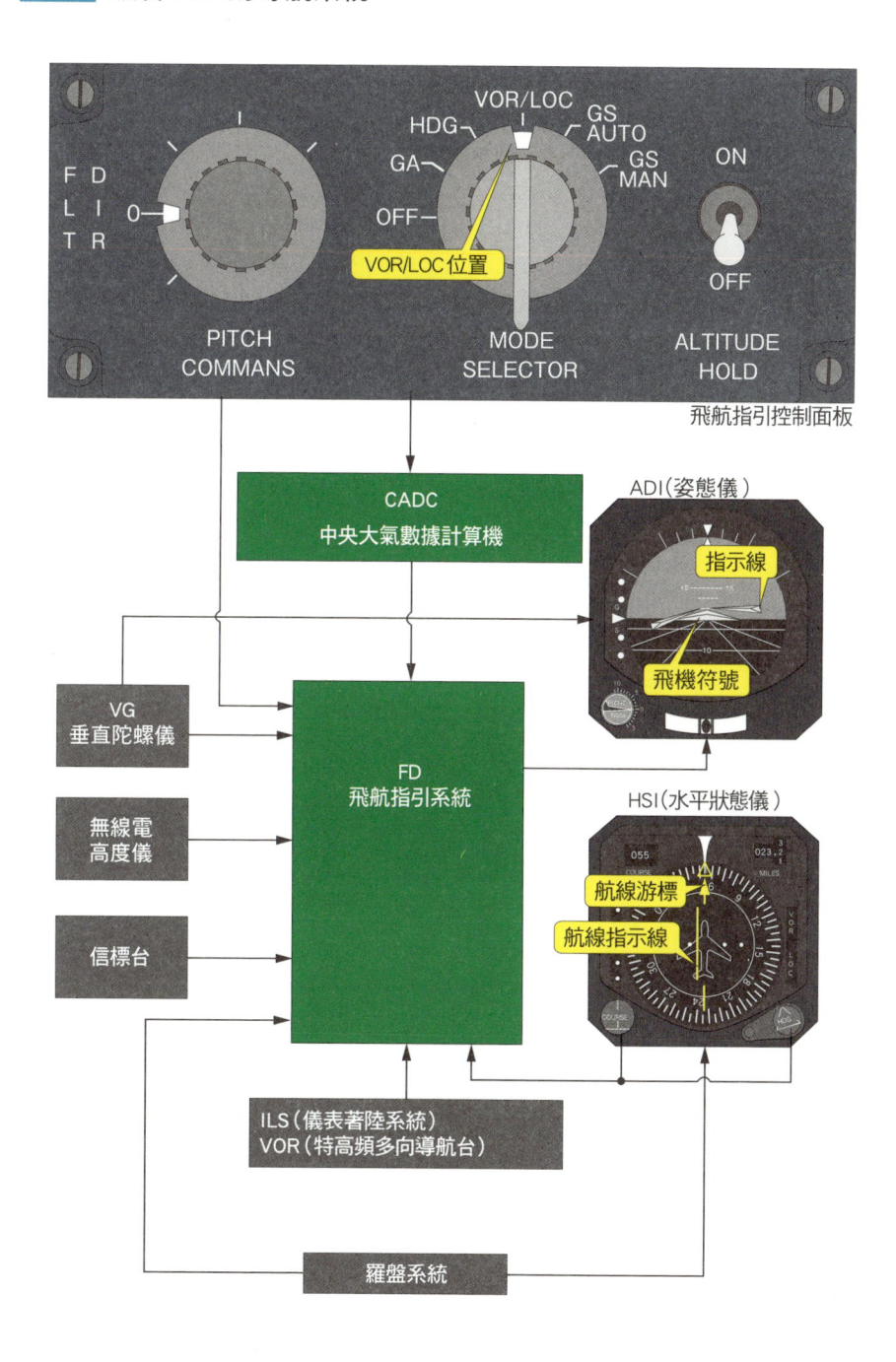

第 3 章 自動飛行系統（Auto Flight System）

圖 3-8 波音 727 的導航系統

km/h）。但由於具備DME的無線電信標很少，可計算的航線有限。

3-2-3 波音 747-200 的導航系統

747的主要導航設備是**INS（慣性導航系統）**。INS是一種**自主導航設備**，輸入航點，它就會引導飛機沿著每個航點連接起來的路線飛行。而航點就是飛行路線上的無線電信標或其相對位置，或是地面上以緯度和經度標示的地點。

早期747上的導航系統只有INS，由於它一次只能輸入9個航點，這在巡航期間需要額外的輸入工作。後來，在1970年代開始提倡節能，開發了**PMS（飛機性能管理系統，Performance Management System）**，該系統做為改造設備安裝在飛機上，且可以輸入72個航點。不過歐洲航線上約有70個左右的航點，也需要飛行員手動輸入。

如果將PMS比喻為旅館，安裝該設備就像是「在本館（INS）增建有利經濟效益的新館（PMS）」。這個時代的基本配置是類比設備，系統是以機器為單位建構，屬於**分散的結構**。之所以能將這些分散的結構連結起來，實現水平導航和垂直導航功能，是因為747配備了INS、以及能與之連結的自動駕駛儀、自動油門等。另外，在引進PMS系統時，還曾被認為其「並非性能（Performance）管理，而是飛行員（Pilot）管理系統」，成為一時的玩笑話題。

如**圖3-9**所示，當導航模式處於INS位置時，水平導航由INS執行，PMS的功能僅是向INS發送航點及飛行員對PMS的操作訊息。當速度模式處於PMS位置時，透過控制引擎推力和飛行姿勢，可以做到從爬升狀態自動進入巡航、保持經濟速度等垂直導航。也就是說，**水平導航由INS負責，垂直導航功能由PMS分擔**。

PMS的主要功能是計算航點之間所需的時間和預期剩餘燃油量，

第 3 章 自動飛行系統（Auto Flight System）

圖 3-9 波音 747 的導航設備

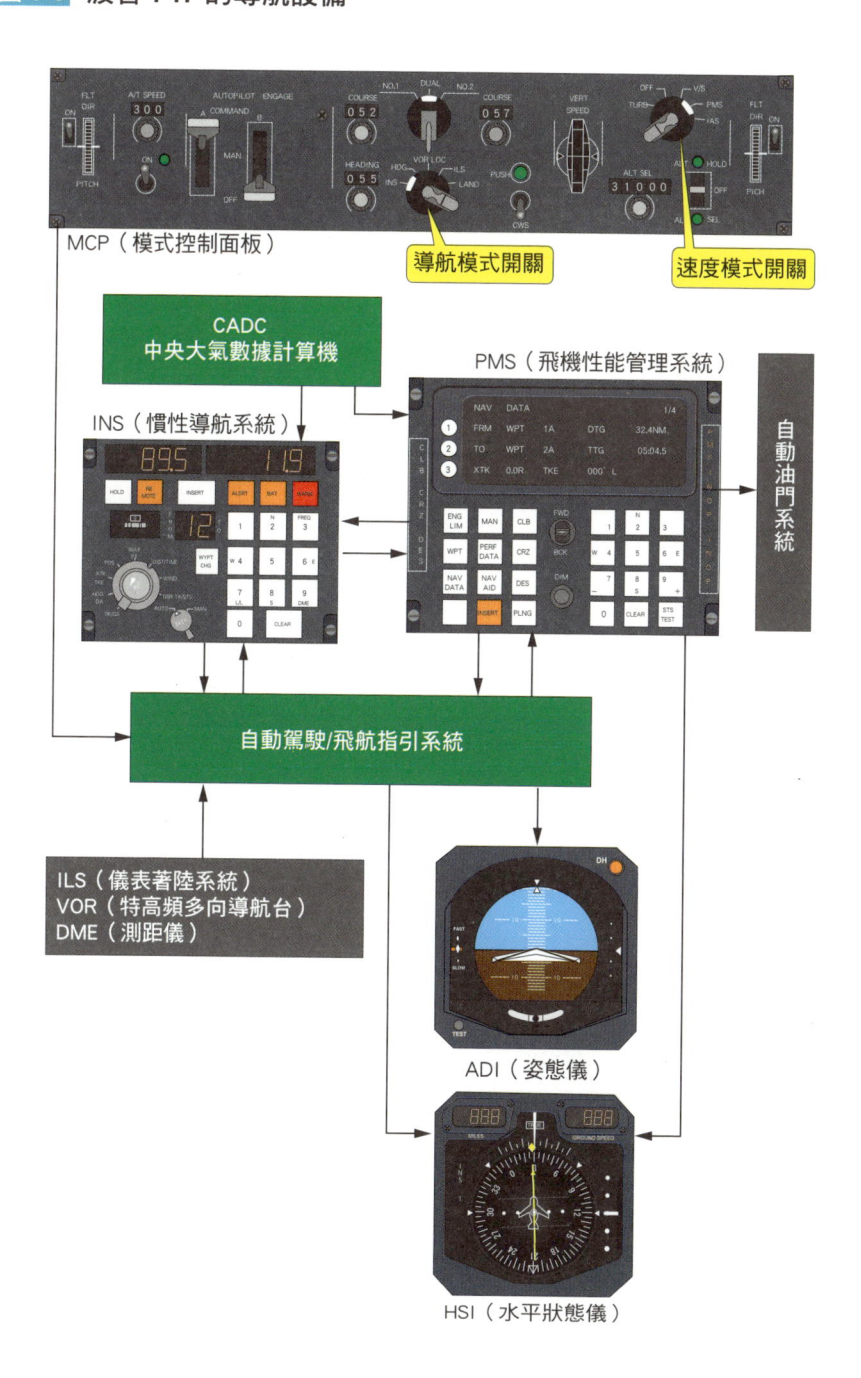

計算和維持經濟爬升速度和巡航速度，計算經濟下降起點，計算和維持下降速度，以及顯示性能資訊等。

3-2-4 波音 787 的導航系統

以數位設備為主體的飛機，能夠吸取大量資訊且在不降低資訊品質的情況下透過電腦處理，由於能夠輕鬆精確控制操縱設備及引擎，就可實現更正確的導航及自動引導。

首先來了解一下**水平導航（LNAV）**。在準備出發的階段先整備LNAV（完成運作準備狀態）後起飛。當飛機高度達到50英尺（15m）時，水平導航將自動啟動。接著PFD（主飛行顯示器）將顯示飛機沿著ND（導航顯示器）上顯示的出發路線飛行。

準備起飛時，飛行員必須從FMS資料庫中選擇每個機場最新的**標準儀表離場程序（SID）**。SID是為了讓離場飛機在儀表飛行（僅依靠機上儀表的飛行）過程中避開障礙物並有序爬升的一種飛行方法。由於每個起飛跑道的SID都不同，因此也必須從資料庫中選擇要使用的跑道。

接著與LNAV相同，整備**垂直導航（VNAV）**起飛後，當高度到達400英尺（120m）以上，VNAV就會自動啟動。由於襟翼會隨著飛機爬升而打開，因應逐漸加速的VNAV也會開始運作。順帶一提，除非飛機高度在2500英尺（760m）以上，且襟翼完全收起的巡航飛行狀態，否則無法使用747-200的PMS（飛機性能管理系統）。因為該系統只針對性能管理，並非設計用於應對使用襟翼時的精細速度控制。

FMS的**資料連結（能夠對主機發送及接收資料）功能**可以用每28天發布更新的航空圖等航空資料來建立最新的資料庫。此外，航空公司建構的飛行計畫航線等導航資料可以匯入FMS，無需手動輸入大量航點，大大減少了飛行員的工作量。

第 3 章 自動飛行系統（Auto Flight System）

圖3-10 波音 787 的導航設備

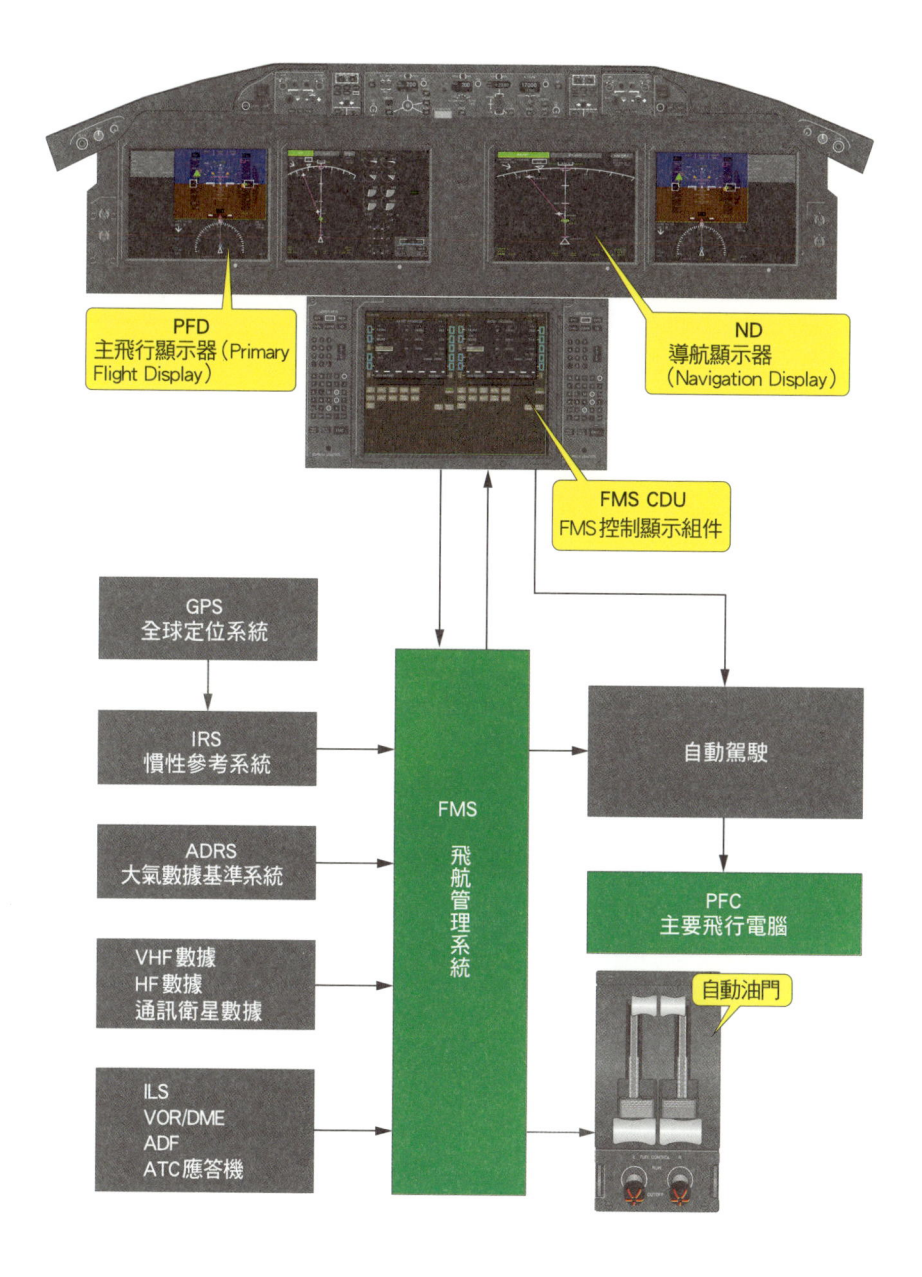

PFD 主飛行顯示器（Primary Flight Display）

ND 導航顯示器（Navigation Display）

FMS CDU FMS控制顯示組件

GPS 全球定位系統

IRS 慣性參考系統

ADRS 大氣數據基準系統

VHF數據
HF數據
通訊衛星數據

ILS
VOR/DME
ADF
ATC應答機

FMS 飛航管理系統

自動駕駛

PFC 主要飛行電腦

自動油門

圖 3-11 波音 787 的 ND

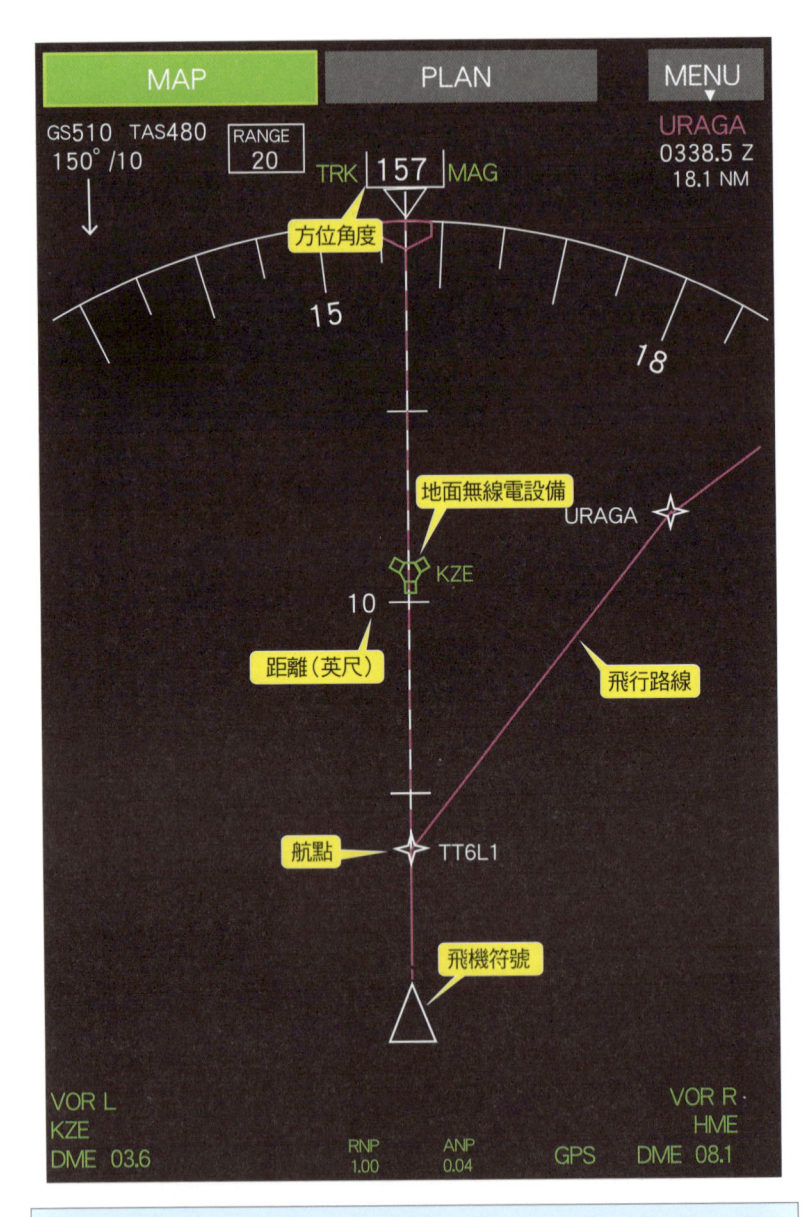

ND（Navigation Display）是一種全面性圖形化顯示導航相關資訊的裝置。還可以顯示氣象雷達圖像。

第 3 章　自動飛行系統（Auto Flight System）

圖3-12 波音 787 的 PFD

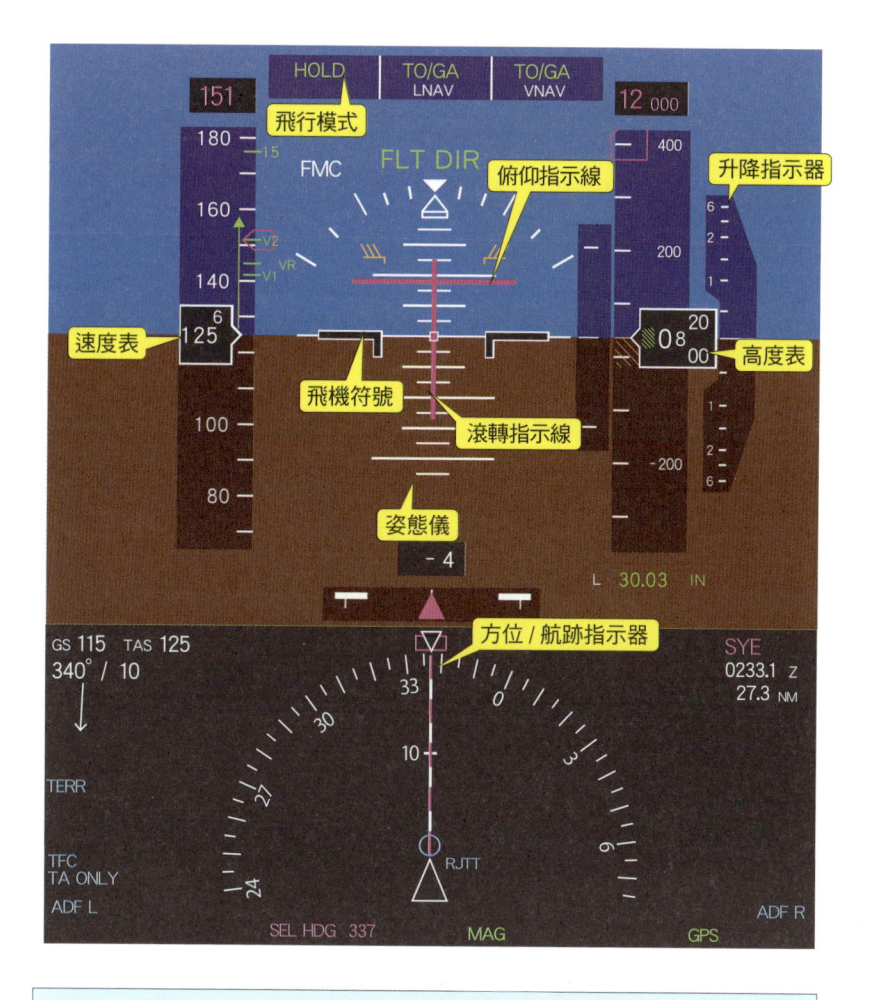

PFD（Primary Flight Display）是綜合顯示飛行速度、飛行姿勢、飛行高度等飛行狀態的裝置。俯仰指示線會根據飛行電腦指示的機首俯仰方向姿勢改變量而上下移動。滾轉指示線會根據飛行電腦指示的轉彎方向改變量左右移動。

3-2-5 慣性導航系統的運作原理

慣性是指「在未受外力作用影響下，靜止的物體恆常靜止，運動中的物體恆常運動（即靜者恆靜，動者恆動）」。例如，當飛機為了起飛而開始加速，身體會感受到一股被推向座位的力量。這是因為身體在所坐的位置上（跑道末端）保持靜止，但飛機，即座位開始加速。

這種加在座椅上的力（加速度×體重）稱為**慣性力**。慣性力是一種作用方向與加速方向相反的假想力（Fictitious force），因此當飛機降落並減速時，身體會感覺到一股與起飛方向相反、向前推動的力。在不加速或減速的巡航狀態下，身體不會感受到任何力量。

利用這樣的慣性來測量加速度，從加速度再算出速度及現在位置，這就是**慣性導航系統（INS：Inertial navigation system）**。這裡的速度並非空速表所指的速度，而是在地球表面上移動的地速。而當下的位置則是地球上的經緯度座標標示地點。

圖3-13是**加速規**和**慣性導航系統**的概念圖。加速規是從金屬球因慣性力而產生的位移測出加速度。將測得的加速度乘以時間（正確的說法是「積分」）即可得出速度，再進一步乘以時間（積分）即可得出距離。然後根據行駛的距離計算出最終目的地（即當前位置）。像這樣**利用慣性，不需透過外部幫助，只要觀察加速規就可以得知現在位置**。不過這裡必須注意的是：

- 測量正確的加速度與飛行姿勢無關
- 以真北作為基準而非磁北
- 需記住出發前飛機本身所在位置

要滿足上述條件，需要做到：

- 將加速規安裝在面向真北的水平平台
- 配備高運算能力的電腦及儲存設備

第 3 章　自動飛行系統（Auto Flight System）

圖 3-13 慣性導航系統的運作原理

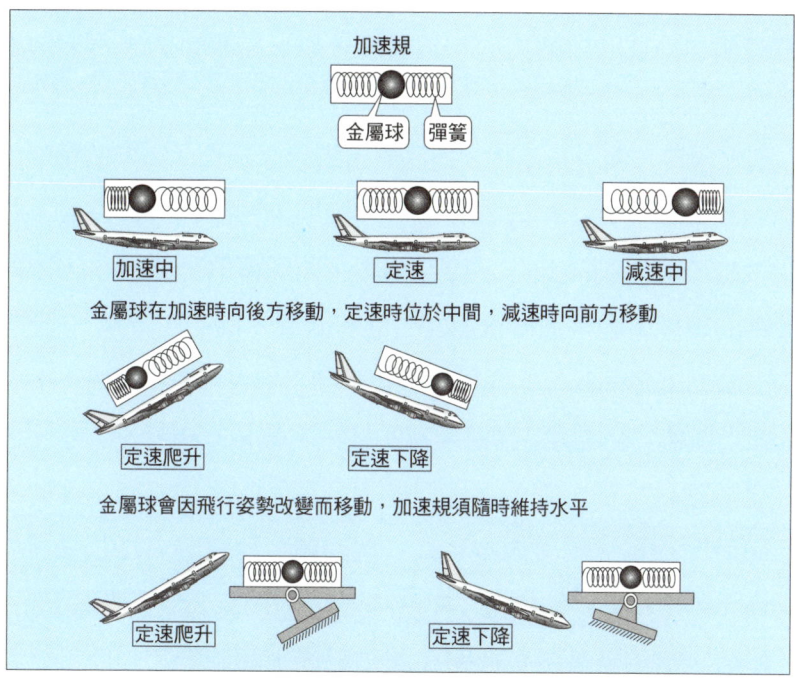

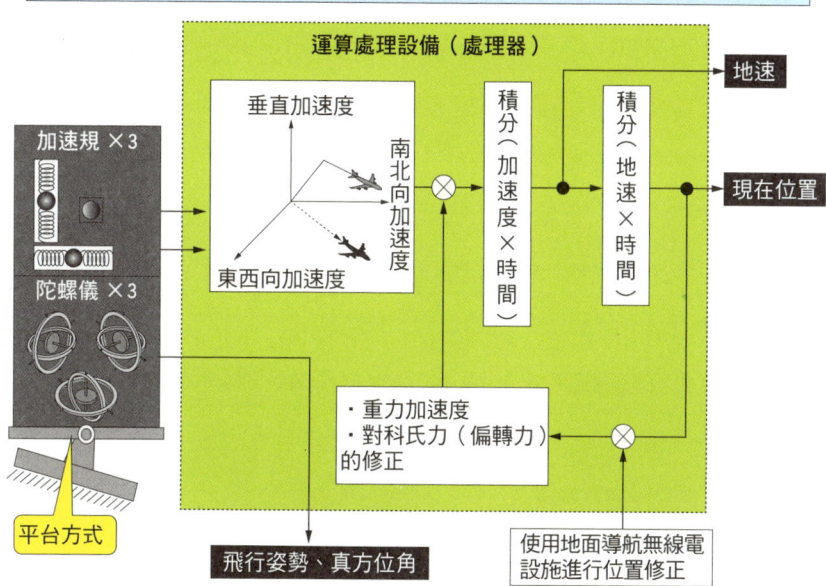

加速規

金屬球　彈簧

加速中　　　定速　　　減速中

金屬球在加速時向後方移動，定速時位於中間，減速時向前方移動

定速爬升　　　定速下降

金屬球會因飛行姿勢改變而移動，加速規須隨時維持水平

定速爬升　　　定速下降

運算處理設備（處理器）

加速規 ×3

陀螺儀 ×3

平台方式

垂直加速度

南北向加速度

東西向加速度

積分（加速度×時間）

積分（地速×時間）

地速

現在位置

・重力加速度
・對科氏力（偏轉力）的修正

飛行姿勢、真方位角

使用地面導航無線電設施進行位置修正

79

為了滿足上述條件，**加速規必須安裝在能夠維持垂直、東西和南北三個方向的架子上**，這個架子稱為平台，如**圖3-13**所示，三個陀螺儀偵測地球的自轉方向和角速度，以保持平台的水平方向和真北。

測出自轉方向及角速度，提高平台對水平及真北方向的精準度，這個過程稱為**校準（Alignment）**。校準大約需15分鐘完成，在此期間飛機不能移動。此外，緯度愈高，角速度的分量愈小，因此能夠校準的緯度會因角速度檢測能力而有限制。例如波音747在位於北（南）緯76度32分以上的機場禁止校準。

如上所述，INS透過高速旋轉的機械陀螺儀來維持平台水平。然而，由於這些設備由許多零件組成，且可動的零件複雜，因此平均無故障時間很短，維護成本也是一個問題。解決的方法是採用如**圖3-14**所示的**環形雷射陀螺儀（Ring laser gyroscope，RLG）**。

如圖所示，沿著三角形路徑讓雷射光束順時針和逆時針旋轉。例如，當順時針的角速度作用在陀螺儀上時，**根據狹義相對論，順時針的光路會變長，逆時針的光路會變短**。這種差異被視為干涉渦流，以檢測加速度及旋轉方向。

陀螺儀體積小、重量輕且無機械旋轉零件，不僅大大延長了平均無故障時間，而且由於其可測範圍極廣，能夠實現高準確度導航。而且，隨著電腦的發展，運算能力不斷提高，已經能夠透過座標變換計算虛擬水平面和真北。換句話說，現在已經不需將加速規安裝在機械水平且面對真北的平台上，可以**和其他設備一樣直接安裝在飛機上**，這個方式稱為**固定式（Strapdown）**。

由於它是「向其他系統提供導航資料的設備」，因此被稱為**IRS（Inertial Reference System：慣性參考系統）**。

圖3-14 慣性參考系統的運作原理

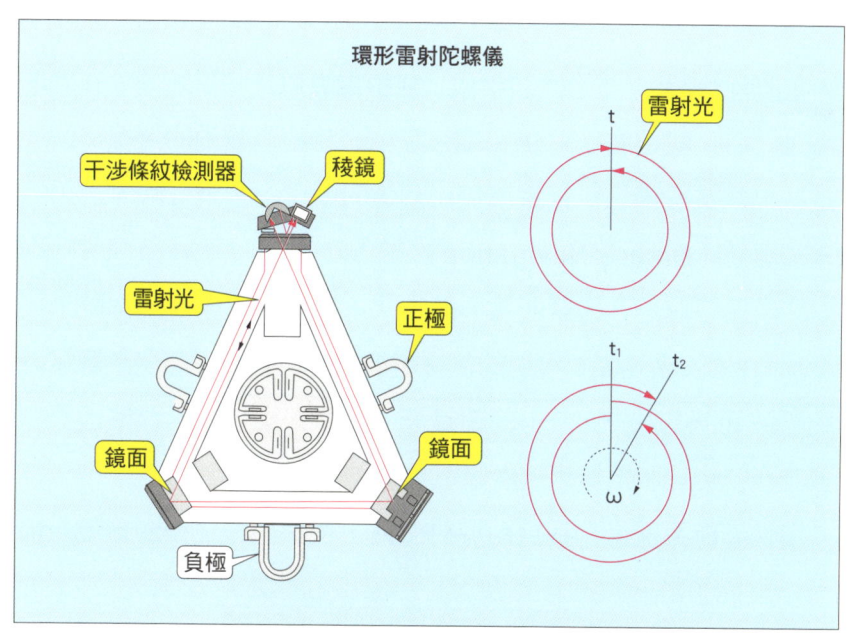

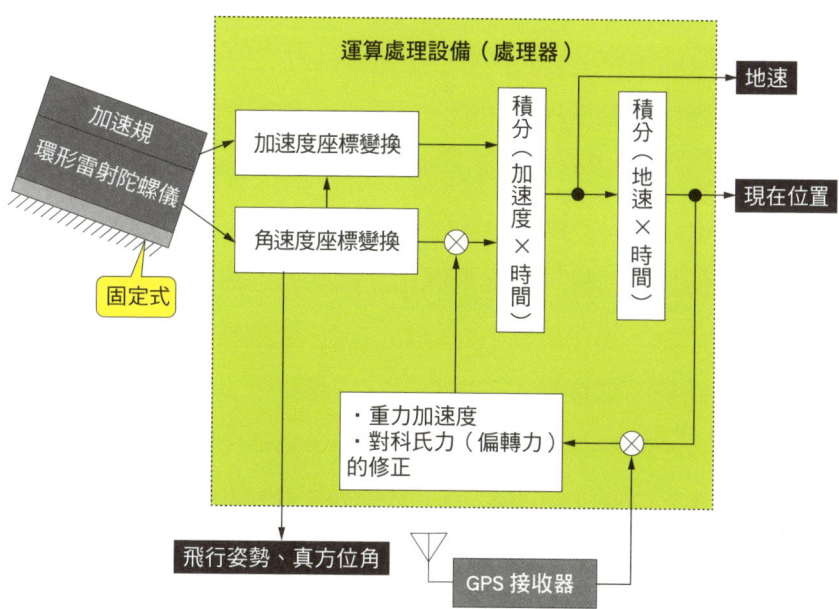

專欄 3

過去的導航～
無線電導航、歐米茄導航、ISS、INS

在波音727是主要飛機的年代，**無線電導航**是基本配備。在陸地或近海飛行時，使用的是VOR和ADF等地面無線電設備的無線電波，而在這些無線電設備的無線電波無法到達的海洋上空飛行時，使用的是**歐米茄導航（Omega Navigation）**。

歐米茄導航是一種雙曲線導航方式，透過接收來自兩個歐米茄站（全球有8個安裝地點）發射的無線電波來確定位置，這些無線電波發射的電波範圍為10,000公里的超長波。順帶一提，歐米茄站已於1997年停止作為船舶和飛機導航無線電設備。

慣性導航系統是一種自助導航設備，在不仰賴這些無線電設備的情況下就能了解飛機的位置及方位。安裝在國際航班飛機727上的，就是早期的慣性導航**ISS（Inertial sensors system：慣性傳感系統）**。但該設備僅顯示當前位置、地速及真方位角3項訊息，沒有與自動駕駛連結進行自動引導的功能。然而與手動轉動式的類比導航計算尺相比，ISS對於計算出正確真方位角、以及透過對地速度計算出飛機機首方位與所需時間，算是相當有效的設備。

另外，在該年代時，兩架飛機相互擦肩而過時，都會明顯向左或向右偏離。然而，現在飛機則是改為從另一架飛機的正上方或正下方通過。當通過另一架飛機正下方時，它直接從上方或下方穿過。當從正下方經過時，無線電高度儀會瞬間顯示1,000英尺（約300m）。

其後開發的導航就是INS。INS與自動駕駛儀相連，因此輸入航點後就會自動引導飛機沿著路線飛行。但最多可輸入的航點數量為9個，因此在飛行過程中需要隨時輸入。唯一需要少於9個航點的路線是從羽田機場到小松機場。

第 4 章

飛行儀表／顯示系統

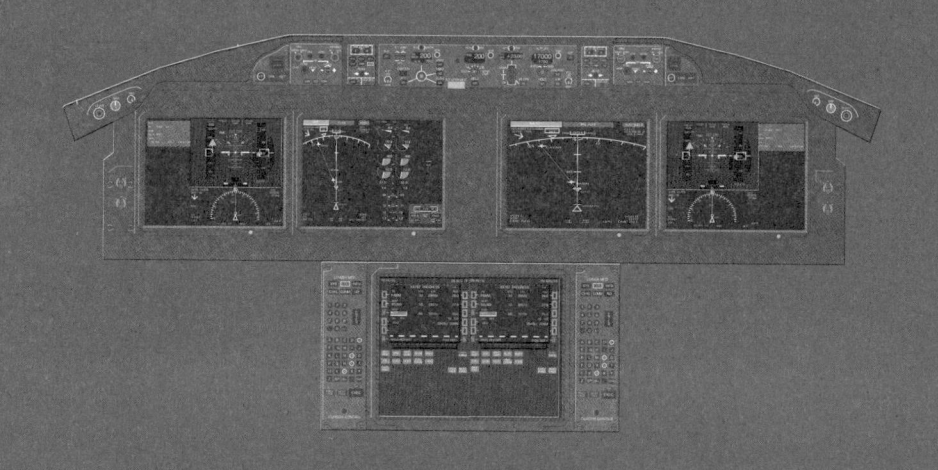

為了了解飛行狀態，需要將數據資料如實顯示在儀表和顯示器上。本章讓我們看看這些運作原理。

4-1 了解飛行狀態的五種儀表

飛行所需的儀器種類繁多且複雜。首先，讓我們快速了解有哪些儀器種類。

4-1-1 了解飛行狀態的五種儀表是什麼？

「萊特飛行器」以世界上第一架成功以動力飛行的飛機留名於世，它所配備的儀表只有轉速表、碼表以及風速表。它的飛行高度約為9m、飛行距離260m、飛行時間為9秒，所以有這三個儀器可能已經足夠。

此後開發的飛機為了防止失速，需要配備精確的**速度表**。為了讓飛機能夠飛得更高更遠，開始配備**高度表**來確認飛行高度，並配備**磁羅盤（指南針）**來確認飛行方向（方位）。速度表、高度表和磁羅盤（指南針）這三個設備是在萊特飛行器首次飛行後不久就出現的。然而，確定飛行姿勢的儀表則較晚出現。

這是因為當時只在能見度佳的天氣條件下飛行，飛行姿勢可以透過與眼前可見目標如水平線的比較來判斷。換句話說，駕駛艙內可見的景色已經足以當作姿態儀。此外，穩定的水平飛行以及平衡轉彎能夠展現飛行員的技巧，這或許也是設備開發延遲的原因之一。

不過，只能在白日晴天飛行的時代很快就結束。當夜間或穿越雲層飛行時，單純依靠視覺或經驗來保持飛行姿勢變得困難，**依賴儀表飛行的時代**就此展開。由上可知，要了解飛行狀態需要4種儀表：速度表、高度表、磁羅盤、姿態儀。

再加上隨著時間改變的高度變化，也就是指示垂直方向速度的**垂直速度表（升降指示器）**，這五種儀表就是最基本的配備。

4-1-2 噴射客機儀表

圖4-1和圖4-2就是波音727和747配備的了解飛行狀態的儀器。這些類比式飛機時代的儀表採用**T型配置法**。以飛行員監控外部的前方視線中心為姿態儀中心點,其正下方配置水平狀態儀,左側配置速度表,右側為高度表,所有儀表排列描繪出T字形。而高度表的下方為升降指示器。

727和747的儀表並沒有太大差異。如**圖4-1**、**圖4-2**,兩者是相同高度、相同速度爬升時各儀表狀態的範例。從這些儀表指示範例可以看出,以**數位顯示鼓式計數器的747更易於讀取**。順帶一提,從儀表中看到校正高度表的氣壓單位為MB(毫巴),就可以判斷出年代。

圖 4-1 波音 727 的儀表

85

如上所示，類比式飛機配備了許多非了解飛行狀態必要設備的獨立的儀表。據說2003年停止服務的協和式超音速噴射客機，配備了最多的儀表。而隨著電腦及顯示器技術發展，飛機開始採用映像管顯示器、甚至是液晶顯示器的**整合式儀表**。其優點是：

・沒有機械式可動零件，可靠性高，故障較少
・只需更改軟體，就能改變訊息類型及顯示方式
・飛行員可以選擇需要的資訊顯示
・系統故障等警報可以文字或圖示顯示

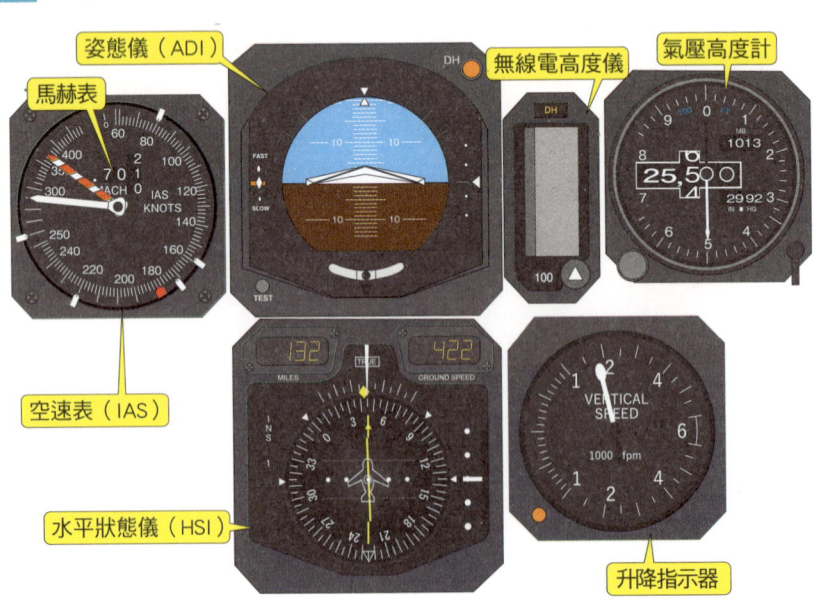

圖**4-3**是空中巴士A330的示例，圖**4-4**是波音787的示例。早期的A330和波音767使用映像管，因此顯示畫面的邊角是圓角。另外，速度表等的顯示位置基本上以T型排列。

圖 4-2　波音 747 的儀表

第 4 章　飛行儀表／顯示系統

圖 4-3　空中巴士 A330 的顯示器

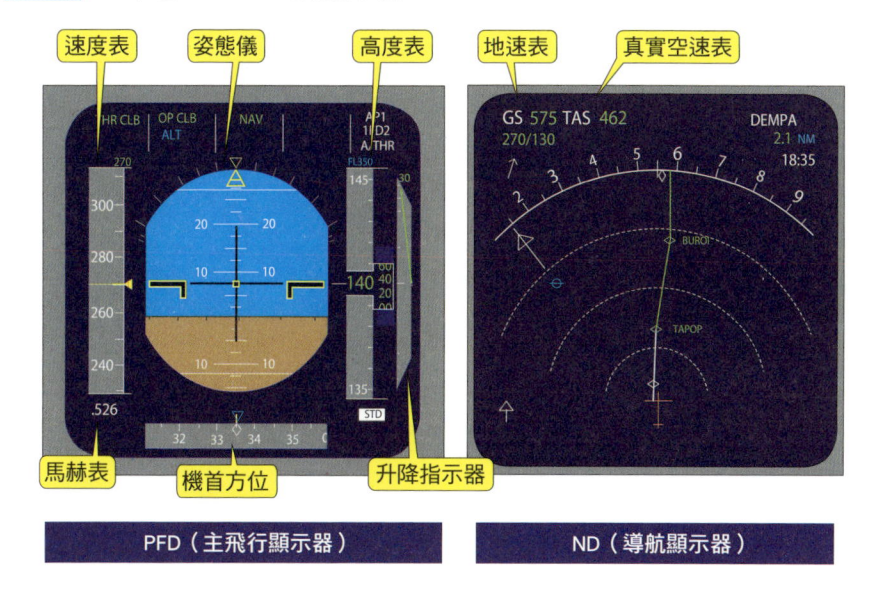

PFD（主飛行顯示器）　　ND（導航顯示器）

圖 4-4　波音 787 的顯示器

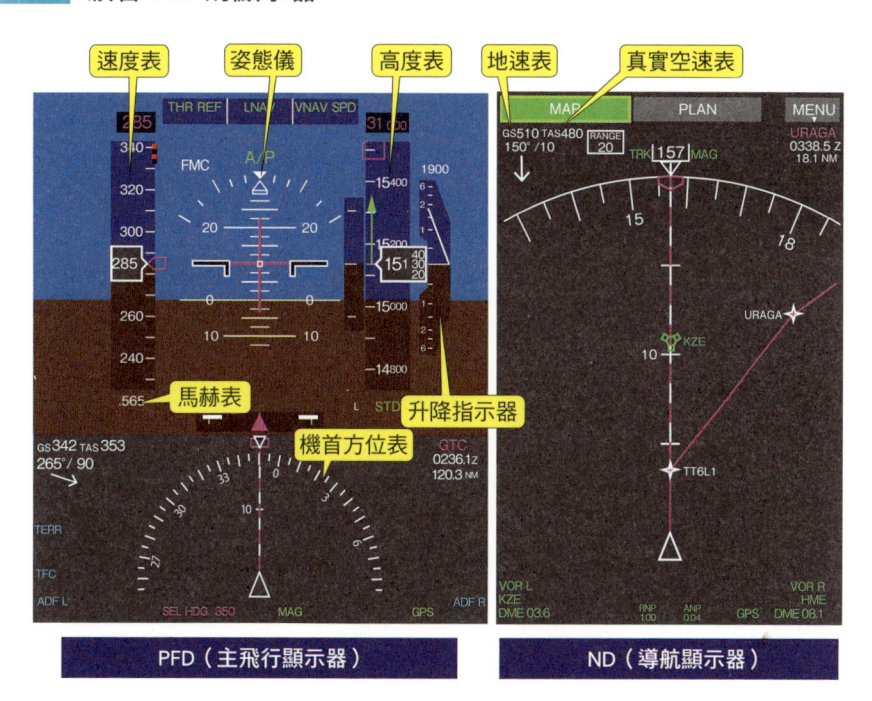

PFD（主飛行顯示器）　　ND（導航顯示器）

87

4-2 速度表

用於了解飛行狀態的速度表與指示每小時前進距離的一般速度表不同。以下來看看到底是什麼樣的速度表。

4-2-1 速度計算的依據是什麼？

我們先來了解上一節提到的「防失速的精準速度表」是什麼樣的設備。

首先，失速是機翼表面流動的空氣受到擾動而分離，導致升力突然變小、阻力迅速增加的現象。因此，飛機不僅會失去速度，高度也無法維持。除了低速飛行時機翼攻角設定過大造成的失速外，還有高速飛行時產生衝擊波造成的衝擊波失速。也就是說，不只低速飛行時，高速飛行時也有可能失速。

圖4-5的速度表就是用來解決低速時失速的對策。這種速度表一直使用到1930年左右，它並非測量風速的風速表，而是測量風強度的風壓表。當風壓，更正確的說法是動壓力量大於彈簧時，指針就會開始動作，而儀表上有失速速度及超過速度2種刻度。飛機開始滑行，指針接收到達失速線的動壓，這代表飛機速度已經能夠提供足夠升力，起飛後也不會造成失速。

這代表風壓表在防止失速方面比風速表更有用。為了了解其原因，讓我們來思考看看風速表和風壓表之間的關係。

首先，風速表是測量空氣速度的儀表。這裡的空氣速度，是飛機正前方面對的空氣的速度，也就是飛機和空氣之間的相對速度。而風壓表是一種測量飛機正前方迎面而來的氣流停止下來所產生的動態壓力的儀表。風壓表所測量的動壓與風速表所測出的速度之平方成正比。而動壓也與空氣密度成正比。

第 4 章 飛行儀表／顯示系統

圖 4-5 以前的速度表

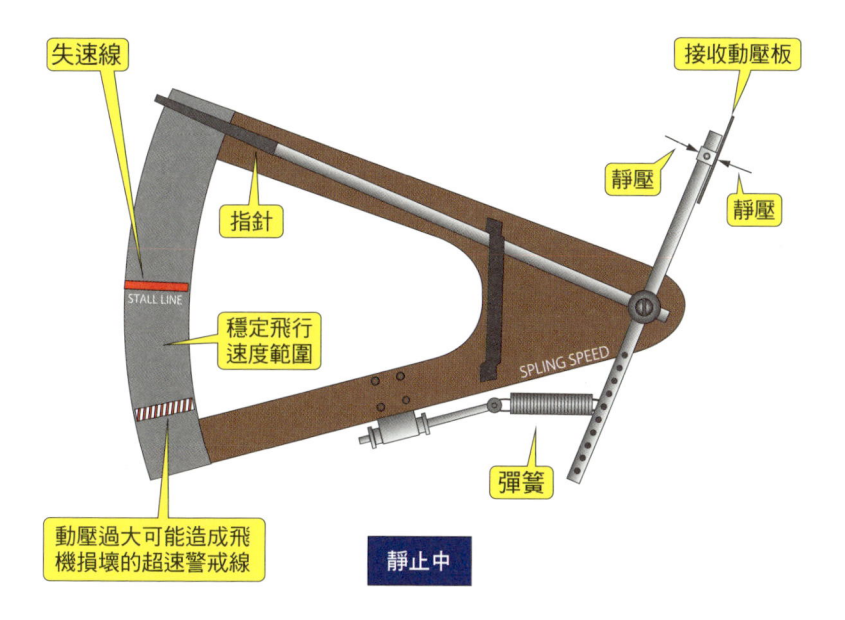

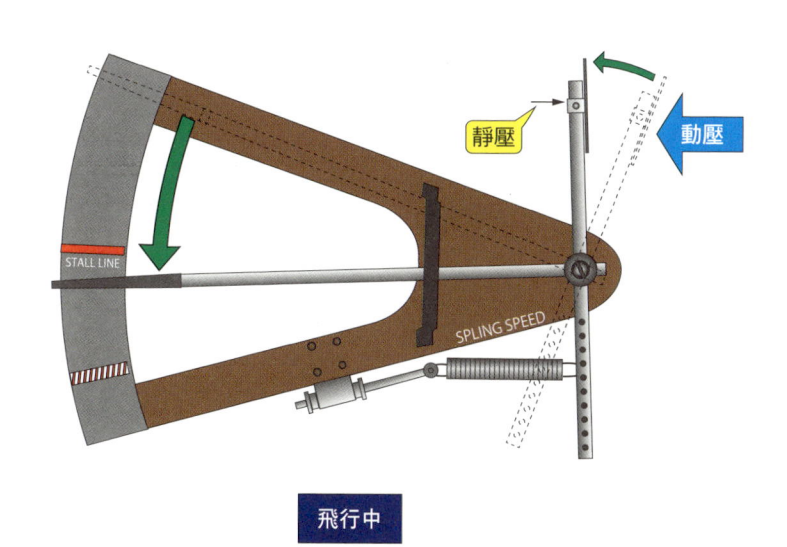

由上可知，以風速表為參考標準時，升力和阻力會隨著指示值和飛行高度（空氣密度）的變化而明顯改變。然而，如果**使用風壓表作為參考標準，則無論飛行高度如何，相同的指示值即代表相同的升力和阻力**。這代表**無論是在低氣壓、或是飛行高度變化下，失速線和超速警戒線仍為有效指標**。

　　在航空界，風速表指示的速度稱為**真實空速（TAS：True Air Speed）**，風壓表指示的速度稱為**指示空速（IAS：Indicated Air Speed）**。IAS是飛機上的參考速度，TAS是用來計算與飛機性能相關，如飛機轉彎半徑等的速度。此外，所需時間和燃油消耗量與一般速度相同，是以每小時前進的地面距離，也就是根據**地速（GS：Ground Speed）**計算的。

4-2-2 如何測量動壓

　　即使在今天，用於確認飛行狀態的主要速度表，仍如**圖4-5**，是**以動壓為參考標準的速度表**。目前測量動態壓力的設備，使用的是能夠適應較大速度範圍的**皮托管**。

　　皮托管是18世紀法國物理學家亨利・皮托（Henri Pitot）發明的，如**圖4-6**所示，它是一種在行進方向開一個小孔的L形金屬管。許多飛機將它安裝在飛機機首附近，受氣流影響較小。

　　為了更容易理解皮托管測量動態壓力的原理，以下以充滿液體的管子為例說明，如圖所示。

　　當飛機開始移動時，空氣會從皮托管前端的孔進入。由於空氣被管內的液體阻擋，會逐漸堵塞。結果，試圖進入前端孔的空氣速度減慢，當飛機達到一定速度，空氣最終會停在入口處。空氣流動停止的點就稱為**停滯點**。在停滯點的動能會轉換為位能，形成動壓，因此停

第 4 章 飛行儀表／顯示系統

圖 4-6 皮托管

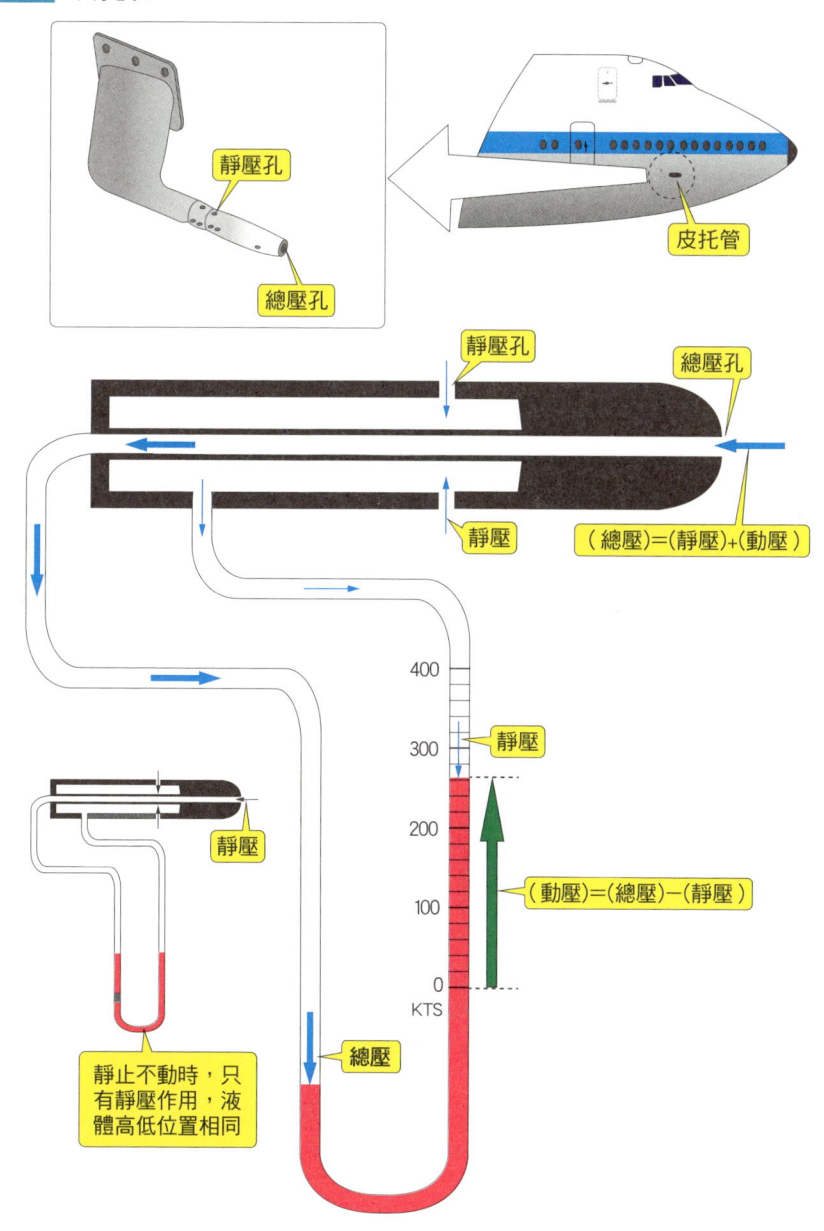

- 靜壓孔
- 總壓孔
- 皮托管
- 靜壓孔
- 總壓孔
- 靜壓
- （總壓）＝（靜壓）＋（動壓）
- 靜壓
- （動壓）＝（總壓）－（靜壓）
- 靜壓
- 總壓
- 靜止不動時，只有靜壓作用，液體高低位置相同

400
300
200
100
0
KTS

91

滯點的壓力會增加。這裡的壓力稱為**總壓**，是**動壓和靜壓的總和**。順帶一提，在停滯點的溫度也會升高，這個溫度稱為**全溫（TAT）**。對應到全溫時，外部溫度就稱為**靜溫（SAT）**。

停滯點的總壓力在管內傳遞並充當向下推動液體的力。另一方面，靜壓孔吸入的靜壓力從相反側推動液體，導致總壓減去靜壓後的動壓力將液體向上推。如果將這個**向上推動液體的狀況以刻度表示，它就是一個出色的速度表**。

以前的速度表如**圖4-7**所示，不是利用液體，而是使用一個**金屬隔膜的膜盒**。它由添加鈹的銅合金製成，不僅具有彈性、耐磨、耐腐蝕等優點，而且體積小、重量輕，可以安裝在儀器內部，對以前的飛機而言是很適合的設備。甚至可以豪不客氣地說它是「鈹銅氣球」。如圖中箭頭所示，其原理是以動壓讓膜盒的作用力（膨脹程度）增加，進而使速度表的指針轉動。

順帶一提，速度表是設定地面國際標準大氣狀態下，與空氣的相對速度，並以真實空速（TAS）為基準劃分出刻度。原因是計算起飛和降落所需的距離，需要用一般速度在單位時間下的前進距離來表示。在無風時，對空速度及對地速度相同，是很好的時間點。但是當**起飛後，需要的就不是顯示每小時行進距離的速度表，而是可以知道升力及阻力狀態的儀表**。

此外，起飛和降落時的速度是根據失速速度設定的。例如，用於安全升空和爬升的安全起飛速度（V_2），以及降落時接近跑道的參考降落速度（V_{REF}），都**為失速速度設定了足夠的安全範圍**。然而，由於客機的飛行重量會因燃油量、乘客數量、貨物數量等有很大變化，支撐飛機的升力會跟著變化，因此失速速度也會改變。因此，每個飛行重量的失速速度及其對應的起飛和降落速度都是固定的。

第 4 章 飛行儀表／顯示系統

圖 4-7 速度表的原理

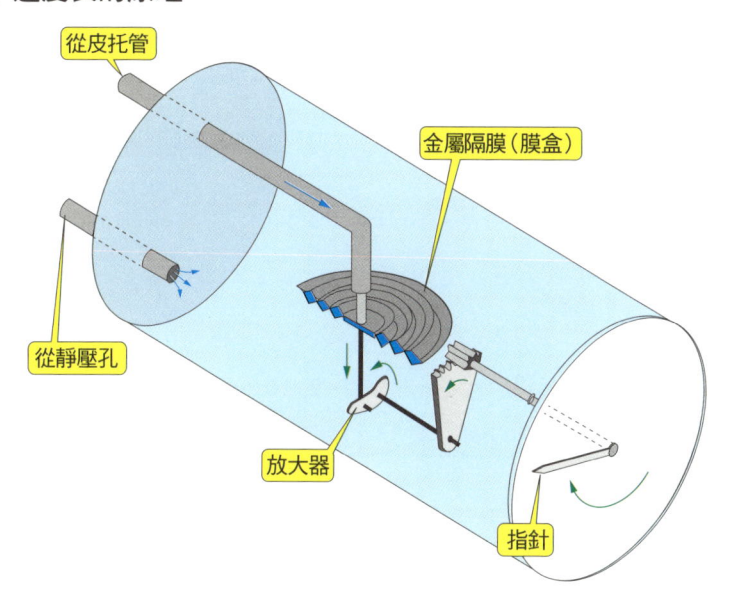

從皮托管
金屬隔膜（膜盒）
從靜壓孔
放大器
指針

圖 4-8 速度表的刻度

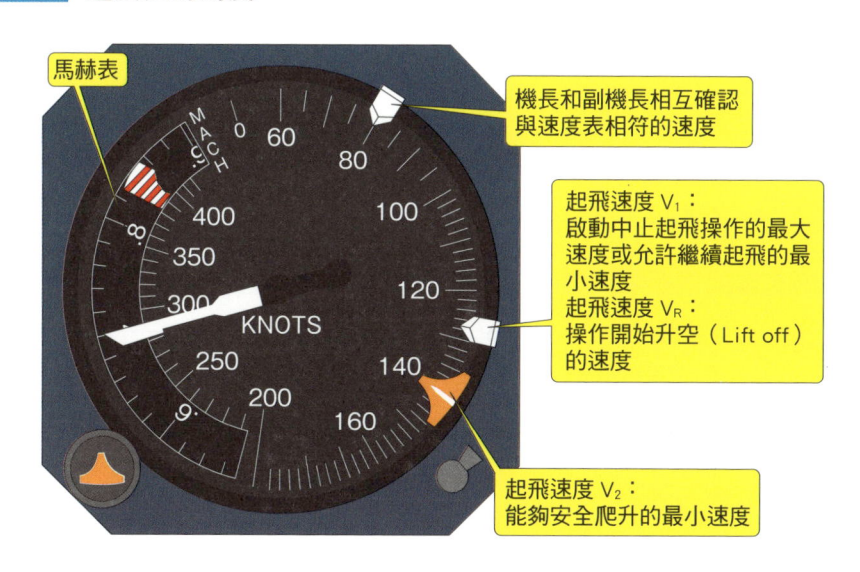

馬赫表
機長和副機長相互確認與速度表相符的速度

起飛速度 V_1：
啟動中止起飛操作的最大速度或允許繼續起飛的最小速度

起飛速度 V_R：
操作開始升空（Lift off）的速度

起飛速度 V_2：
能夠安全爬升的最小速度

4-2-3 為什麼需要馬赫表？

馬赫數是**飛行速度與音速的比值**。例如，0.8馬赫是音速的80%的飛行速度。音速是聲波（疏密波）在空氣中傳播的速度，飛行速度是用風速表測量的速度，也就是真實空速。

馬赫數是一個很不可思議的速度，即使馬赫數相同，飛行速度（真實空速，非指示空速）也會依飛行高度（外部溫度）而不同。例如，在0.92馬赫時，在15℃的地面音速為1,225km/h，因此飛行速度為1,225 x 0.92 = 1127km/h，而在外部溫度-50℃，高度為10,000m時的音速為1,078km/h，所以即使一樣是0.92馬赫，飛行速度卻只有992km/h，比地面還要慢。

如上所示，可以看出**馬赫數受飛行高度和飛行速度的影響**。事實上，馬赫數與總壓和靜壓之比值成正比，彼此的關係可以用簡單的圖表來表示，如**圖4-9**。從該圖中可以看出，例如「當總壓與靜壓之比為1.52，則馬赫數為0.80」。波音727的馬赫表如**圖4-10**所示，採用類比處理來處理總壓和靜壓之間的關係，以調整放大係數並使指針移動。然而，**圖4-11**所示的747的馬赫表是由**中央大氣數據計算機**（見**圖4-16**）根據總壓與靜壓之比計算出來的馬赫數，而不是由儀器內部的膜盒計算。

現在，讓我們思考一下為什麼需要馬赫表。首先要提的觀念是，就像船在水面上產生波紋一樣，飛機在空中飛行也會產生空氣波，而這些波以音速傳播。

當飛行速度接近1.0馬赫，即音速時，它會追上飛機前方傳播的空氣波。這時，通過空氣流速最快的主翼上方的空氣會超過音速，因此會在機翼上表面產生衝擊波。飛機某處產生衝擊波的飛行馬赫數稱為**臨界馬赫數**。例如，當以0.92馬赫飛行時產生衝擊波，則臨界馬赫數為0.92馬赫。

第 4 章　飛行儀表／顯示系統

圖 4-9　馬赫數與氣壓比

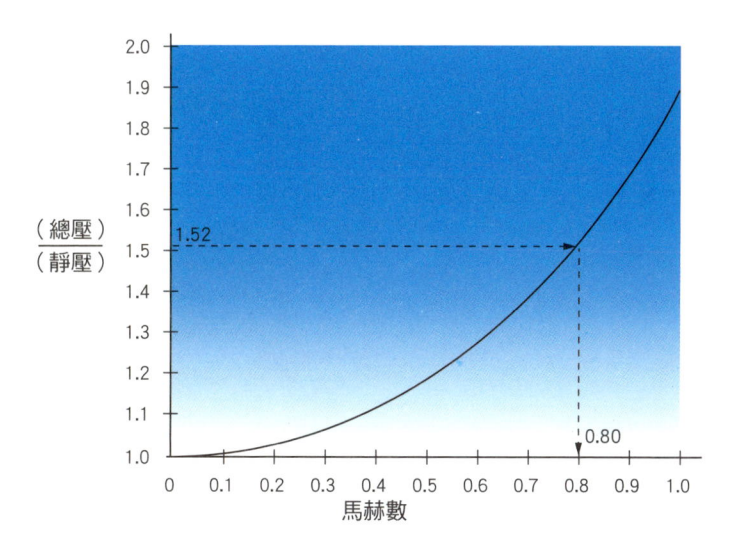

圖 4-10　馬赫表的原理

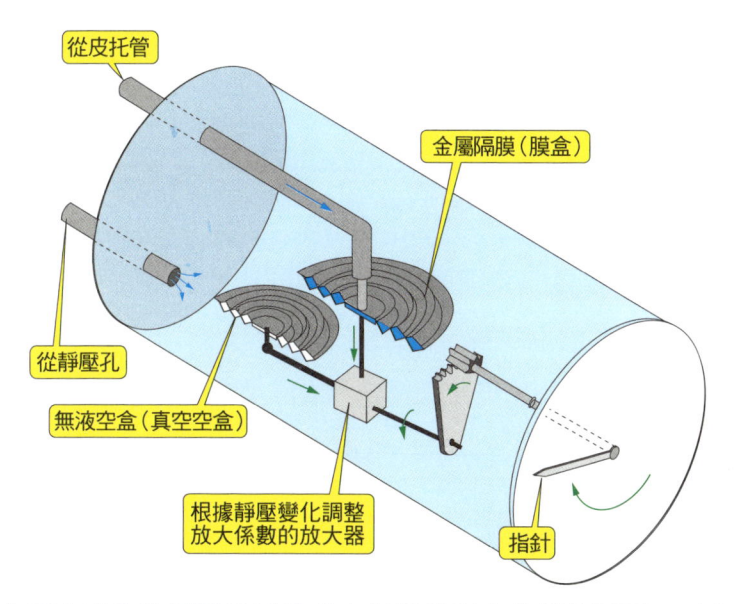

　　主翼上產生的衝擊波是造成空氣從機翼上分離的原因。而分離的亂流空氣就會與飛機後半部碰撞，導致整架飛機發出怪異的「嘎嘎」聲並震動，這種現象稱為抖震（Buffet）。由於這種抖震是衝擊波失速的前

95

图 4-11 波音 747 的馬赫表

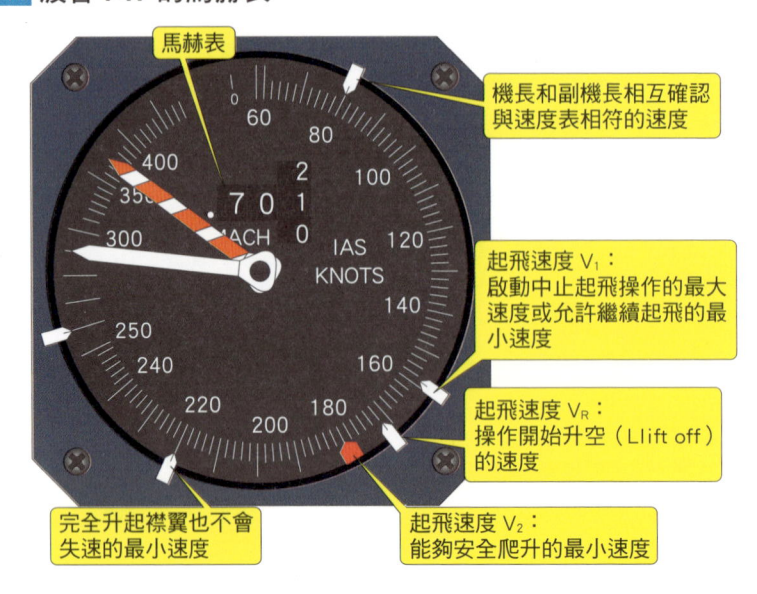

馬赫表

機長和副機長相互確認與速度表相符的速度

起飛速度 V₁：
啟動中止起飛操作的最大速度或允許繼續起飛的最小速度

起飛速度 V_R：
操作開始升空（Llift off）的速度

完全升起襟翼也不會失速的最小速度

起飛速度 V₂：
能夠安全爬升的最小速度

兆，因此需要馬赫表來提供參考，確保飛行時不超過臨界馬赫數。

4-2-4 升降指示器（垂直速度表）

升降指示器是一種透過測量靜壓變化來指示垂直速度的儀器。其原理是放大靜壓的變化，利用加速泵浦增壓，加大靜壓差，避免反應延遲。從圖4-12可以得知，隨著飛機開始下降，加速泵浦向上移動，金屬隔膜內部的靜壓變得高於外部，進而推動放大器並使指針向下移動。

升降指示器的單位是英尺/分鐘。例如，當升降指示器的指示數值為1,000 fpm，秒速約為5m（時速18km/h），由此可知垂直速度比水平速度慢得多。

4-3　高度表

可以了解飛行高度的高度表如何測量？以下讓我們了解它的測量方式。

第 4 章 飛行儀表／顯示系統

圖 4-12 升降指示器的原理及刻度

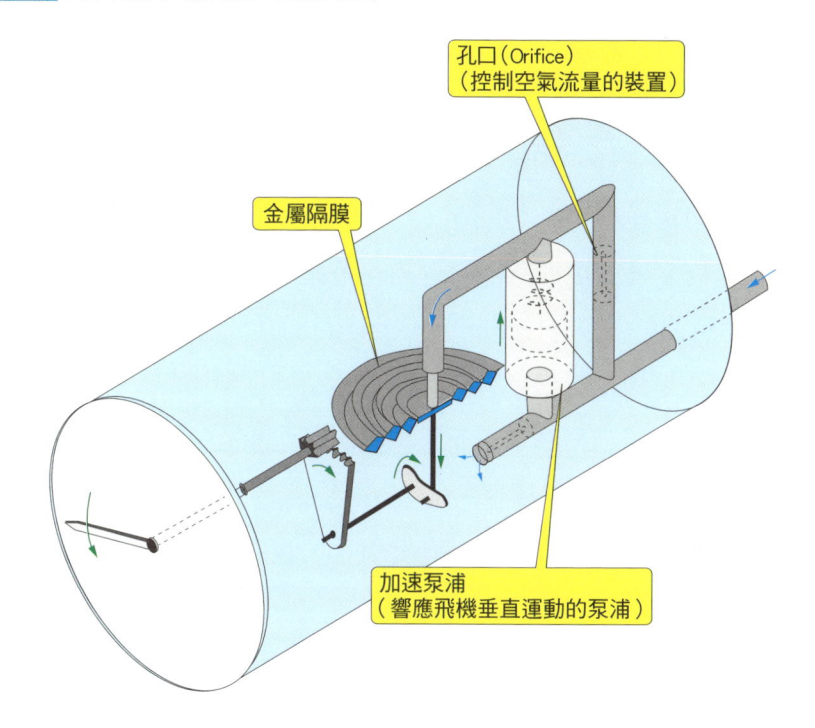

- 孔口（Orifice）（控制空氣流量的裝置）
- 金屬隔膜
- 加速泵浦（響應飛機垂直運動的泵浦）

VERTICAL SPEED
1,000 fpm

單位為英尺／分鐘

4-3-1 高度表的運作原理

在航空領域，高度和海拔高度是有區別的。高度是指與跑道、建築物等的垂直距離（絕對高度）。海拔高度是距平均海平面的垂直距離，與標高類似。為了測量高度，會使用無線電波的無線電高度儀，而為了測量海拔高度，使用的是以大氣壓力為標準的氣壓高度計。

無線電高度儀從飛機底部發射無線電波，根據電波來回的時間測量高度，標示的高度只有1,500英尺（450 m）以下的高度。這是因為無線電高度儀是用在低空飛行或降落時的精確進場。氣壓高度計並非像速度表一樣根據動壓測量，而是根據靜壓測量高度。以下讓我們來看看為什麼採用靜壓作為標準。

氣溫、密度和氣壓會隨海拔高度變化。我們來思考看看哪一個適合當高度表的參數。

首先，溫度確實會隨著海拔高度的增加而降低，但由於雲層、逆溫層等原因，無論海拔高度如何，溫度都會有顯著變化。此外，一旦進入平流層（11,000m以上），溫度就會變得恆定，因此不適合用於高度表。接著，密度與升力和阻力以及引擎推力成正比，因此以密度為基準的海拔高度下飛行相當理想。然而可惜的是，測量密度不可能使用能夠安裝在高度表內的小型計量裝置。氣壓和速度表相同，用小型輕量設備就能夠輕鬆且正確測量，性質上十分適合高度表。

義大利物理學家托里切利（Torricelli）做了一個實驗，當一根1m長的試管中充滿水銀並垂直豎立時，管內的水銀停在760mm的高度。這表示760mm水銀柱的重量與100km空氣柱的重量相等。每單位面積的空氣重量為1大氣壓，即1,013hPa（約1kg/cm^2）。順帶一提，對於比汞輕得多的水而言，水柱的高度約為10m。因此，深度10m以上的井無法利用大氣壓力，用手壓泵浦取水也很困難。同理，我們也無法用長

圖 4-13 高度表的原理

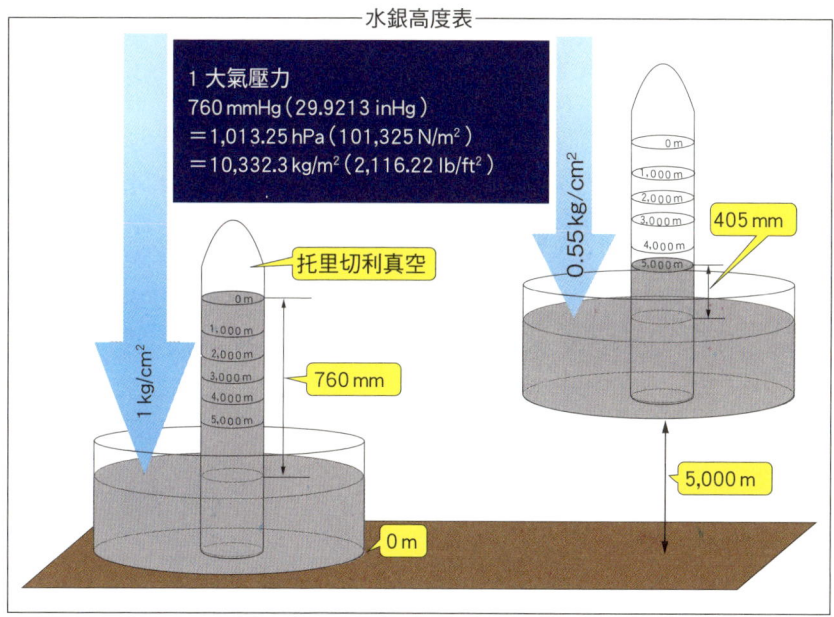

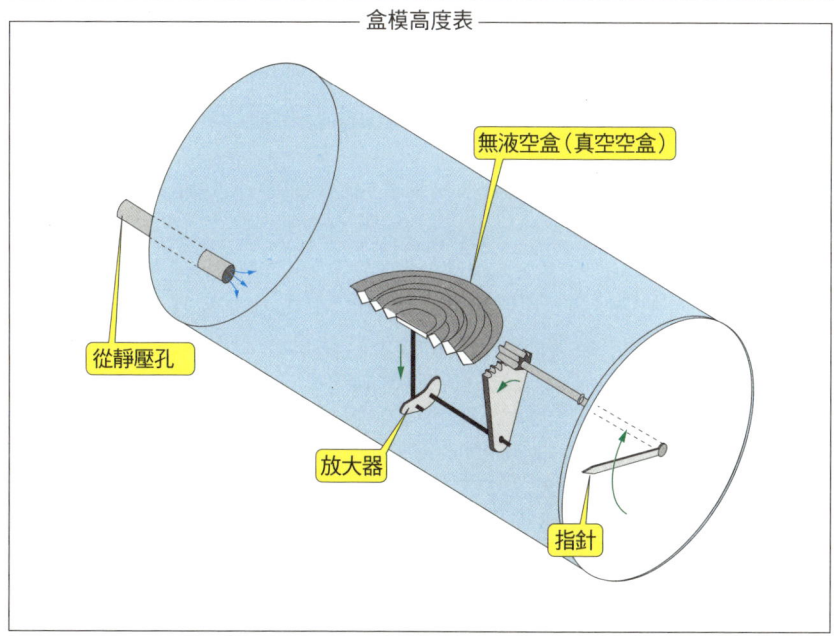

度超過10m的吸管喝玻璃杯內的果汁。

如**4-13**上圖所示，如果地面上760mm的水銀柱放在海拔5,000m處，則顯示405mm。由於海拔高度盒水銀柱的高度有顯著關聯，所以水銀柱可以用作高度表。飛機高度表的設計概念也是相同的。然而，飛機並未使用水銀等液體，而是使用無液體的真空盒（**4-13下圖**），增加空盒內的膨脹程度（5,000m約增加2mm）來移動指針。

4-3-2 什麼是高度表撥定

然而，氣壓高度計有很大的缺點。從每天的高氣壓和低氣壓的交換就可以知道，地面氣壓會根據地點和時間不同而有很大改變。因此必須依照氣壓變化重置高度表的原點。重置方式稱為「高度表撥定（Altimeter Setting）」。

高度表撥定使用Q代碼（Q-code），有QNE、QNH和QFE 3種。首先，**QNE**是當海拔高於設定高度（日本為14,000英尺）時，就設定1,013hPa。但如果飛行區域海面氣壓不是1,013 hPa，則無法指示實際高度。因此，以1013 hPa標準大氣壓力為基準的等壓面稱為「飛航空層」，與實際高度有所區別。例如，如果在設定為1,013 hPa下，高度表指示為15,000英尺，則表示為飛航空層為150。

QNH是一種設定氣壓來指示跑道上高度的方法，即指示平均海平面以上的高度。

QFE是在跑道上讓高度表調零的設定方式，但在日本並未使用。

操作程序如下：飛機根據航管機關通報的QNH設定起飛，在爬升過程中，當高度超過設定時，將QNE設定為1,013 hPa，在下降過程中，當高度低於設定高度時，將QNH設定為降落。

第 4 章 飛行儀表／顯示系統

圖 4-14 高度表撥定

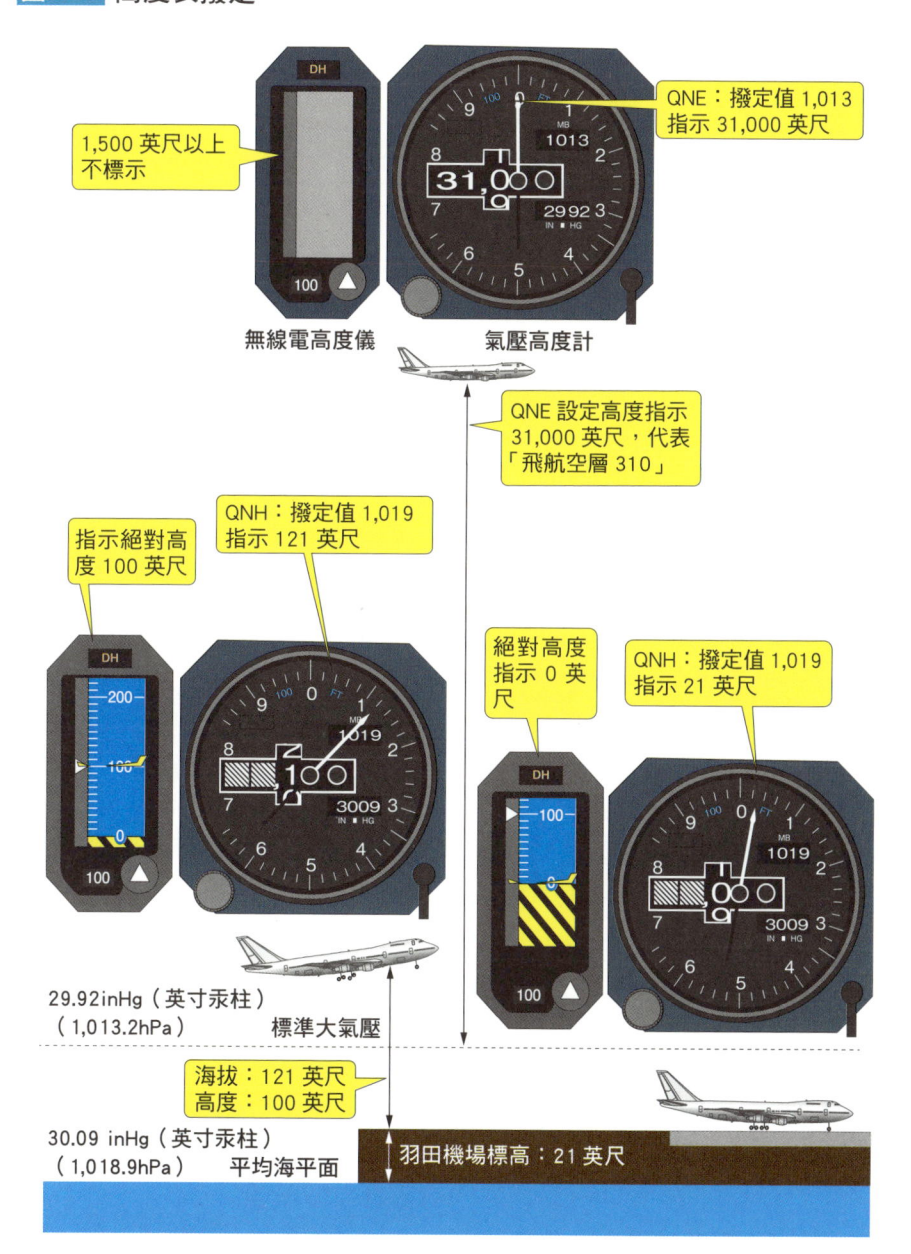

1,500 英尺以上不標示

無線電高度儀　　氣壓高度計

QNE：撥定值 1,013 指示 31,000 英尺

QNE 設定高度指示 31,000 英尺，代表「飛航空層 310」

指示絕對高度 100 英尺

QNH：撥定值 1,019 指示 121 英尺

絕對高度指示 0 英尺

QNH：撥定值 1,019 指示 21 英尺

29.92 inHg（英寸汞柱）
（1,013.2hPa）　標準大氣壓

海拔：121 英尺
高度：100 英尺

30.09 inHg（英寸汞柱）
（1,018.9hPa）　平均海平面

羽田機場標高：21 英尺

101

4-4 大氣數據系統

飛機必須了解周圍的大氣狀況，才能安全飛行。以下來看看飛機如何感知周圍狀況。

4-4-1 波音 727 和 747 的大氣數據系統

表示飛機與大氣之間關係的參數稱為**大氣數據**。其基本參數有總壓、靜壓、全溫、攻角（氣流方向）。總壓由皮托管檢測，靜壓由靜壓孔檢測，全溫由TAT（Total air temperature，大氣全溫）感應器檢測，攻角由AOA（Angle of attack，攻角）感應器檢測。這些感應器在飛行過程中須用加熱器加熱，以防止因結凍而故障。

圖4-15是波音727大氣數據系統概略圖。皮托管及靜壓孔有機長操控、副機師操控，以及輔助操控用。每個操縱位置各有一個皮托管，靜壓孔則是在飛機左右兩側各設置2個。機長或副駕駛側的皮托管和靜壓孔可切換為輔助使用。

超速警報開關是飛機發生強度上或抖震問題時，在接近最大運作限制速度（V_{MO}/M_{MO}）的時候，會發出「嘎嘎嘎」的警報聲，警示不得故意超過速度。

大氣數據計算機是對皮托管、靜壓孔等傳出的訊息進行電氣處理並發出訊號用於自動駕駛儀和座艙增壓系統控制的裝置。雖然在727它是獨立設備，但隨著飛機和數位設備的進步，它將成為發揮重要作用的主要設備。

747的大氣數據系統就成為飛機上的主要設備。如**圖4-16**所示，馬赫表、氣壓高度計、升降指示器、以及727上沒有配備的真實空速表（TAS表），都由CADC（中央大氣數據計算機）進行誤差校正、或

第 4 章 飛行儀表／顯示系統

圖 4-15 波音 727 的大氣數據系統

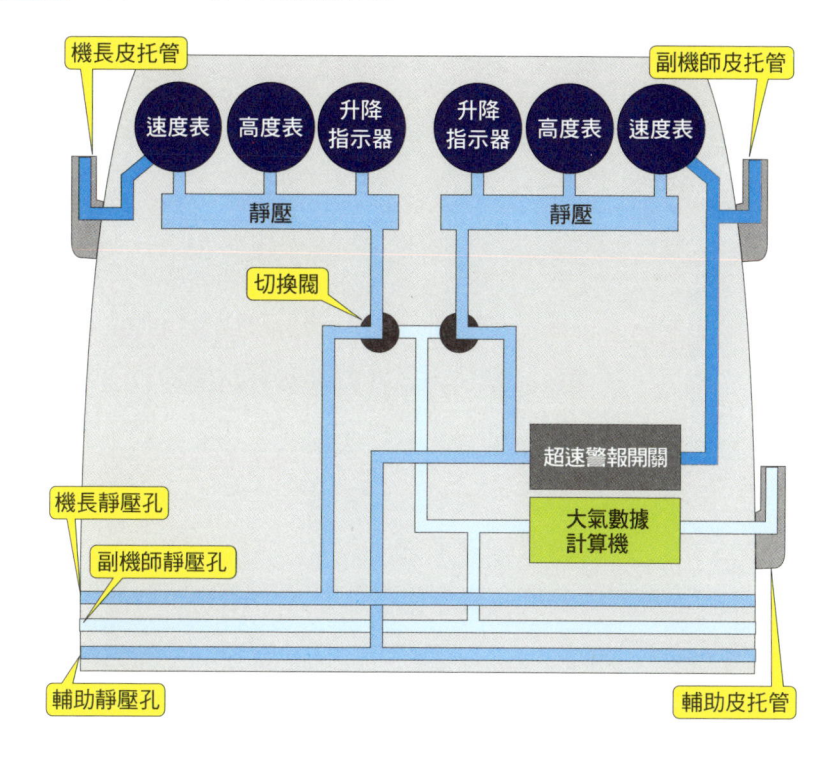

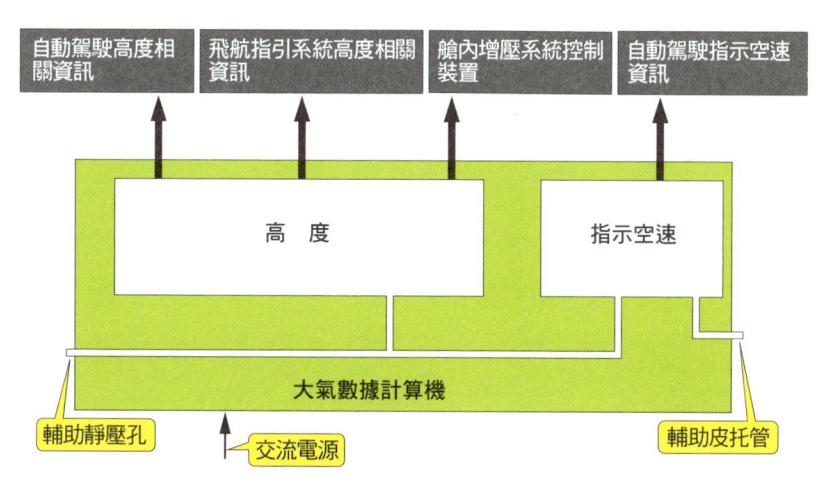

是指示演算處理後的資料。

唯獨**空速表與727相同，負責處理皮托管及靜壓孔所提供的訊息，透過類比處理指示儀表內金屬隔膜的的膨脹程度**。不過這種空速表會有皮托管及靜壓孔位置誤差（飛行速度或姿勢等導致的設置誤差）、或儀器本身的誤差，需在CADC內算出修正誤差後的**校正空速（CAS，Calibrated Air Speed）**。修正指示空速誤差後的校正空速將提供給**飛航管制應答機（ATC transponder）**以及自動駕駛儀。飛航管制應答機是一種機載設備，可以針對飛航管制機關發出的詢問脈衝波，自動回答飛機的識別資訊。

4-4-2 ADRS（大氣數據基準系統）

圖4-17是波音787的**大氣數據**處理系統**ADRS**的簡略圖。到波音787的年代，已不再像727和747那樣將皮托靜壓管測量的原始數據直接透過管路（Pipe）發送，而是對數據進行數位處理並透過電纜（電線）發送。

將大氣數據數位化的設備是**ADM（大氣數據模組，Air data module）**。ADM是一種將壓力感應器、中央處理器、輸入及輸出設備整合在皮托靜壓管內的小型輕量設備。以數位化配線取代了配管，不僅提高可靠性，對減輕重量也有很大貢獻。

數位處理過的大氣數據可以輕鬆整合到其他系統中。因此，不僅可為PFD（主飛行顯示器）及ND（導航顯示器）提供氣壓高度、垂直速度、指示空速、真實空速、馬赫數、失速攻角、TAT（全溫）、SAT（靜溫）等儀表顯示，也能提供資料給PFC（主要飛行電腦，見圖3-4）、FMS（飛航管理系統，見圖3-10）、EEC（電子引擎控制器，見圖5-7）等多種系統。

第 4 章 飛行儀表／顯示系統

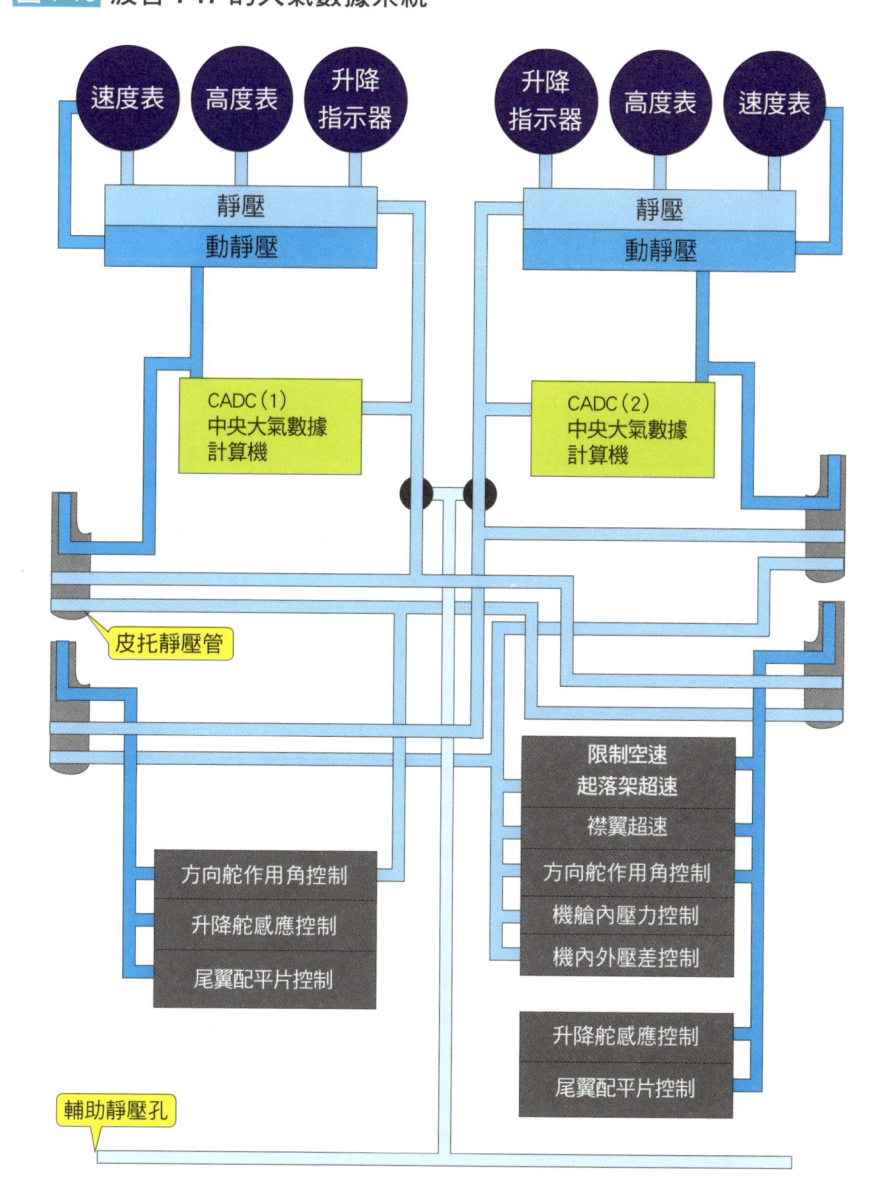

圖 4-16 波音 747 的大氣數據系統

```
速度表   高度表   升降      升降      高度表   速度表
                 指示器    指示器

      靜壓                      靜壓
      動靜壓                    動靜壓


   CADC（1）                 CADC（2）
   中央大氣數據              中央大氣數據
   計算機                    計算機


                            限制空速
                            起落架超速
                            襟翼超速
皮托靜壓管
   方向舵作用角控制          方向舵作用角控制
   升降舵感應控制            機艙內壓力控制
   尾翼配平片控制            機內外壓差控制

                            升降舵感應控制
                            尾翼配平片控制
輔助靜壓孔
```

　　順帶一提，直到727之前，飛行員都是使用**飛行計算機（專門用於導航的計算尺，也稱為導航計算機）**來計算真實空速和地速。從747開始，隨著慣性導航系統（INS）的開發，不僅可以讀取真實空速，也能

圖 4-17 波音 787 的大氣數據系統

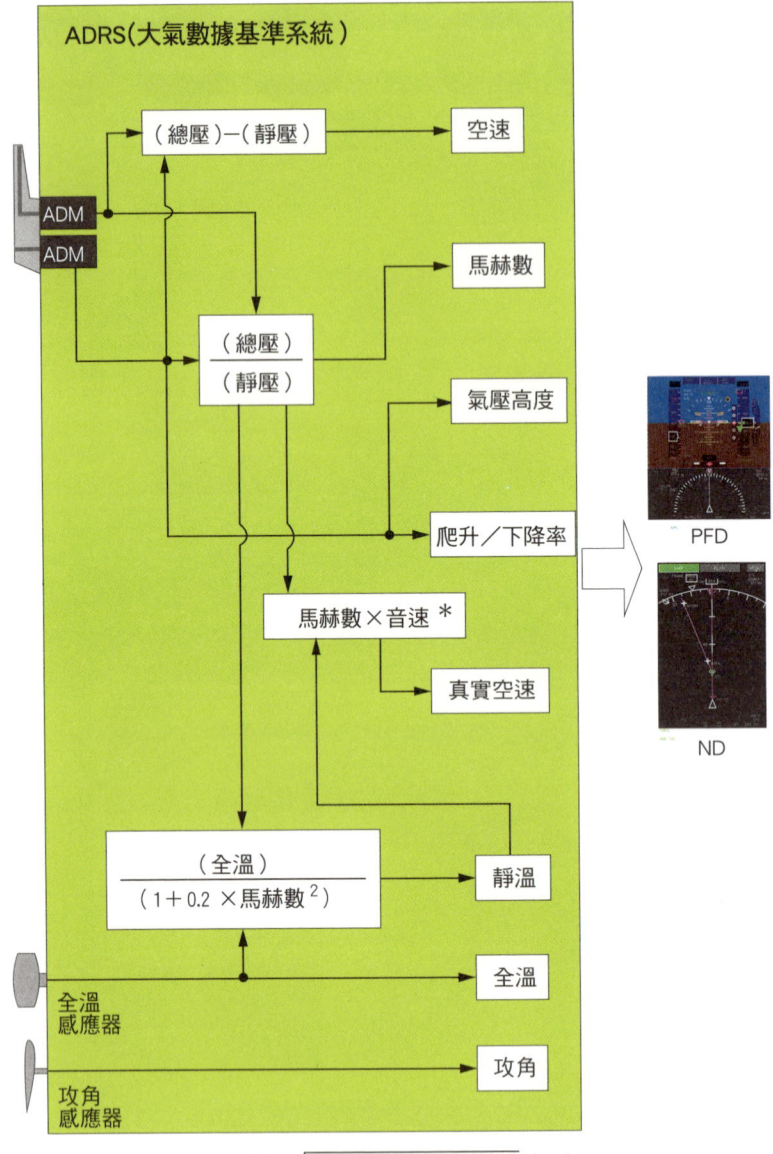

ADRS（大氣數據基準系統）

- （總壓）−（靜壓）→ 空速
- $\dfrac{（總壓）}{（靜壓）}$ → 馬赫數
- → 氣壓高度
- → 爬升／下降率
- 馬赫數 × 音速* → 真實空速
- $\dfrac{（全溫）}{（1 + 0.2 \times 馬赫數^2）}$ → 靜溫
- → 全溫
- → 攻角

ADM（大氣數據模組）
全溫感應器
攻角感應器

PFD
ND

* 音速 $= \sqrt{401.87 \times (273.15 + 靜溫)}$ （m/s）
* ADM：大氣數據模組

讀取大氣、以及與地面之間的關係,也就是說**能夠得知地速及地圖上的北方(真北)**。

4-4-3 指示空速、真實空速和馬赫數之間的關係

以下參考**圖4-18**來確認指示空速(IAS)、真實空速(TAS)和馬赫數之間的關係。

例如,在地面上的300 IAS,代表TAS 也是300節(556 km/h)。隨著高度的增加,空氣密度降低,因此如果IAS(即動壓)保持不變,TAS就會變快。例如同樣是300 IAS,在高度25,000 英尺(7,620 m)處的TAS會變成432節(800 km/h)。由於**高度愈高,空氣密度愈小,為了維持風壓計讀數,必須飛得讓風速表的讀數變快**。

如此隨著高度的增加,TAS會變快,但因機外溫度降低,音速也跟著變慢,因此馬赫數會變大。如果**維持IAS不變,將會超過臨界馬赫數**。因此,當飛機**到達一定高度時,飛行會從IAS切換到馬赫數**。

圖4-18 馬赫數與飛行速度

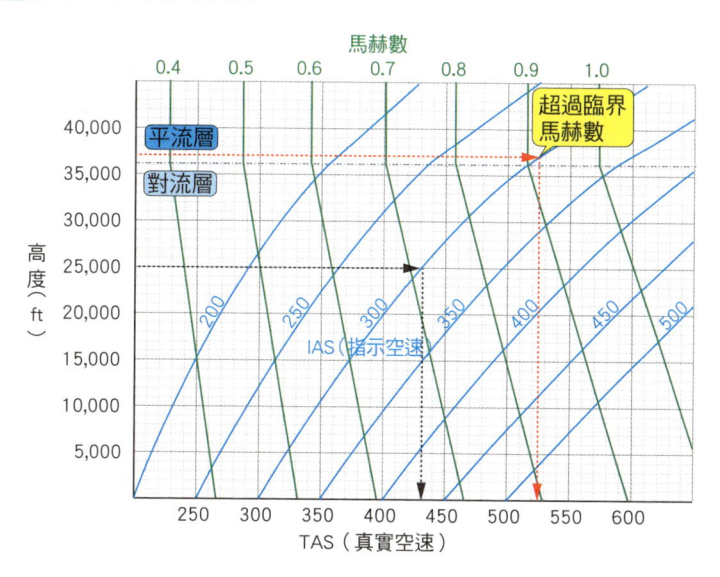

4-5 航向指示器

航向包括**實際航向（TH，True Heading，實際方位）**、**磁航向（MH，Magnetic Heading，磁方位）和羅盤航向（CH，Compass Heading，羅盤方位）**。讓我們探討一下每個航向的含義和顯示系統。

4-5-1 磁北和真北

跑道號碼是以**磁方位第一位四捨五入**後命名。例如安克雷奇機場的跑道為磁方位74°，將4四捨五入後為70°，跑到便命名為07號（zero seven）。然而，地圖上的真方位角是90°。這種差異是因為**以地軸為基準的真北與以地磁為基準的磁北位置不同而產生**，又稱為**偏差**（圖4-19）。

另外，由於磁北有偏真北東方的區域以及偏西的區域，所以計算真正方位的方法有所不同。安克雷奇機場附近為偏東區域，因此偏差標記為16°E。偏東的區域代表比起真實方位，磁方位的指示區域較小，所以

（實際航向：TH）＝（磁航向：MH）＋（偏差E）

另一方面，日本位於磁北偏向西方的地區，磁方位比真方位指示區域大。因此其偏差後方以W表記，

（實際航向：TH）＝（磁航向：MH）－（偏差W）

例如羽田機場周圍的偏差為7°W，因此磁方位為337°的34號跑道（three four），其實際方位為337－7＝330°。

順便一提，當搭乘極地航線（Polar route）飛往歐洲時，**航向表在某個空域會各自指向相反方向**，代表實際方位真北的「0」在左側，而代表羅盤方位的「0」則在右側。這是因為飛機通過北極和磁北極之間，因而能夠實際感受到真北與磁北在不同的地方。

大約20年前，安克雷奇機場07號跑道的磁航向為69°。由此可知同一個地點，地磁每年都會有所改變，因此舊的航線圖無法使用。

4-5-2 定向陀螺儀（DG）

指示磁北方向的**磁羅盤（Magnetic compass）**是一種可握於手掌上的小型設備，適合在飛機上使用。但磁羅盤的缺點是容易受到飛機本身或電器設備等的磁性影響而產生誤差（自差）。而涵蓋這種自差的磁羅盤所指示的方位稱為**CH（Compass Heading，羅盤航

圖 4-19 磁極與真北

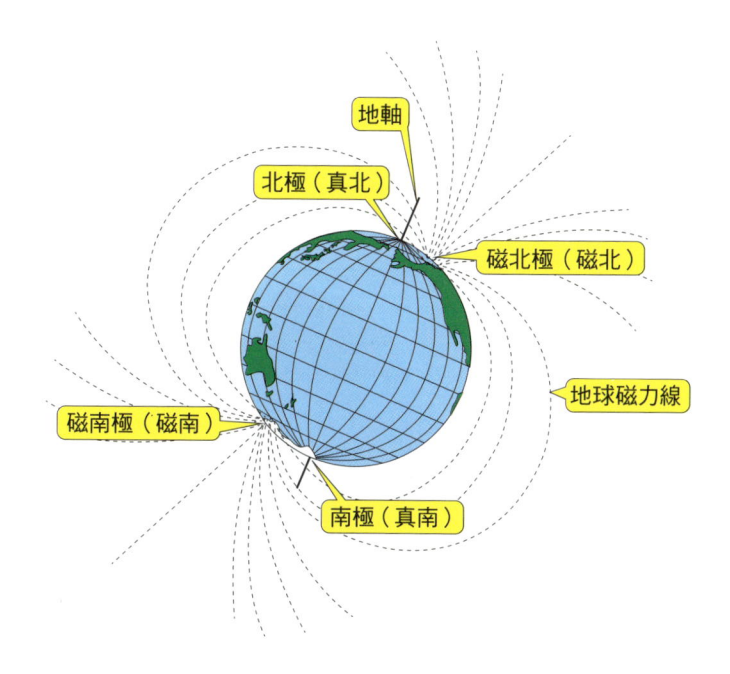

向）。此外，飛機加速或轉彎等，因運動而產生的大震動也會造成**動態誤差**。彼此的關係如下：

（磁航向：MH）＝（羅盤航向：CH）±（自差）
（真實航向：TH）＝（磁航向：MH）±（偏差）

彌補這些缺點的是**陀螺儀**。如**圖4-20**所示，陀螺儀的旋轉軸距有保持恆定方向的特性。我們也可以把地球當作是一種陀螺儀，由於它的旋轉軸始終指向北極星附近，因此北極星自古以來就被當作確認方向和位置的「希望之星」。

如**圖4-21**所示，如果將陀螺儀的旋轉軸維持水平，那麼即使飛機改變航向，旋轉軸也將保持相同的方向，透過**與飛機的軸線做比較即可確定航向**。這種讓旋轉軸維持水平的陀螺儀稱為**DG（Directional gyro，定向陀螺儀）**。

圖4-20 陀螺儀的特性

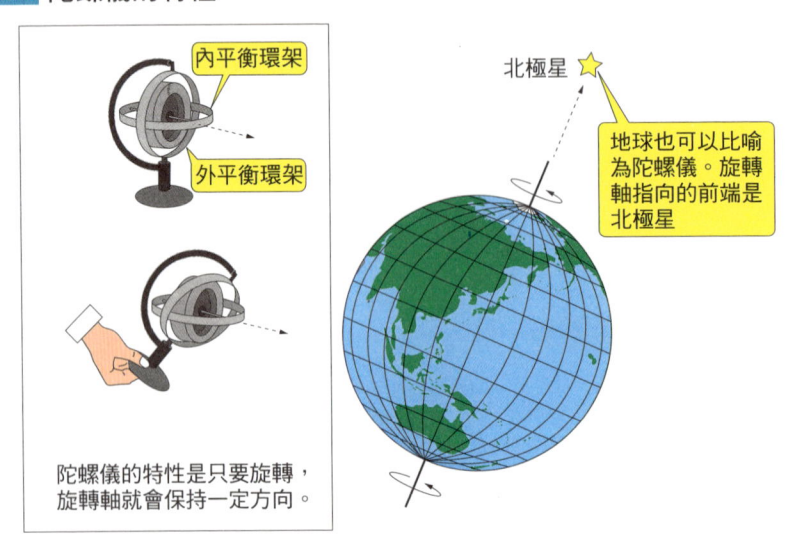

第 4 章　飛行儀表／顯示系統

圖4-21 飛機與陀螺儀

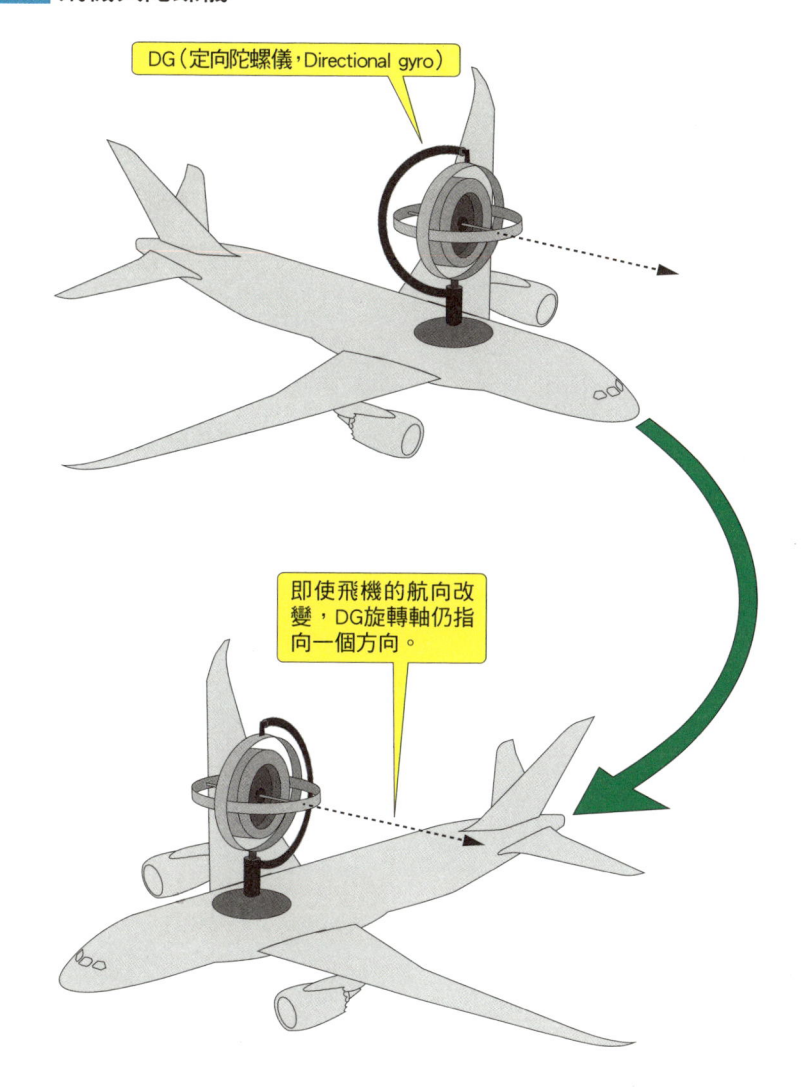

DG（定向陀螺儀，Directional gyro）

即使飛機的航向改變，DG旋轉軸仍指向一個方向。

　　問題是陀螺儀專注於將旋轉軸指向太空中的一點，而飛機內部偵測到的旋轉軸如**圖4-22**所示，會因為地球的自轉和運動而傾斜，因此無法比較旋轉軸和飛機機軸，這種明顯的傾斜稱為「陀螺儀漂移」。不過這些漂移可以透過利用重力原理的水平儀設備來讓旋轉軸保持水平。

比漂移更大的問題是**僅靠陀螺儀無法分辨西方或東方**。如果沒有參考的基準航向，連羽田機場的337°跑道方位是哪個方向都無法得知。為此而開發的，就是充分發揮定向陀螺儀和磁羅盤兩者特性的**羅盤系統**。

4-5-3 定向陀螺儀和磁羅盤

圖**4-23**是波音727 **羅盤系統**示例。它是由DG、RMI（無線電磁方向指示器）和電磁閥組成。**RMI**是一種由無線電羅盤和磁羅盤組成的儀器。**電磁閥**是一種感應地磁方向並將其轉換為電訊號的裝置。它們安裝在左右翼尖的2個位置，受飛機和電子設備的磁性影響較小。無線電羅盤是一種接收來自無線電導航輔助設備的無線電波並尋找與無線電台相對方位的儀器。該儀器現在稱為ADF（自動定向儀，Automatic direction finder）。

RMI的磁航向刻度盤（羅盤卡）會根據DG提供的航向資訊旋轉，

圖4-22 **陀螺儀漂移**

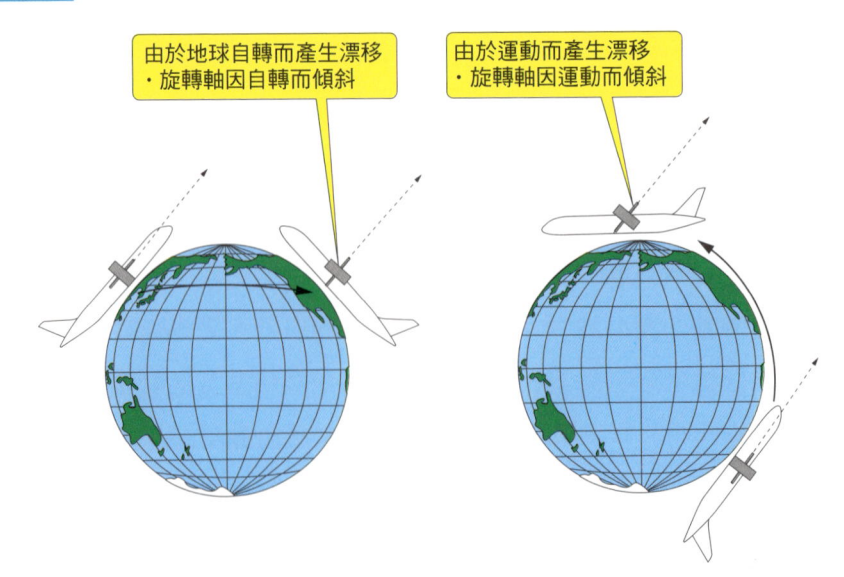

第 4 章　飛行儀表／顯示系統

圖 4-23 波音 727 的羅盤系統

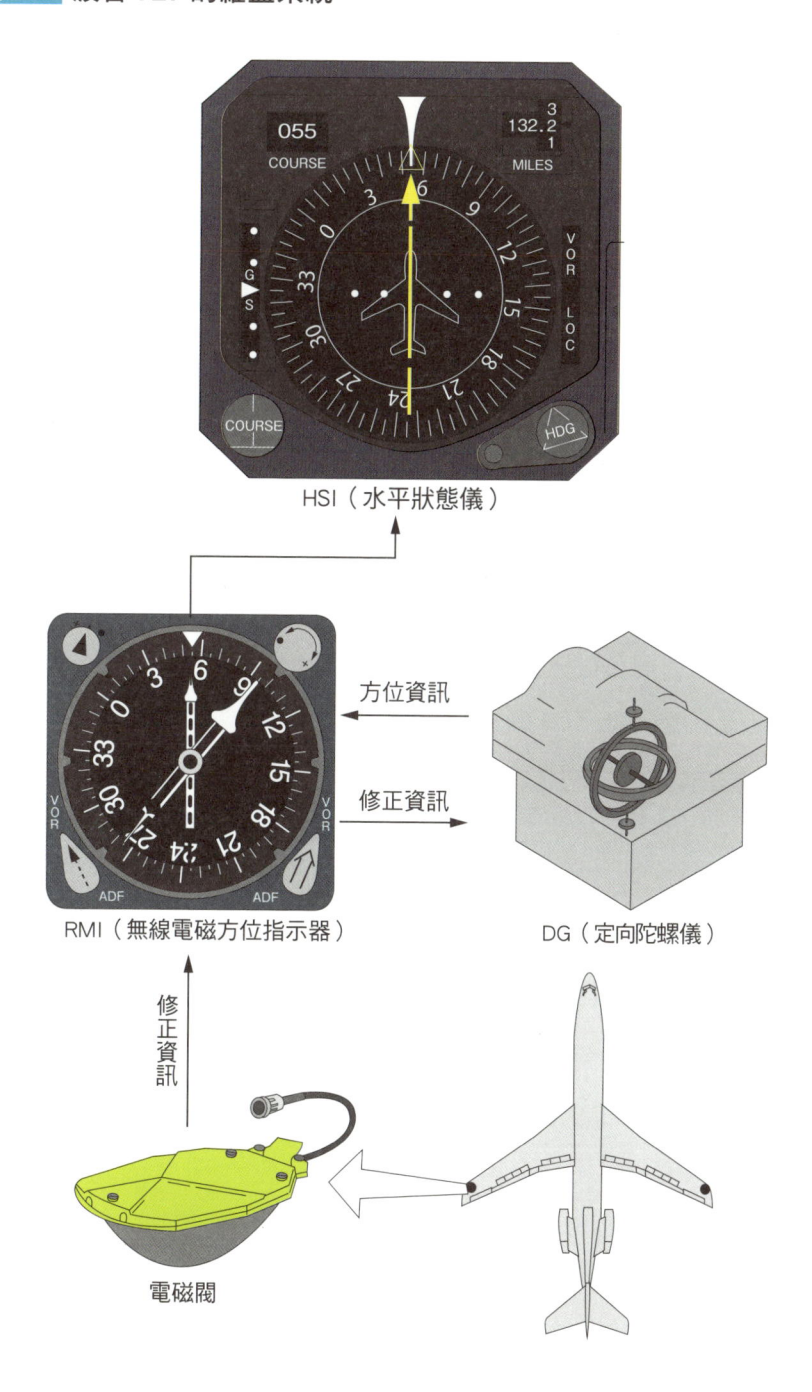

HSI（水平狀態儀）

RMI（無線電磁方位指示器）

DG（定向陀螺儀）

方位資訊

修正資訊

修正資訊

電磁閥

113

指示方位。當RMI指示的方位與電磁閥感應的磁方位有差異時，DG的旋轉軸就會被校正指向正確的磁方位。也就是說，**為了彌補磁羅盤不能穩定指示的缺點，讓電磁閥校正能夠穩定指向的陀螺儀旋轉軸，進而指出磁方位。**

題外話，如果在飛機被牽引車牽引並進入登機口後立即打開電源，RMI可能會指示錯誤的方向。這是因為電磁閥正在針對DG旋轉軸的指示方位進行校正的關係。這時可以使用調整旋鈕來取代電磁閥，強制旋轉RMI的羅盤卡設定磁方位。

4-5-4 波音 747 航向指示系統

圖4-24是747羅盤系統的示例。與727最大的區別是它**沒有搭載像DG那樣的獨立陀螺儀**。這是因為**INS（慣性導航系統）**可以提供方位資訊。INS利用多個陀螺儀和加速規組合來計算當前位置、方位、距離等，是一種可以不仰賴無線電導航輔助的獨立導航設備。由於方位和距離是根據地球的經緯度座標計算的，因此INS**以真實方位為基準，而非磁方位**。

來自INS的方位資訊透過電磁閥進行校正，並以磁方位資訊傳送到RMI和**HSI（水平狀態儀）**。有關真實方位的資訊也會發送至HSI。在正常飛行操作期間，如國內航班從無線電設備接收無線電波的路線時，HSI的方位刻度盤會指示**磁方位**，當在海上飛行時，就會指示**真實方位**。雖然RMI即使在海上飛行時也會指示磁方位，但指示無線電信標方位的箭頭指針不會移動。

順帶一提，在過去，當穿越太平洋後，RMI首次接收到來自陸地的無線電波並確認其指示方位與機首方位相同時，駕駛艙內就會有一種如釋重負的氛圍。

圖 4-24 波音 747 的羅盤系統

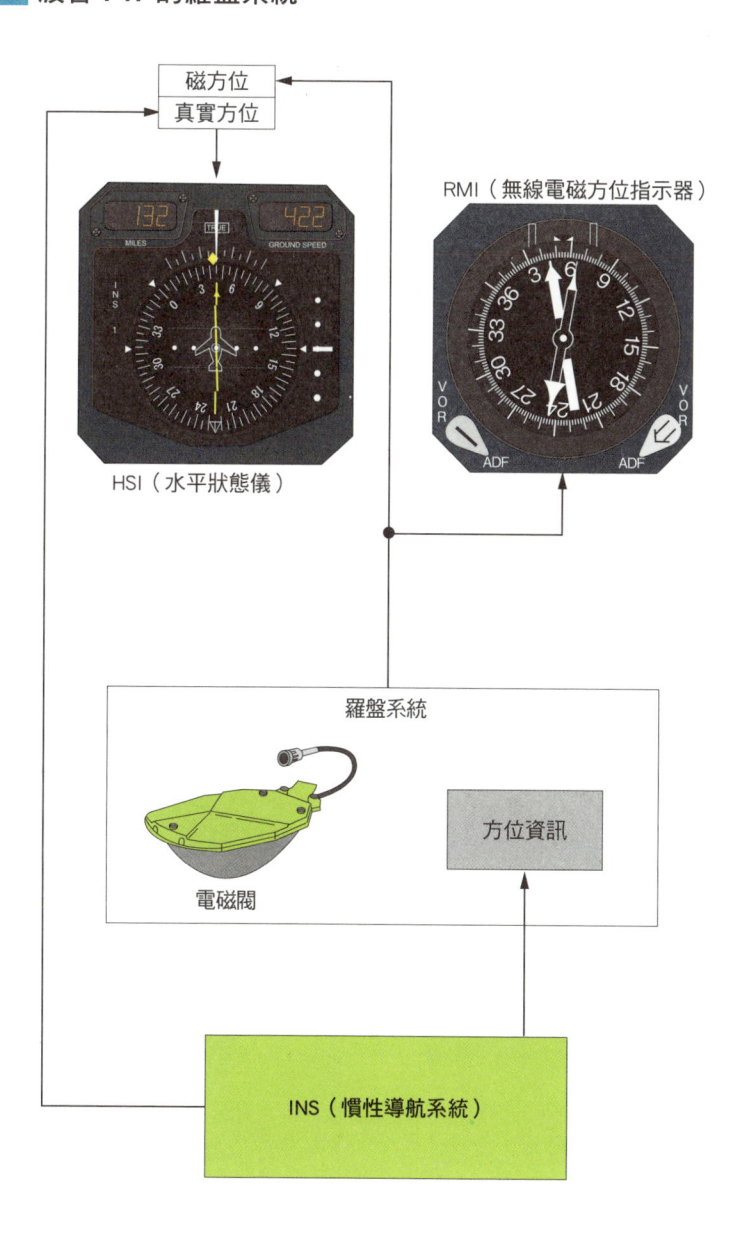

4-6 姿態儀

姿態儀是一種以地球地平線為基準，指示飛機俯仰及滾轉角度的儀表。以下讓我們來看看它的運作原理。

4-6-1 垂直陀螺儀（VG）與姿態儀

飛機上的設備有將動壓轉換為速度以確認失速速度的空速表、以氣壓為基準來了解飛行高度的氣壓高度計、利用地磁力來了解飛行方向的磁羅盤等，繼上述設備後搭載的還有**姿態儀**。

直到開發出姿態儀為止，之前所做的努力如**圖4-25**所示。「橫向直線」及「左右交叉拉緊的直線」兩者均**以地平線做比較**。這些線繩與外界可視地平線做比較後，即可得知爬升、下降、轉彎等飛行姿勢。但是當能見度等天氣條件較差、或是夜間時，這個方式就沒有用了。此外，隨著飛機性能提升且飛行高度增加，與地平線的比較就變得更加困難。

因此，需要一種不需考慮外界景觀而飛行的儀器，「將地平線放入儀器內部」的想法由此而生，該儀器就是姿態儀。姿態儀和航向指

圖4-25 繩索儀表

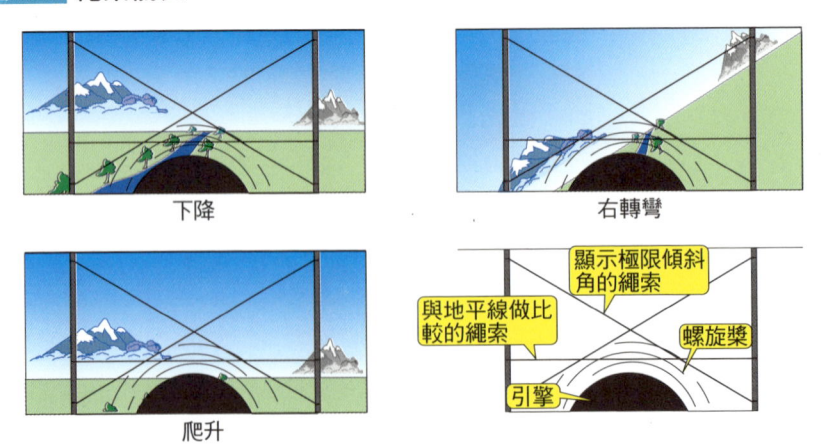

下降　　　　　　　　　右轉彎

爬升　　　　　　　　　顯示極限傾斜角的繩索／與地平線做比較的繩索／螺旋槳／引擎

圖 4-26 垂直陀螺儀

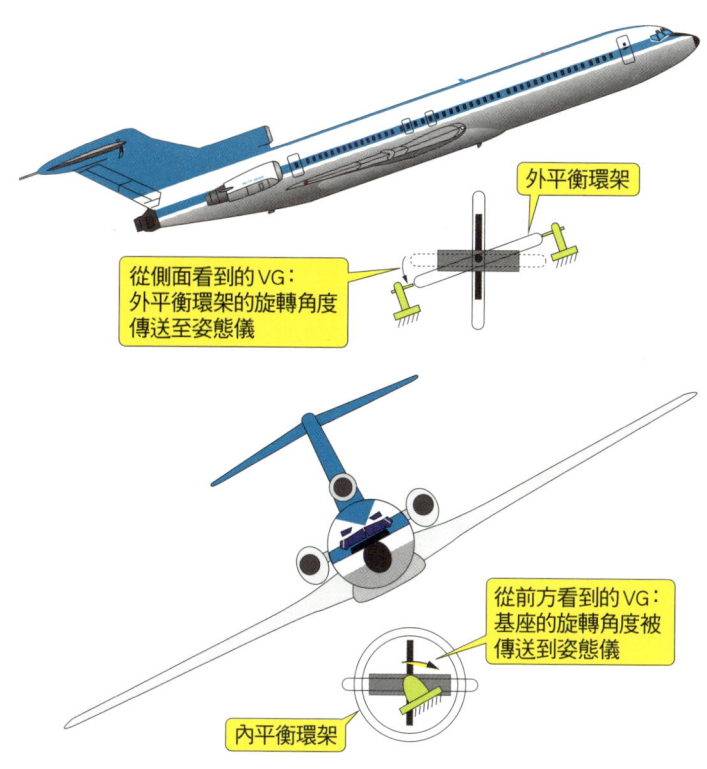

從側面看到的VG：
外平衡環架的旋轉角度
傳送至姿態儀

外平衡環架

從前方看到的VG：
基座的旋轉角度被
傳送到姿態儀

內平衡環架

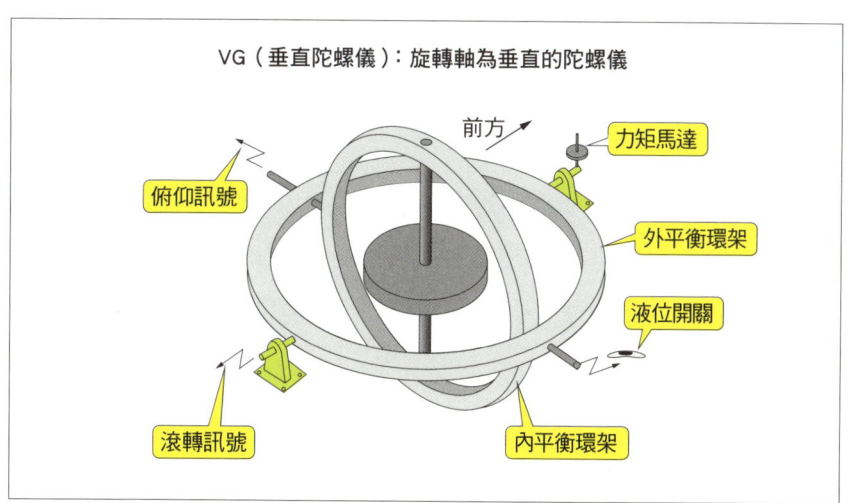

VG（垂直陀螺儀）：旋轉軸為垂直的陀螺儀

前方

力矩馬達

俯仰訊號

外平衡環架

液位開關

滾轉訊號

內平衡環架

示器一樣，也使用陀螺儀。但是航向指示器的原理是讓陀螺儀的旋轉軸維持水平，**姿態儀則讓陀螺儀維持垂直**。

如**圖4-26**所示，陀螺儀軸心呈垂直的**垂直陀螺儀（VG）**，在飛機姿勢改變時，旋轉軸仍維持垂直。例如當機首呈現上升姿勢，**內平衡環架**仍會維持垂直，而其他固定在飛機機體上的**外平衡環架**則會隨著機體傾斜。內平衡環的傾斜角度會被作為俯仰角的指示資料，傳遞到姿態儀。此外當飛機傾斜，陀螺軸為了保持垂直，兩側的平衡環架不會動作，只有支撐外平衡環的底座會旋轉。該旋轉角度即作為傾斜角資料，傳遞到姿態儀。

VG和DG相同，會因自轉和移動而發生漂移，但DG不需校正磁方位。由於漂移而導致的內平衡環架傾斜會透過利用重力的液位開關感應。當偵測到**漂移**時，連接到外平衡環架的扭力馬達會開始運作，於外平衡環施加作用力。如此一來，因進動現象（施加壓力後軸心朝90°錯位方向傾斜的現象），內平衡環架就會傾斜並回到原本垂直位置。

圖4-27是波音727和747**姿態儀（ADI）**的示例。兩架飛機的ADI顯示都是地平線以上為水藍色，地平線以下為棕色，這樣更容易辨識水平。此外，指示數字和角度的線條以能夠穿透光線的白色顯示，這樣即使在夜間飛行，透過儀器內部的照明設備也能易於讀取。747的姿態儀與指南針（羅盤）一樣，是根據來自INS（慣性導航系統）的VG（垂直陀螺儀）訊號顯示，而非依靠單一的陀螺儀。

圖4-27下方是「機首以5°仰角爬升，同時以30°傾斜角左轉」的指示示例。如果將飛行姿勢提高到飛機符號上三角形的頂點達到5°時，儀表的地平線會因收到陀螺儀的訊號而降低，並停在水藍色部分的數字達到5°時。當飛機向左傾斜時，地平線會向右傾斜，即順時針旋轉，當傾斜角指示達到30°時停止傾斜。

圖 4-27 姿態儀（ADI）

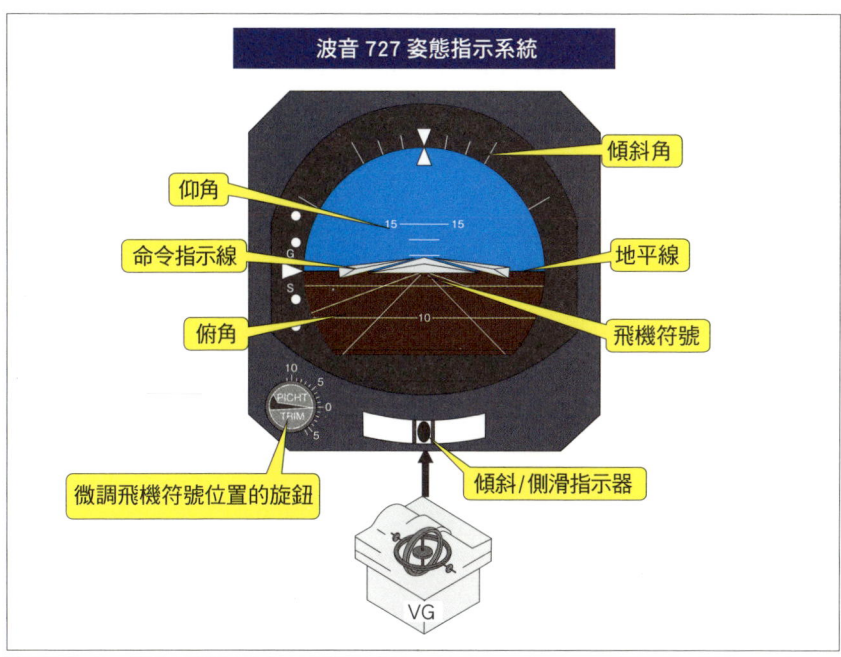

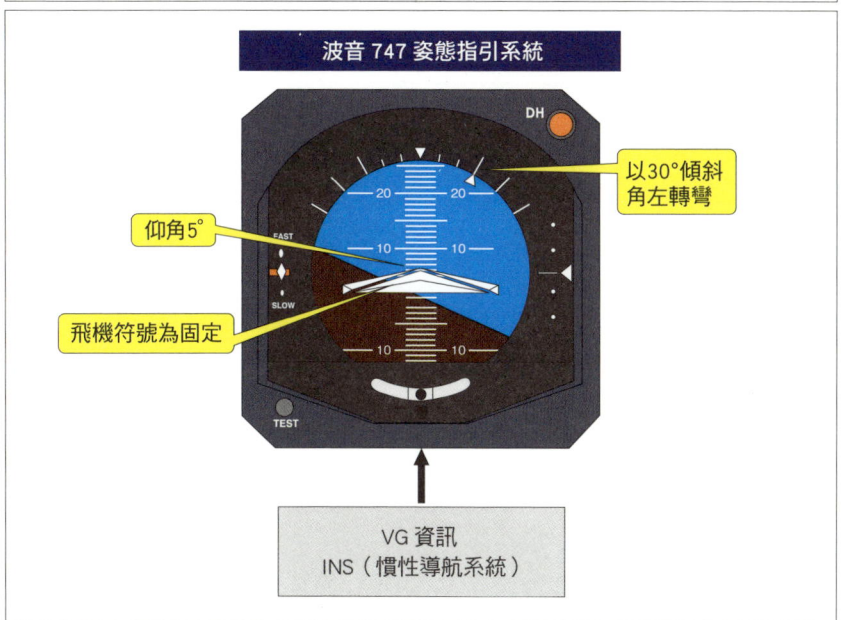

4-7 水平狀態指示器

飛行員使用獨立的儀表來判斷「自己的飛機處於怎樣的位置」。以下讓我們來看看如何知道自己的位置。

4-7-1 了解水平狀態的儀表（波音 747）

圖4-28 是**HSI（水平狀態儀）** 和 **RMI（無線電磁方位指示器）** 的顯示範例，它們是確定747水平位置的典型儀表。

圖4-28的上半圖是飛機為了避開積雨雲，讓機首朝向45°時各個儀表的指示範例。如果將**圖3-3**中自動駕駛儀MSP（模式選擇面板）上的導航模式開關設定到HDG（預設航向）位置，並將航向選擇器順時針旋轉至45，則飛機將朝磁方位45°開始向右轉彎。HSI的航線指示線偏向左側時，就表示飛機在往前方VOR電台航線的右側飛行。RMI的顯示則是選擇前方VOR電台的白色指標指向左斜前方，選擇後方VOR電台的黑色指標指向左斜後方。

圖4-28的下半圖代表飛機在往下一個VOR（特高頻多向導航台）電台的磁方位角30°航線上飛行。判斷依據是「HSI上設定30°的航線指針與航線指示線形成一直線」以及「RMI上指示前後VOR電台方位的兩個指針重疊」。

圖4-29是飛機位於**圖4-28**下半圖時，**INS及PMS（飛機性能管理系統）的CDU（控制顯示器）** 在巡航狀態的顯示範例。INS與HSI顯示相同距離為139英里，該距離除以地速521節得到「16分」，代表到下一個航點所需時間。另外，PMS是正常飛航下顯示經濟巡航的範例頁。

圖4-30是飛機在避開積雨雲時，因距離航線9.5英里，確認返回航線所需角度為22°的顯示例。

第 4 章 飛行儀表／顯示系統

圖 4-28 了解水平位置的儀表

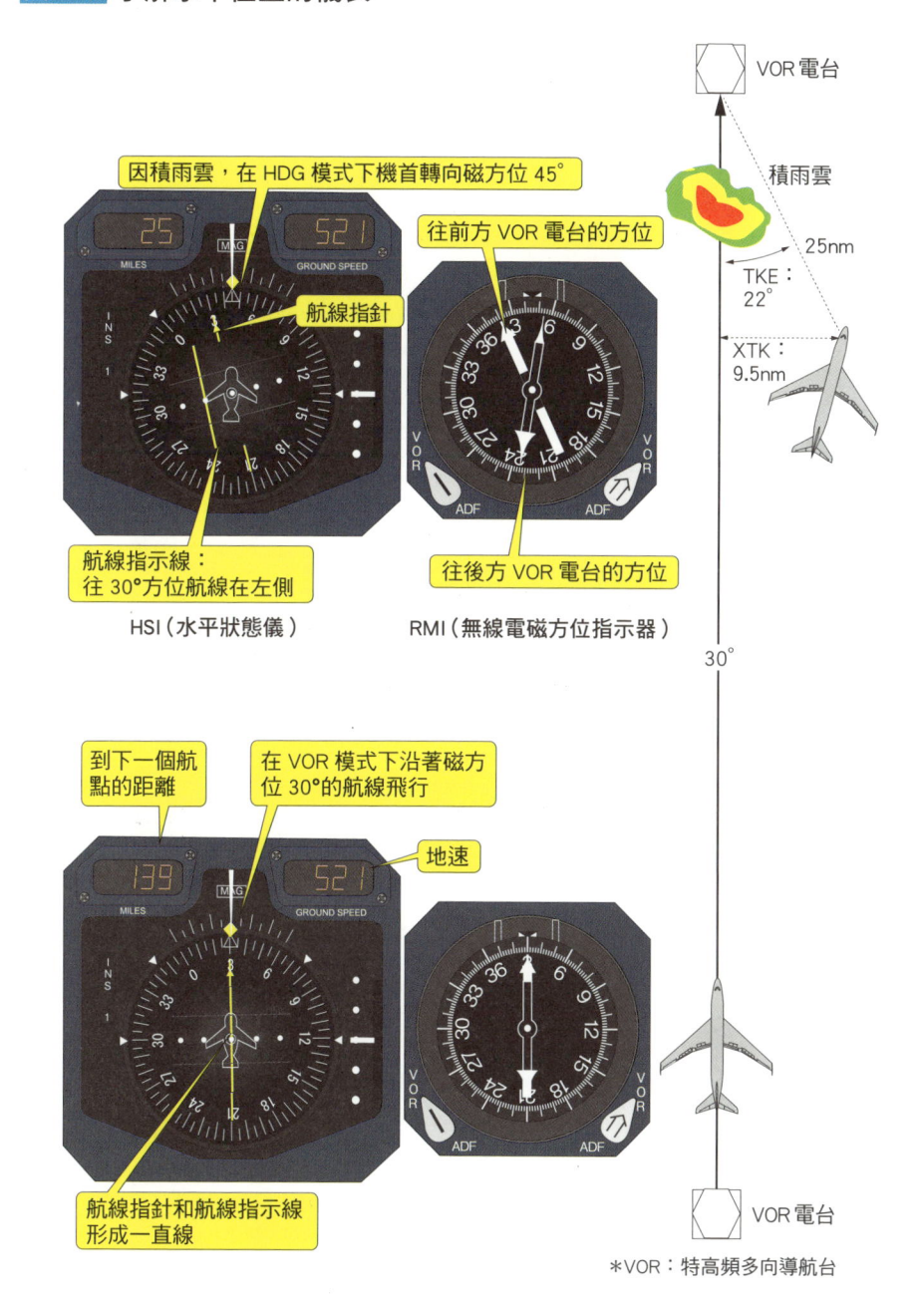

因積雨雲，在 HDG 模式下機首轉向磁方位 45°

航線指針

往前方 VOR 電台的方位

航線指示線：
往 30°方位航線在左側

往後方 VOR 電台的方位

HSI（水平狀態儀）　　　RMI（無線電磁方位指示器）

VOR 電台

積雨雲

25nm

TKE：22°

XTK：9.5nm

30°

到下一個航點的距離

在 VOR 模式下沿著磁方位 30°的航線飛行

地速

航線指針和航線指示線形成一直線

VOR 電台

＊VOR：特高頻多向導航台

121

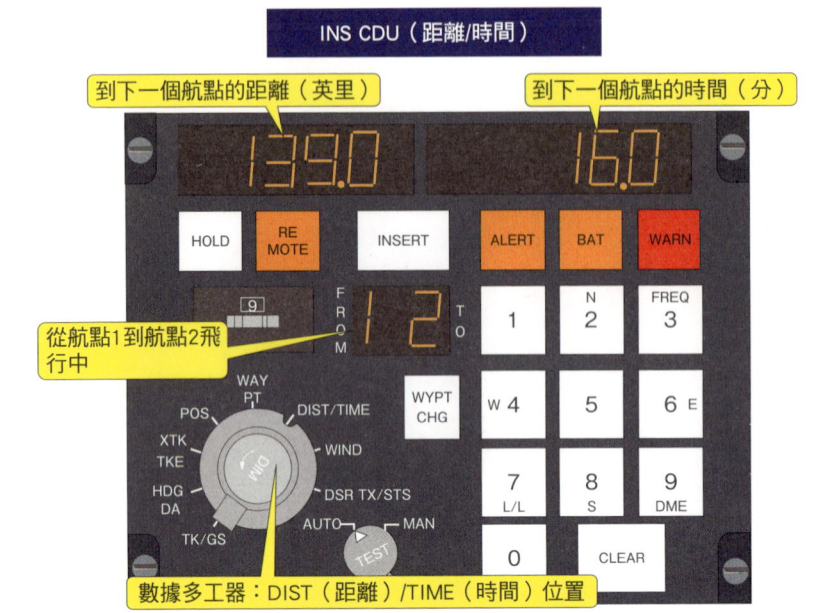

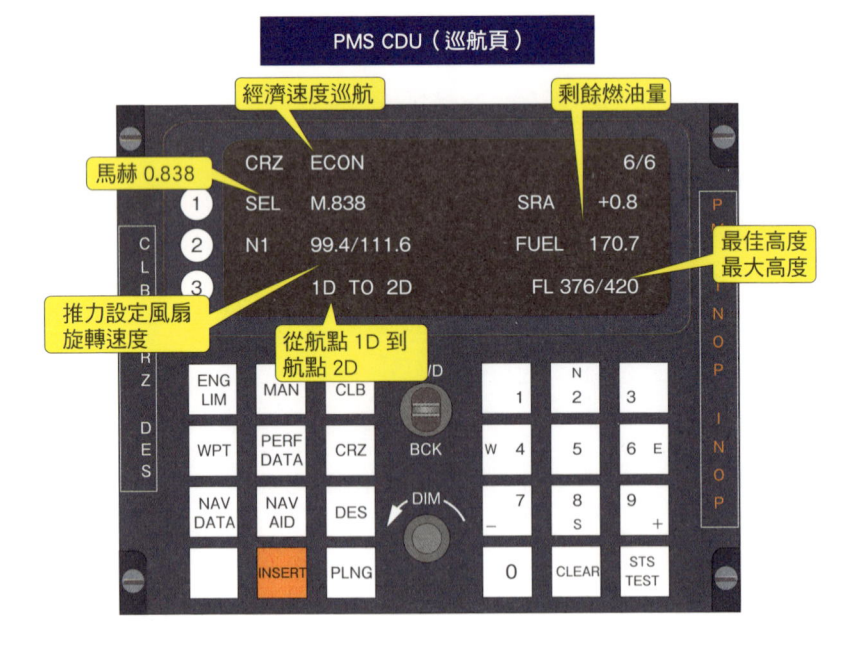

圖 4-29 INS 與 PMS 的 CDU

INS CDU（距離/時間）

- 到下一個航點的距離（英里）: 139.0
- 到下一個航點的時間（分）: 16.0
- 從航點1到航點2飛行中: FROM 1 2 TO
- 數據多工器：DIST（距離）/TIME（時間）位置

PMS CDU（巡航頁）

- 經濟速度巡航: CRZ ECON
- 剩餘燃油量: 6/6
- 馬赫 0.838: SEL M.838
- SRA +0.8
- 推力設定風扇旋轉速度: N1 99.4/111.6
- FUEL 170.7
- 從航點 1D 到航點 2D: 1D TO 2D
- 最佳高度 最大高度: FL 376/420

圖 4-30 INS 與 PMS 的顯示

INS CDU（到航線的距離/角度）

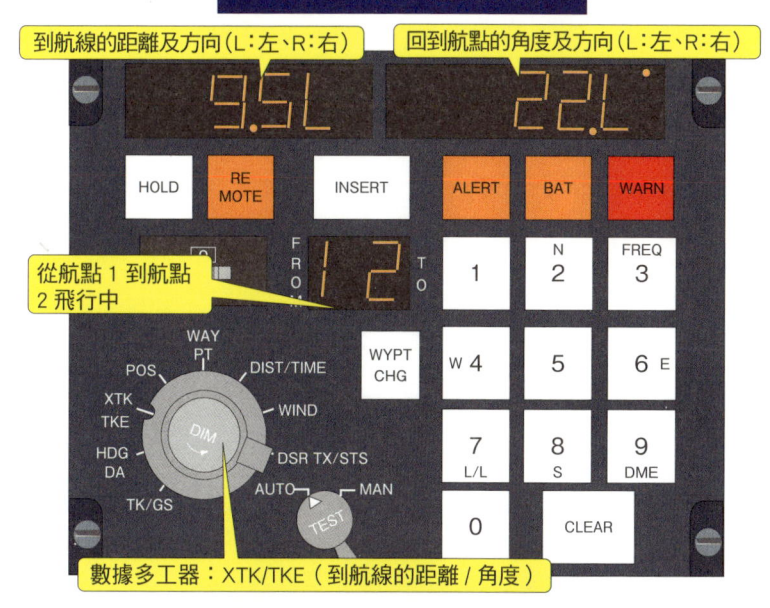

- 到航線的距離及方向 (L：左、R：右)： 9.5 L
- 回到航點的角度及方向 (L：左、R：右)： 22 L
- 從航點 1 到航點 2 飛行中： FROM 1 TO 2
- 數據多工器：XTK/TKE（到航線的距離 / 角度）

PMS CDU（導航資料頁）

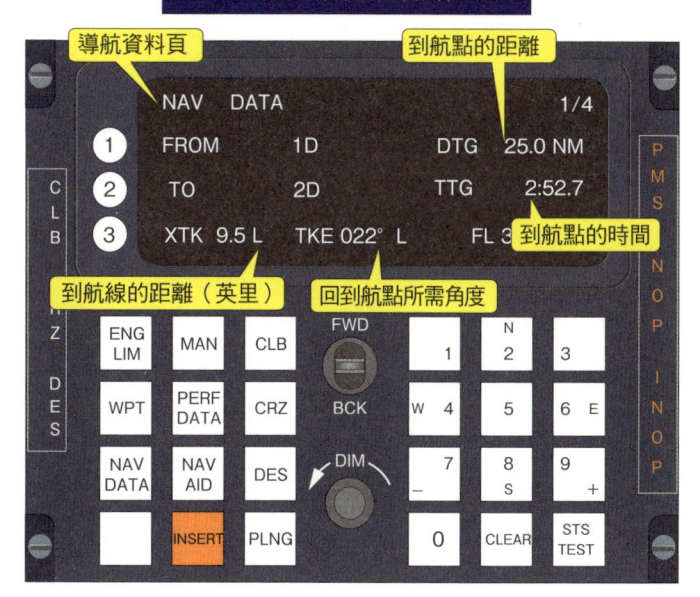

- 導航資料頁
- 到航點的距離
- 到航線的距離（英里）
- 回到航點所需角度
- 到航點的時間

```
NAV   DATA                        1/4
FROM      1D        DTG    25.0 NM
TO        2D        TTG    2:52.7
XTK 9.5 L  TKE 022° L   FL 3
```

4-8 綜合顯示系統

為了達到不僅顯示儀表，更能將資訊整合顯示，目前主流是使用映像管或液晶顯示器。

4-8-1 顯示系統（波音 787）

波音747之前，來自陀螺儀的姿勢及航向資訊以及來自皮托靜壓管的大氣數據都在每個儀表中進行處理和顯示。另外還有引擎控制、艙壓控制、空調系統、液壓系統等的控制開關、儀表、警示燈。換句話說，為了不斷監控飛機所有系統狀態，駕駛艙裡布滿了儀器和開關。此外，感應器性能和感應量不斷提高使系統變得更加複雜，飛行員在既定時間內必須處理的工作量增加也成為一個問題。因此，從1970年左右開始，積極進行新駕駛艙設計的研究，為了達到

・透過自動化減輕飛行員負擔，並預防發生錯誤
・採用先進顯示方式，能夠正確判斷狀況
・注重整體飛行管理

開發出一種使用**EFIS**（電子飛行儀器系統，Electronic Flight Instrument System）整合顯示的駕駛艙。

最開始由空中巴士A310、波音757和767採用CRT（映像管）。隨著線傳飛控的全面採用，液晶顯示器現已成為主流顯示方式。**圖4-31**的波音787顯示系統就是液晶顯示示例。

ADRS（大氣數據基準系統）提供空速和氣壓高度等大氣數據，**IRS**（慣性參考系統）為每個顯示器提供姿勢、方位及位置等慣性數據。

第 4 章　飛行儀表／顯示系統

圖 4-31　波音 787 的顯示系統

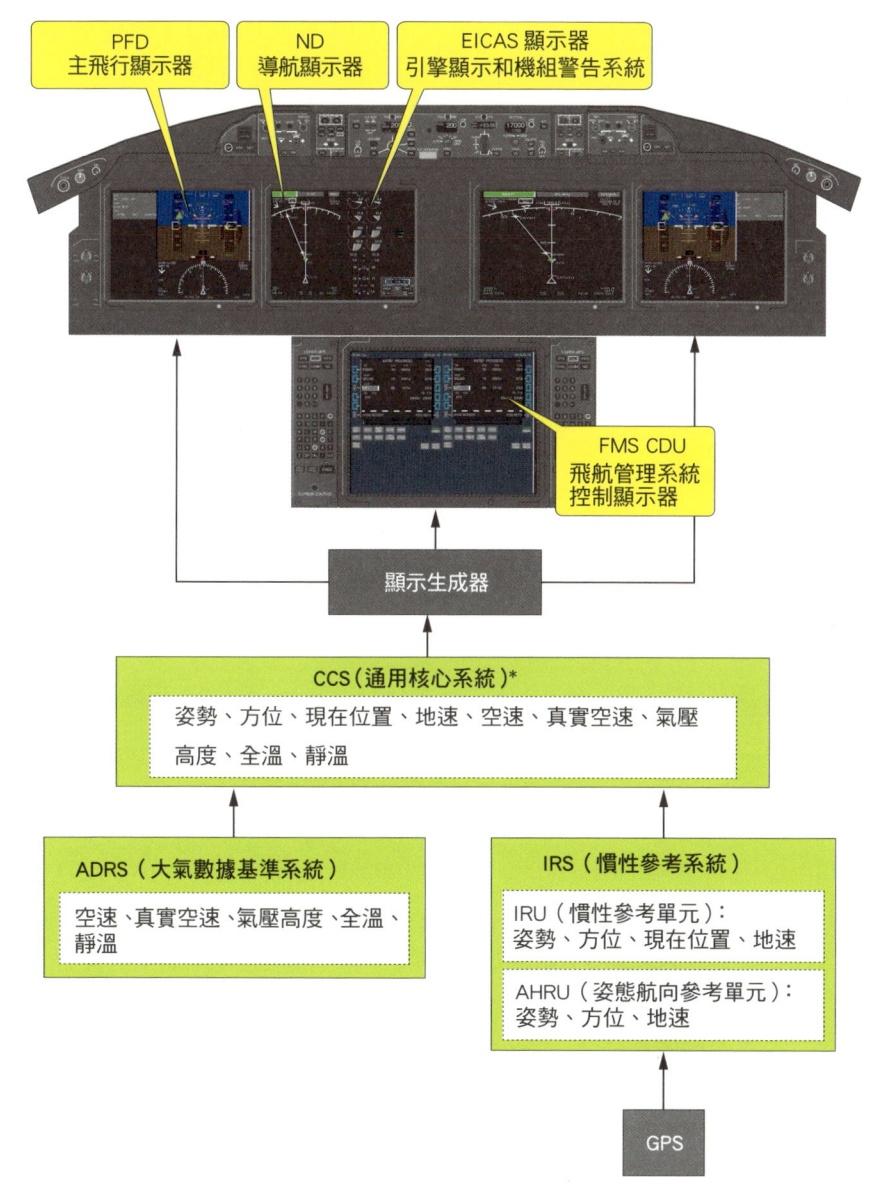

- PFD 主飛行顯示器
- ND 導航顯示器
- EICAS 顯示器 引擎顯示和機組警告系統
- FMS CDU 飛航管理系統控制顯示器

顯示生成器

CCS（通用核心系統）*
姿勢、方位、現在位置、地速、空速、真實空速、氣壓高度、全溫、靜溫

ADRS（大氣數據基準系統）
空速、真實空速、氣壓高度、全溫、靜溫

IRS（慣性參考系統）
IRU（慣性參考單元）：
姿勢、方位、現在位置、地速

AHRU（姿態航向參考單元）：
姿勢、方位、地速

GPS

＊CCS（通用核心系統）：網路及資料交換系統

125

AHRU（姿態航向參考單元）雖然沒有計算目前位置的運算設備，但它是提供姿態和方位資料的主要裝置。來自**IRU（慣性參考單元）**的位置資訊與GPS資訊結合後，提供混合位置訊息。如圖**4-31**所示，ADRS和IRS在787上是獨立的系統，但在同為波音公司的777、以及空中巴士A350和A380上，採用的是整合ADRS和IRS兩者功能的**ADIRS（大氣數據慣性基準系統）**。

4-8-2 PFD、ND、EICAS

　　圖**4-32**上半圖為顯示飛行狀態的重要儀表**PFD（主飛行顯示器，Primary Flight Display）**。除了姿勢、速度、高度、航向、垂直速度等儀表外，還有關於飛行狀態的「飛行模式」顯示屏，以及指示飛行員應該如何操控的飛航指引系統、和自動駕駛儀指示的「俯仰及滾轉命令」顯示。此外還有失速或超速相關訊息，資訊齊全而入微。

　　ND（導航顯示器，Navigation Display）（圖**4-32**下圖左）主要為綜合顯示與導航相關的各種資訊的顯示器，與了解飛機水平位置的HSI相比，它更像是從遙遠的上空捕捉並顯示飛機位置。ND可說是將飛行員腦中從HSI和RMI等指示所理解的內容具體圖像化。氣象雷達的回波也會顯示在圖一畫面，這在需決定機首方位以便繞道時，是相當重要的資訊。

　　EICAS（引擎顯示和機組警告系統）（圖**4-32**下圖右）在顯示引擎儀表的同時，當引擎或各種系統發生異常，該系統也能夠根據重要程度以彩色文字訊息傳遞給機組人員。飛行員選擇與訊息相關的系統，就能顯示與異常位置相關的概要圖。另外空中巴士還有一個名為**ECAM（電子集中式飛機監視器，Electronic centralized aircraft monitoring）**的監控系統。

第 4 章 飛行儀表／顯示系統

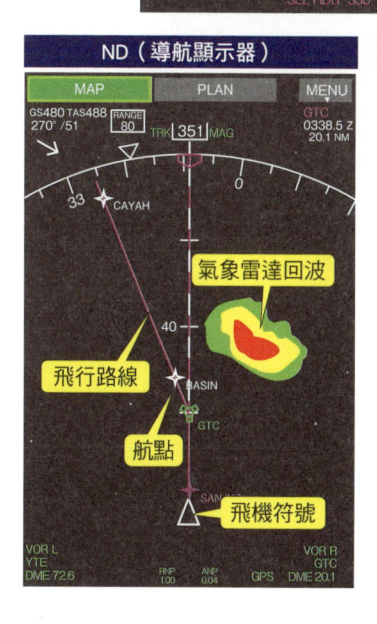

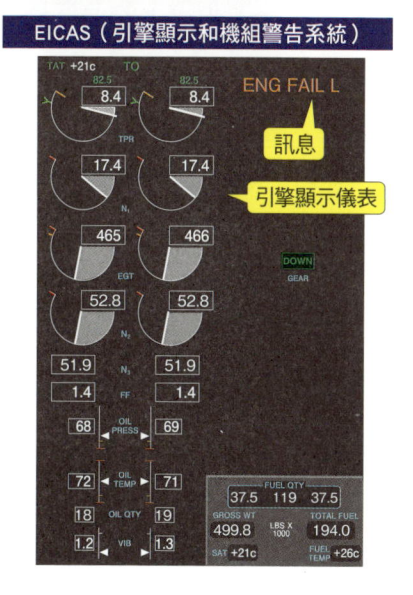

圖 4-32 波音 787 的顯示畫面

專欄 4　飛機與風

停在漁港歇息的海鷗排成一列，朝同一個方向飛去。這可能是因為逆風更有利於起飛。當逆風較強時，只需展開翅膀即可輕飄升空。

就飛機而言，在風速達到能夠漂浮升空前，需要依靠自身動力滑行。如果飛機逆風起飛，逆風量會增加，風速到達能夠支撐機體前的弧形距離就會變短。說得極端一點，**當逆風風速約80m（150節，280km/h），或許滑行距離為零即可漂浮升空**。此外當順風時，起飛的滑行距離以及中止起飛時的停止距離會變長，因此順風起飛會有所限制。

題外話，在過去，筆者曾遇過因颱風帶來的強風而無法移動，需在駕駛艙內待機。當時看著空速表，瞬間速度曾顯示到約80節。即使在不動的狀態下，皮托管也能偵測到風速40m的動壓，並指示速度為80節。由此可見，**飛機上的速度表並非指示單位時間內的移動距離，而是將動壓轉換為速度**。

逆風對起飛是有利的，但在飛行時是不利的。例如從羽田飛往福岡的飛行時間在冬季和夏季就相差甚遠。原因是在冬季，飛機在風速超過100 m（360 km/h，190節）的**偏西風**中飛行。從羽田飛往福岡時，即使以900km/h（0.85馬赫）的空速飛行，因為有360km/h的逆風，所以地速會變成900－360＝540（km/h）。

在順風時飛往羽田，同樣以900km/h（0.85馬赫）的空速飛行，地速是900＋360＝1,260（km/h），地面音速超過1,225km/h。

第 5 章

噴射引擎的運作原理與控制系統

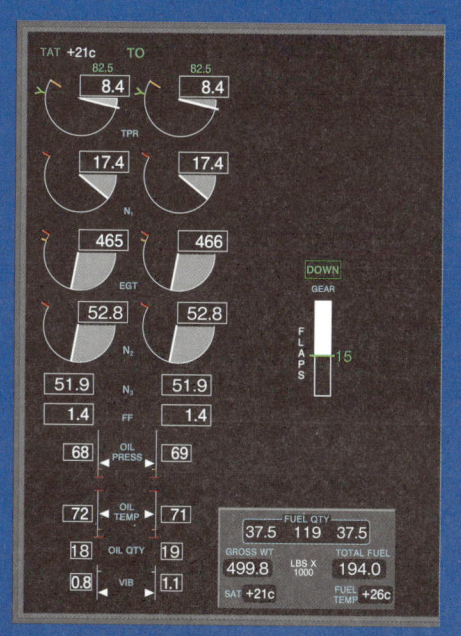

波音 727 的引擎顯示儀表　　　　　波音 787 的引擎顯示儀表

噴射引擎透過吹出吸入的空氣來產生推力。本章讓我們了解一下它是如何運作、以及用什麼儀器控制。

5-1 噴射引擎

飛機的推進力是噴射引擎。以下來看看噴射引擎的運作原理。

5-1-1 什麼是噴射引擎？

放開氣球孔，氣球就會大力飛走。這並不是因為空氣從氣球孔裡噴出撞擊周圍的空氣。如圖5-1所示，這是氣球口噴出的反作用力使其朝相反方向飛。噴射引擎的原理也是一樣的，它吸入空氣並壓縮，利用將其向後吹出的反作用力來獲得推動前進的推力。增加推力有兩種方法，分別是「提高噴射速度」或「增加吸入空氣量」。

最初為民航飛機開發的噴射引擎，是利用提高噴射速度來增加推力。其具有代表性的引擎如圖5-2最上方所示，是安裝在波音707上的 JT3C 渦輪噴射引擎。順帶一提，波音367-80，即波音707的前身，是世界上第一架將引擎懸掛在主翼下方支柱上的飛機，也是現今噴射客機的基本形式。

圖 5-1　推力是什麼

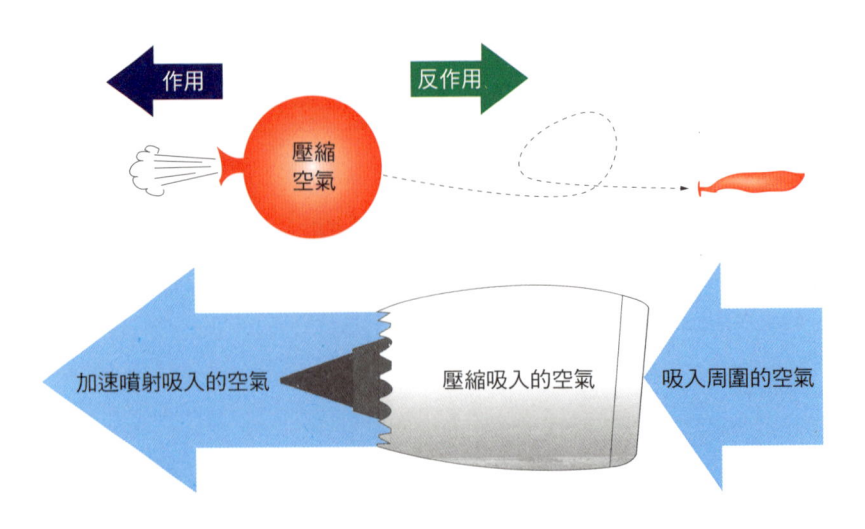

第 5 章 噴射引擎的運作原理與控制系統

圖 5-2 噴射引擎

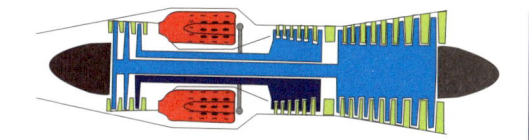

普惠公司（Pratt & Whitney）
JT3C 渦輪噴射
最大推力：
13,500 磅（6,100kg）

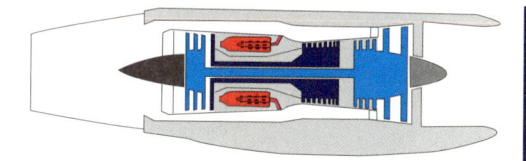

普惠公司（Pratt & Whitney）
JT8D 渦輪風扇
最大輸出：
17,400 磅（7,890kg）
旁通比：1.0

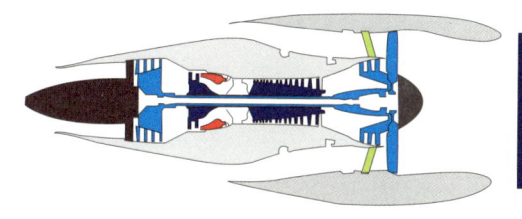

奇異公司（General Electric）
CF6-45A2 渦輪風扇
最大輸出：
45,600 磅（20,600kg）
旁通比：4.4

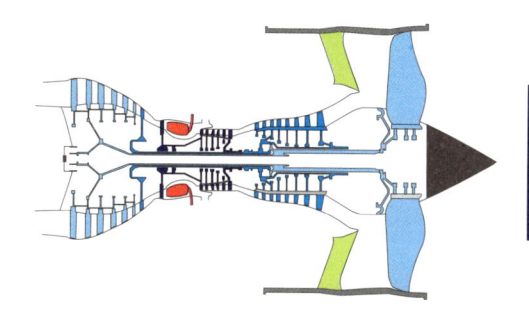

勞斯萊斯（Rolls-Royce）
特倫特 1000A 渦輪風扇
最大輸出：
69,200 磅（31,390kg）
旁通比：10.0

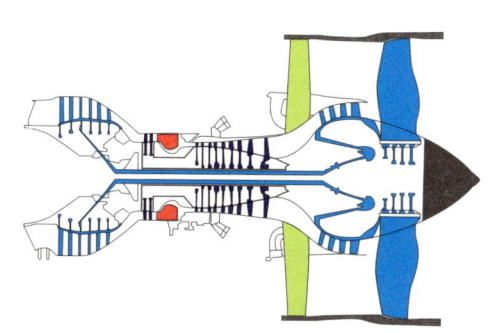

奇異公司（General Electric）
GE90-115B 渦輪風扇
最大輸出：
115,300 磅（52,300kg）
旁通比：9.0

後來，透過增加空氣噴出量來增加推力的**渦輪風扇**引擎被開發出來。**渦輪風扇引擎是一種在渦輪噴射引擎前端安裝風扇的發動機**。其代表作是搭載JT8D的波音727，這是日本第一國架內線主要噴射客機。在經濟快速成長的時代背景下，伴隨著「嘎吱嘎吱」的巨大共鳴聲起飛，留下一道黑煙，這個主角就是強大而可靠的噴射客機。

　　接著到了更重視環境問題和經濟效益的時代，擁有大風扇的渦輪風扇引擎成為主流。**風扇大小是早期渦輪風扇的3倍以上，直徑超過3m**。大風扇不會燃燒大量空氣，用較慢的速度噴出空氣，因此推進效率良好，**風扇所產生的推力約占總推力的80%**。

　　而且風扇產生的空氣包覆著渦輪排出的廢氣，具有**顯著的降噪效果**，飛機從「嘎吱嘎吱」變成類似螺旋槳飛機「噗」的引擎聲起飛，而且也幾乎不排放黑煙了。

　　推進效率代表「引擎消耗的能量中轉化為推進能量的百分比」。隨著噴射速度接近飛行速度，推進效率會提高，因此對以0.8馬赫（音速的80%）左右飛行的噴射客機而言，渦輪風扇是最適合的引擎。然而，速度愈接近音速，渦輪風扇隱形的推進效率反而會迅速下降。相反地，飛行速度愈快，渦輪噴射引擎的推進效率就愈好。原因是**飛行速度愈高，與引擎噴射速度之間的差異愈小**。

　　圖5-2所示的**旁通比**代表「未進入引擎而旁通的空氣量」與「進入引擎內部的空氣量」之比率。

　　例如，「旁通比10.0」意為「流入引擎的10倍空氣量未燃燒，被直接吹出」。

　　圖5-3是引擎內部示意圖。**整流罩**是流線型的引擎蓋，除了保護引擎和減少空氣阻力之外還有其他作用。**前整流罩**的重要功能是將進入空氣的能量損失降至最低，並以盡可能將較少亂流的空氣送至**壓縮**

機。**風扇反向器**是一種煞車裝置，其中整流罩的一部分，也就是平移罩平行向後移動，讓風扇噴出的氣流改為向前。

前整流罩吸入的空氣通過**風扇**後，一部分進入引擎內部，另一部分從後方直接噴出。流入引擎的空氣在壓縮機中反覆減速和加速並逐漸被壓縮，然後被送入**燃燒室**。在燃燒室中，燃料與壓縮空氣混合並燃燒以提供熱能。累積足夠壓力和熱能的氣體能夠讓**渦輪**旋轉，也就是說這些氣體能夠帶動風扇和壓縮機旋轉。**完成這項工作後，剩餘的能量轉化為速度能量並噴射出來，產生推力。**

5-1-2 波音 727 引擎的操控原理

讓我們確認一下從 727 的燃油箱到引擎的流向以及燃油控制設備的作用（**圖5-4**）。

圖 5-3 引擎各部件名稱

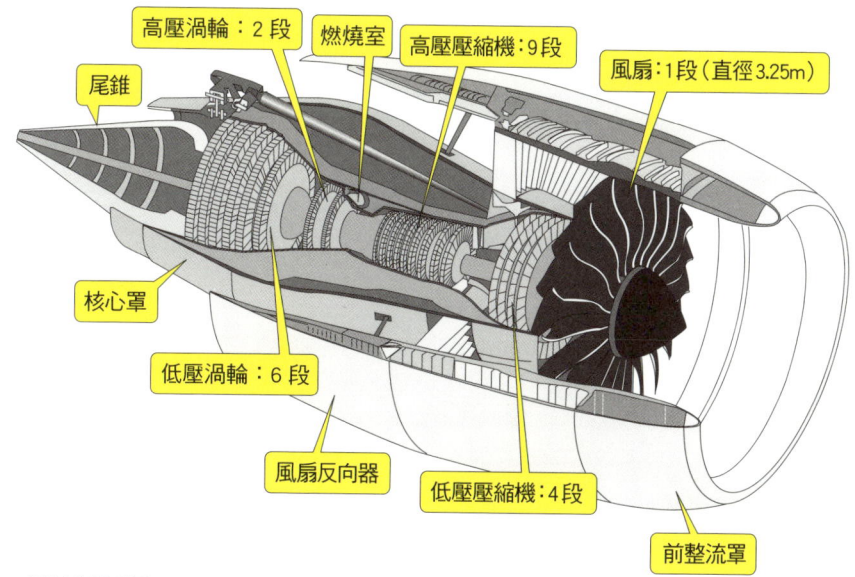

※以奇異公司GE90-115B為例

133

燃油箱內經**抽吸泵浦**加壓的燃油經過機翼內的**燃油關閉閥**，到達飛機最後方的引擎。接著由引擎驅動燃油泵進一步加壓，送至**燃油加熱器**。

燃油加熱器的作用，是在起飛前燃油箱內的溫度降至0℃以下時，防止燃油中的水分結冰。除了燃油加熱器外，油箱內還有一個與液壓系統液壓油的熱交換器，以及在進入燃燒室之前與引擎潤滑油的熱交換器。

多次加熱燃油的原因是，當燃油溫度降至**凝固點**（約-40℃左右）以下時，其作為液體的黏度等特性將發生變化，導致噴油嘴堵塞及異常燃燒，引擎可能會因此熄火。

然而，即使有了這些設備，安裝在機翼上的油箱也會受到外界溫度的影響，因此在寒冷空域長途飛行下，可能會接近凝固點。遇到這種情況，可採取避開低溫空域飛行、提高飛行速度（加速到0.03馬赫時，溫度升高約2℃）或降低飛行高度（下降1,000m時，溫度升高6.5℃）等措施。

燃油經過燃油加熱器後，以**過濾器**除去雜質。然後由引擎驅動燃油泵加壓並發送到燃油控制設備。燃料控制設備是用來控制進入燃燒室的燃料流量。推力桿是噴射引擎的加速器，燃油流量會隨著推力桿的前進而增加，但這種增加並非單純只是俱增。以下讓我們來探討，燃油控制設備如何決定燃油流量。

● **空氣或燃油量是以「重量（質量）」而非「體積」計算**

引擎的輸出由**吸入的空氣量**決定。隨著吸入空氣量的增加，排出的空氣量也會增加，同時產生更大的輸出。

然而，除非吸入的空氣量有相對適當的燃油流量，否則燃燒室內

第 5 章　噴射引擎的運作原理與控制系統

圖 5-4　波音 727 的引擎控制系統

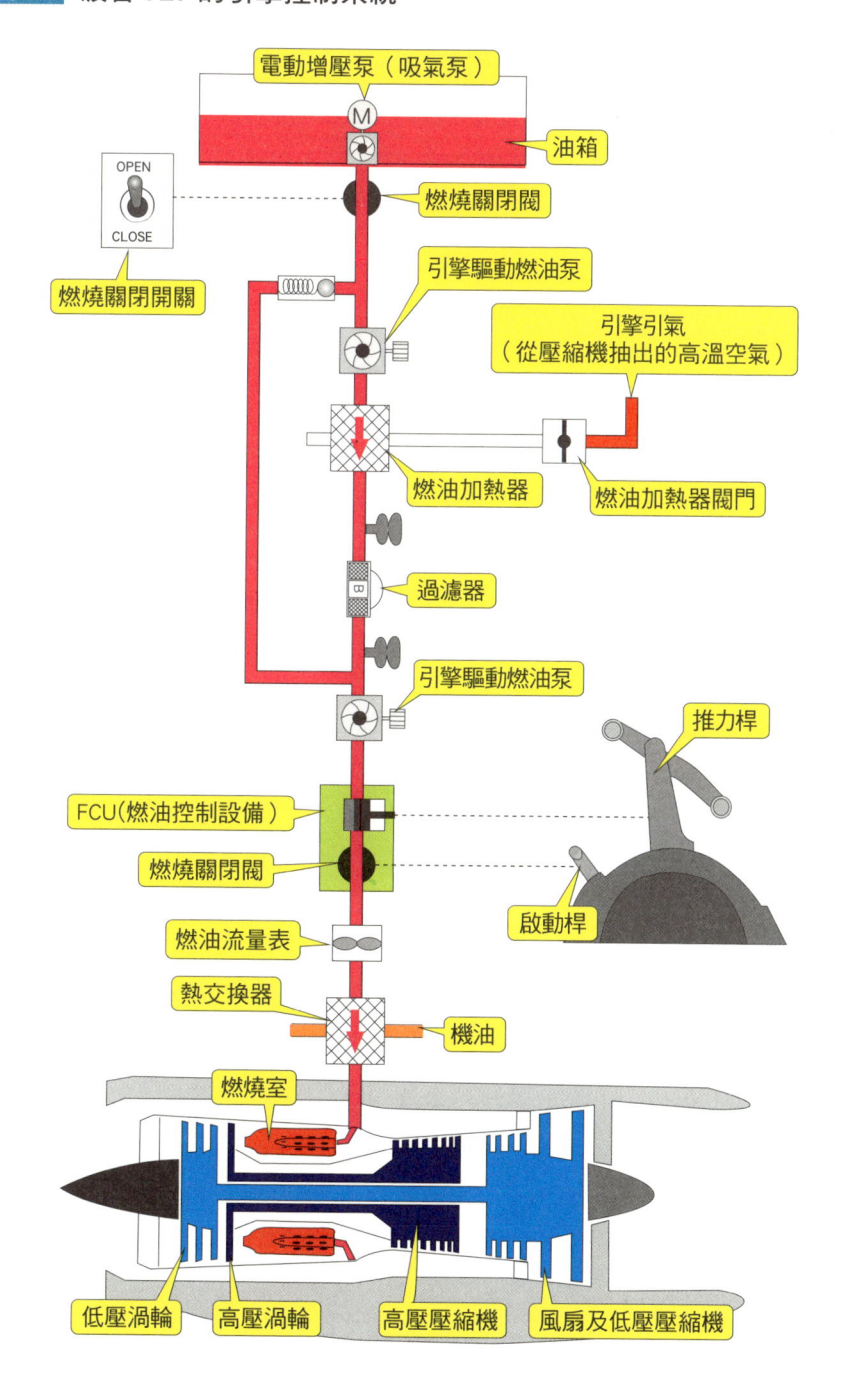

無法維持穩定的燃燒。這裡要注意的是，**空氣量和燃油流量指的是重量（質量），而不是體積。空燃比**是吸入的空氣重量與燃燒的燃油重量之比，如果太濃或太稀，都無法維持穩定的燃燒。然而，吸入的空氣重量受飛行速度、高度和外界溫度相當大的影響。

例如，10,000m高空的空氣密度是地面的3分之1，所以即使吸入與地面相同體積的空氣，它的重量也只有地面的3分之1。然而，當**以0.8馬赫飛行時，空氣將被迫進入前整流罩，因此流入引擎內部的空氣重量只有地面的2分之1。因此，燃油流量也應減少為2分之1**，而非3分之1。

如上所述，燃油流量無法簡單確定，因此燃油控制設備是一個相當複雜的系統。如**圖5-5**所示，727的引擎JT8D的燃油控制系統使用凸輪和彈簧等機械結構來確定燃油流量。其功能簡單整理如下：

- 透過吸入空氣的壓力進行控制
- 透過加減速時適當的空燃比，防止燃燒停止和壓縮機失速
- 維持穩定運轉及控制超速運轉
- 燃燒溫度控制

圖5-5所示的**P&D閥（增壓&排出閥）**是分配一次燃料和二次燃料的裝置。當引擎啟動或怠速時，只有少量的一次燃料流動，隨著輸出的增加，高壓二次燃料也會流動。它還具有在引擎停止後排出剩餘燃油的作用。順帶一提，727投入就役使用時，停機坪上有排出燃油和機油的污漬。然而，目前的引擎噴油嘴具有P&D閥的功能，並且沒有排出殘餘燃油的閥。

●壓縮機失速（Compressor stall）

有一種現象稱為**壓縮機失速（Compressor stall）**。這是由於流入的空氣和壓縮機轉速之間失去平衡，通過壓縮機的空氣變成亂流而產生脈動的現象。這種現象伴隨著巨大的「轟隆」聲，有時會有暫時性輸出能力下降，可能導致引擎停止或壓縮機葉片損壞，對引擎造成嚴重損壞。

防止壓縮機失速的方式，並非僅有控制燃油流量。對引擎而言，壓縮機軸心分為低壓用及高壓用2種，並且安裝了**抽氣閥**以便從壓縮機中段釋放空氣。透過獨立旋轉低壓軸及高壓軸加以壓縮，能夠限制每個旋轉軸的壓縮比，進而防止失速。此外，當壓縮機以低速旋轉時，與吸入的空氣量相比，壓縮機內部流動的空氣速度較慢，可以透過打開抽氣閥釋放壓縮機內空氣，讓空氣維持適當速度，預防壓縮機葉片失速。當高速旋轉而使壓縮比到達一定值時，抽氣閥就會自動關閉。

順帶一提，727中央引擎的進氣口是一個彎曲的管道，稱為**S型**

圖 5-5 **FCU（燃油控制設備）**

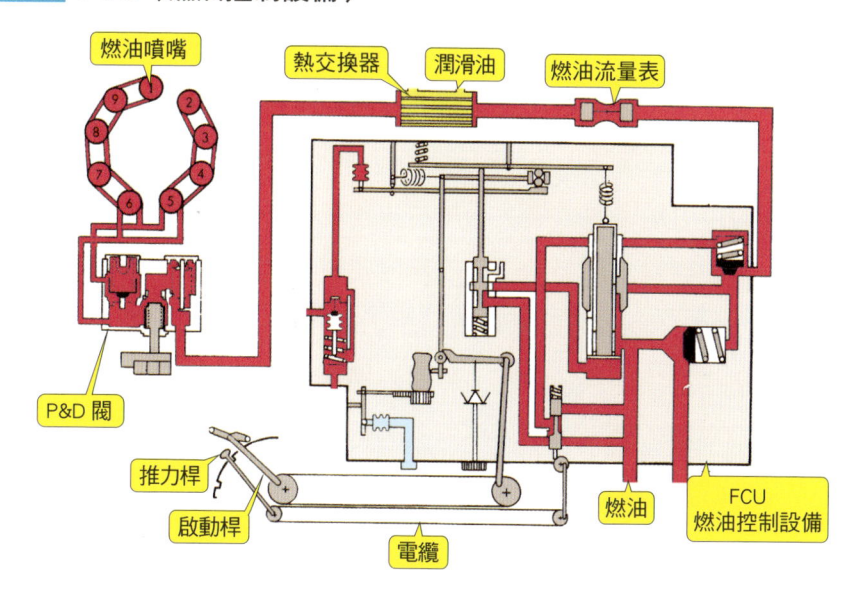

137

導管。在有側風的情況下起飛時，進入的空氣會在S型導管內產生亂流，增加失速的可能性。解決策略是在飛機開始起飛並達到一定的滑行速度後，將中央引擎設定為起飛推力。這是因為，如果讓正面風速分量大於側風分量，則流入S型導管內的空氣將不會產生亂流。

5-1-3 波音 747 引擎的操控原理

727的燃油控制設備（FCU：Fuel control unit燃油控制單元）僅控制燃油流量，但747也可控制預防壓縮機失速的設備。因此，747的燃油控制設備不稱為FCU，而是**MEC（Mail engine control，主要引擎控制系統）**（**圖5-6**）。

727的預防失速抽氣閥透過感測引擎內部的壓力差即可獨立運作，不受FCU控制。另一方面，安裝在747上的奇異CF6（General Electric CF6），其預防失速的**VBV（Variable bypass valve，可變旁通閥）**及**VSV（Variable stator vane，可變定子葉片）**由MEC控制。

VBV負責讓部分空氣旁通後排放到風扇管道，藉此讓流入高壓壓縮機的空氣維持適當速度。顧名思義，可變開關角度的分流閥安裝在高壓縮機進氣口，當高速旋轉時就會關閉。當旋轉速度降低，該開關就會漸漸打開，增加抽氣量，讓進入高壓壓縮機的空氣維持最佳速度。此外當引擎怠速時，該開關會完全打開。

VSV的作用是**透過改變定子葉片（非旋轉葉片）的安裝角度來維持轉子葉片（旋轉葉片）的適當攻角**。在壓縮機中，轉子葉片向空氣提供動能，定子葉片將動能轉換為壓力能，從而增加壓力。換句話說，**透過重複加速和減速，壓力將逐漸增加**。為了使氣流從壓縮機入口到出口都平穩流動，將根據壓縮機的轉速調節定子葉片的角度，讓轉子葉片維持適當的攻角。

第 5 章　噴射引擎的運作原理與控制系統

圖 5-6 波音 747 的引擎控制系統

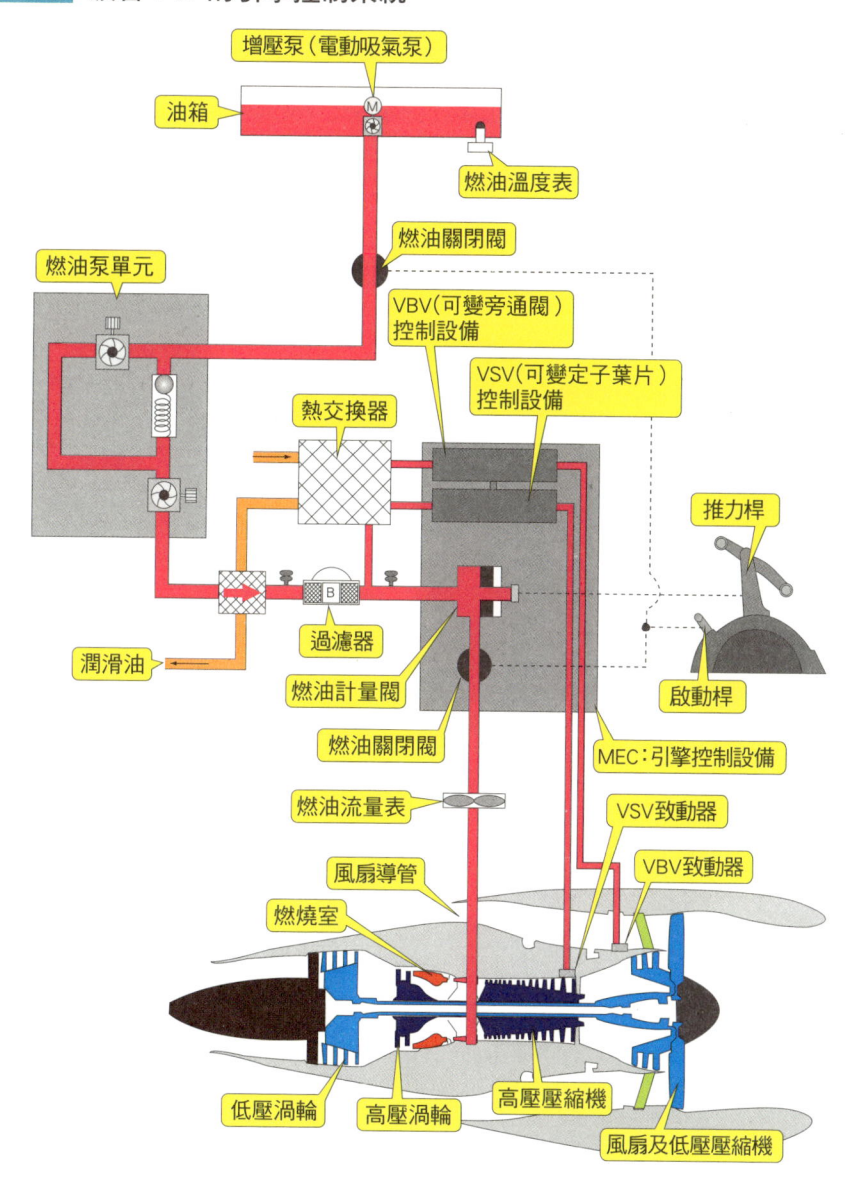

5-1-4 波音 787 引擎的操控原理

747引擎是類比控制，但787使用稱為**FADEC（全權數位發動機控制系統）**的**數位控制系統**。與類比控制相比，它不僅具有更高的控制精準度，而且在可靠性、穩定性、經濟性等各方面都更勝一籌，因此已成為引擎控制的主流。

FADEC是一個全權集中控制引擎運作各個方面的系統，包括啟動、起飛、爬升、巡航推力等設定、加速、減速和停止。該系統組成以**EEC（電子引擎控制器）**電腦為中心，包含作為電源的引擎驅動發電機、燃油計量單元（**FMU**）、失速預防裝置、啟動引擎相關裝置、以及渦輪機殼冷卻裝置（**TCC**）等。

推力桿位置被轉換成電訊號並發送到EEC。EEC根據操縱桿位置和進氣等資訊決定燃油流量，並控制燃油計量單元。

順帶一提，在類比時代，操縱桿透過電纜連接到引擎，因此引擎的振動會傳遞到操縱桿。此外，即使設定相同的推力，所有操縱桿的位置也不會完全相同。然而，透過數位控制，每個操縱桿的位置不會有落差。

與747的最大區別在於，啟動閥和點火系統由EEC控制，因此**可以自動啟動**。在類比控制時代，將燃料噴射到燃燒室的時機非常重要。這是因為如果沒有足夠的空氣流入燃燒室，就會發生燃燒異常。不過，787一切都是由EEC控制，如果發生燃燒異常，就會自動中止啟動。

TCC是一種透過將冷卻空氣吹到因熱能而膨脹的渦輪機殼體外部，藉此維持機殼內部和渦輪前端之間的最佳空隙的裝置。如果空隙太窄，渦輪機可能會碰到機殼導致封口磨損，如果空隙太寬，渦輪的效率就會降低，燃油效率就會變差。因此，EEC會根據引擎輸出量來

第 5 章 噴射引擎的運作原理與控制系統

圖 5-7 波音 787 的引擎控制系統

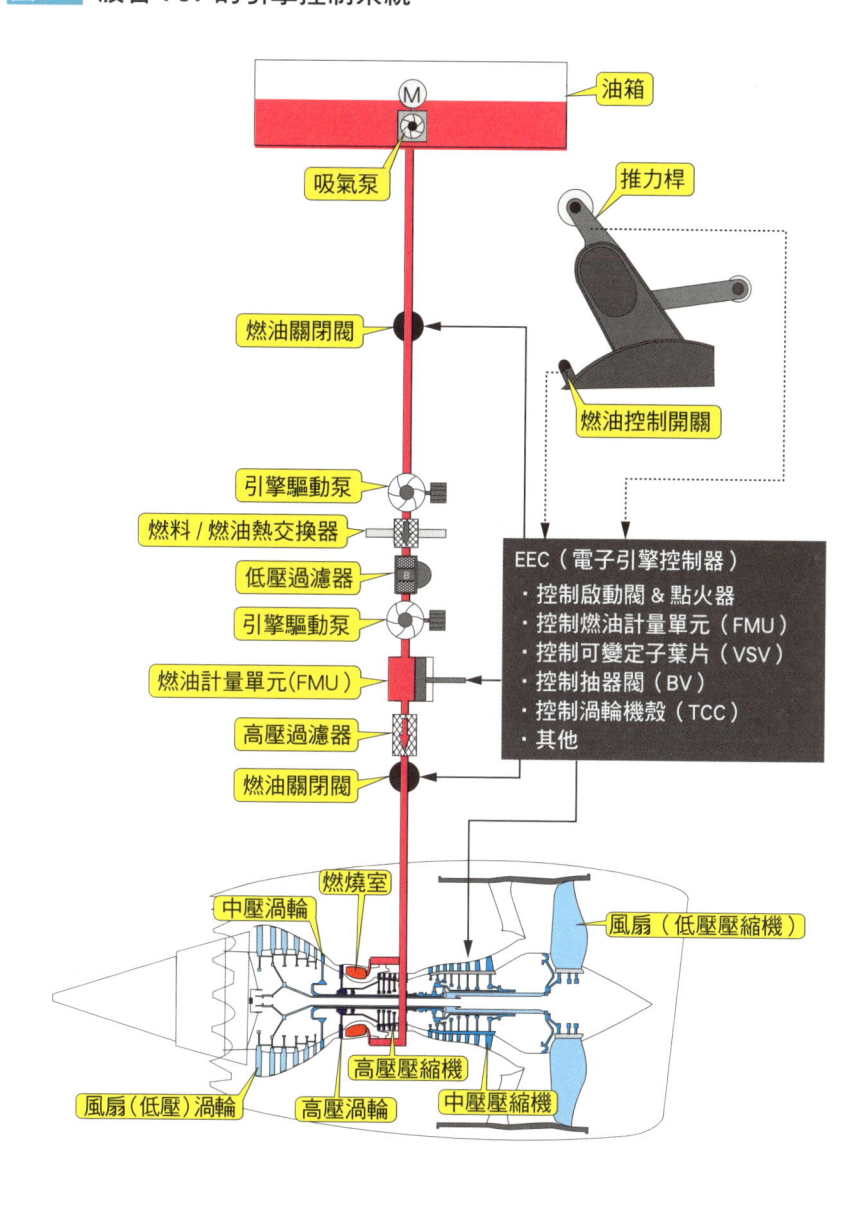

- 油箱
- 吸氣泵
- 推力桿
- 燃油關閉閥
- 燃油控制開關
- 引擎驅動泵
- 燃料 / 燃油熱交換器
- 低壓過濾器
- 引擎驅動泵
- 燃油計量單元(FMU)
- 高壓過濾器
- 燃油關閉閥

EEC（電子引擎控制器）
・控制啟動閥 & 點火器
・控制燃油計量單元（FMU）
・控制可變定子葉片（VSV）
・控制抽器閥（BV）
・控制渦輪機殼（TCC）
・其他

- 燃燒室
- 中壓渦輪
- 風扇（低壓壓縮機）
- 風扇（低壓）渦輪
- 高壓壓縮機
- 高壓渦輪
- 中壓壓縮機

冷卻渦輪機殼，維持適當的空隙。

141

5-2 燃油供給系統

油箱位於主翼上。以下讓我們來探討為什麼主翼上會裝設油箱，以及如何讓燃油送至引擎。

5-2-1 油箱

飛機機翼為箱形結構，由延伸至機翼翼端的翼梁（Spar）、沿翼梁成直角排列的翼肋（Ribs）、以及覆蓋翼梁並維持機翼形狀的蒙皮（Skin）組成。箱型結構原本的作用是為了增加抵抗作用在機翼上的「扭轉應力」和「彎曲應力」，提高機翼剛度，但這種結構使得機翼內部的空間可以用來安裝油箱。讓我們簡單計算一下它的容納量。

首先，波音747-200的機翼面積為511m²。若包括機身在內的機翼平均厚度為1m，則空間為511m³。即使一半的空間用於收納襟翼、擾流板、副翼及其執行器，也剩下511 × 0.5 ≒ 255 m³。由於1 m³ = 1,000公升，油箱的可用容量約為255,000公升，以容量200公升的油桶來計算的話，大約可容納1,200桶。

事實上，747-200 的最大燃油容量約為 210,000 公升。與計算結果相差較大的原因如圖5-8所示，還有調壓油箱等無法裝載燃油的空間。調壓油箱是暫時儲存燃油的油箱，用來防止油箱裝滿時發生熱膨脹或飛機在地面急轉彎時燃油洩漏到外部。流入調壓油箱的燃油會再返回主油箱。

此外，調壓油箱有通往外部空氣的通風口，並透過通風管（Vent line）連接到每個油箱。此排氣管的作用是讓油箱內的壓力與外部壓力相同或略高於外部壓力，以便更容易向引擎供應燃油。

例如，如果用吸管喝紙盒裡的飲料，隨著裡面的飲料量減少，紙

第 5 章 噴射引擎的運作原理與控制系統

盒會凹陷,但如果除了飲用口外,再另外開孔,則紙盒不會凹陷,吸力也會變小。油箱也是同樣原理,「吸管」是引擎的供油管路,「吸管插入口以外的孔」則是排通風管。

747的油箱分為4個**主油箱、中央油箱**和**副油箱**。如果只有一個油箱,飛機每次轉彎時都會使大量燃油移動,這不利於平衡,因此燃油系統要求獨立性,「**每個引擎的燃油必須由各自獨立的系統供應**」。因此像747這樣的四引擎飛機需要至少四個獨立油箱。

然而,為了保持每個油箱中燃油量的平衡,所有引擎都可以從任何油箱供應燃油。

圖 5-8 波音 **747** 的油箱

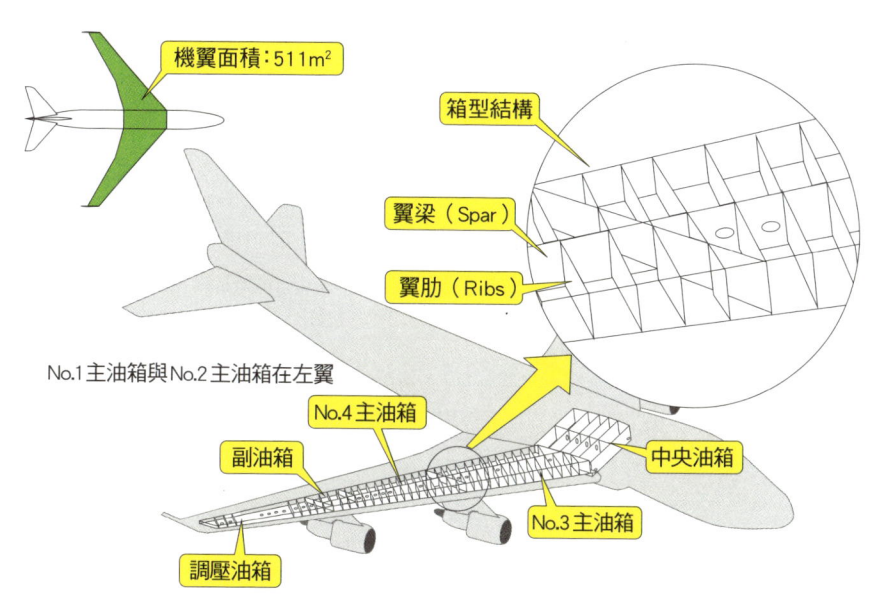

機翼面積:511m^2

箱型結構

翼梁(Spar)

翼肋(Ribs)

No.1 主油箱與 No.2 主油箱在左翼

No.4 主油箱

副油箱

中央油箱

No.3 主油箱

調壓油箱

5-2-2 波音747的燃油供應系統

如圖**5-9**所示，1、2、3、4號<u>主油箱內</u>安裝2台<u>電動吸油泵</u>及1台<u>交叉供油閥</u>。此外，<u>中央油箱</u>配備了2個比主油箱泵浦性能更好的油泵。副油箱內裝有輸送閥，能將燃油輸送至1號及4號油箱。透過操作這些泵浦和交叉供油閥，可以將燃油從任一油箱供應到任一引擎。

在**圖5-9**的示例中，為了優先使用中央油箱的燃油，將中央油箱和2號、3號油箱中的泵浦都打開，所有交叉供油閥也都打開，表示正在對所有引擎供應燃油。此外，沒有著色的泵浦代表已經關閉。之所以開啟2號、3號油箱內的泵浦，是因為當中央油箱內的燃油即將用完或故障時，2號及3號油箱就能夠不中斷地持續為所有引擎提供燃油。

那麼，為什麼要在中央油箱安裝性能較佳的泵浦，優先使用該燃油呢？讓我們來思考一下原因。

支撐飛機重量的<u>升力</u>會產生將機翼向上拉的作用力。另一方面，別忘了還有向下拉扯的<u>重力</u>。換句話說，<u>夾在升力與重力中間的機翼</u>

圖5-9 燃油供應系統

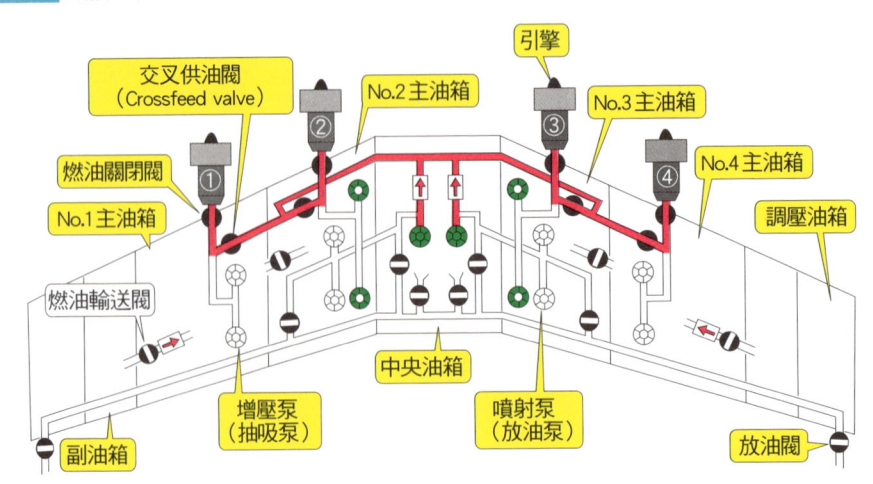

第 5 章　噴射引擎的運作原理與控制系統

根部承受著相當大的彎曲應力。如果機翼根部強度發生問題，那麼機翼就「大事不妙」了。

如**圖5-10**所示，如果747的最大總重為378噸，但機翼中沒有裝載燃油，用簡單的計算方式即可得出有189噸的彎曲應力作用在機翼上。另一方面，如果機翼中有燃油，則作用力將減少到130噸。由此可知，**在機翼沒有燃料時彎曲應力最大，因此最好盡可能將多的燃油留在機翼中，先使用靠近機身的燃油。**

另外，為了確保機翼根部強度，機翼未裝載燃油時的重量稱為**零燃油重量**，且有所限制。雖然飛機在飛行過程中永遠不會耗盡燃油，但如果在**最大零燃油重量**之下，則可以確保能夠承受重複負載。

此外，懸掛在機翼上的引擎也有助於減少作用在機翼根部的力。引擎距離翼尖愈近，效果愈好，但實際安裝位置需考慮當引擎故障，在推力不對稱下的飛行控制（引擎位置愈靠近翼尖，偏航力矩的影響愈大）等狀況。

圖5-10 **作用於機翼根部的力**

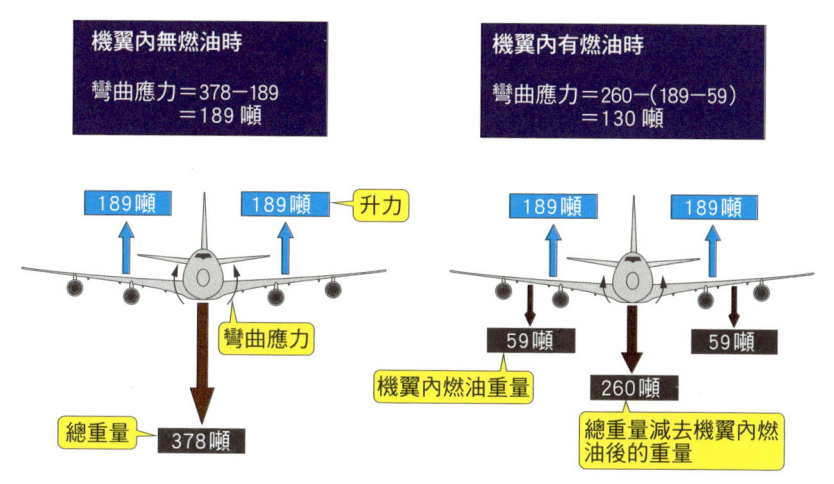

機翼內無燃油時
彎曲應力＝378－189
　　　　＝189噸

機翼內有燃油時
彎曲應力＝260－(189－59)
　　　　＝130噸

189噸　189噸　升力
彎曲應力
總重量　378噸

189噸　189噸
59噸　59噸
機翼內燃油重量
260噸
總重量減去機翼內燃油後的重量

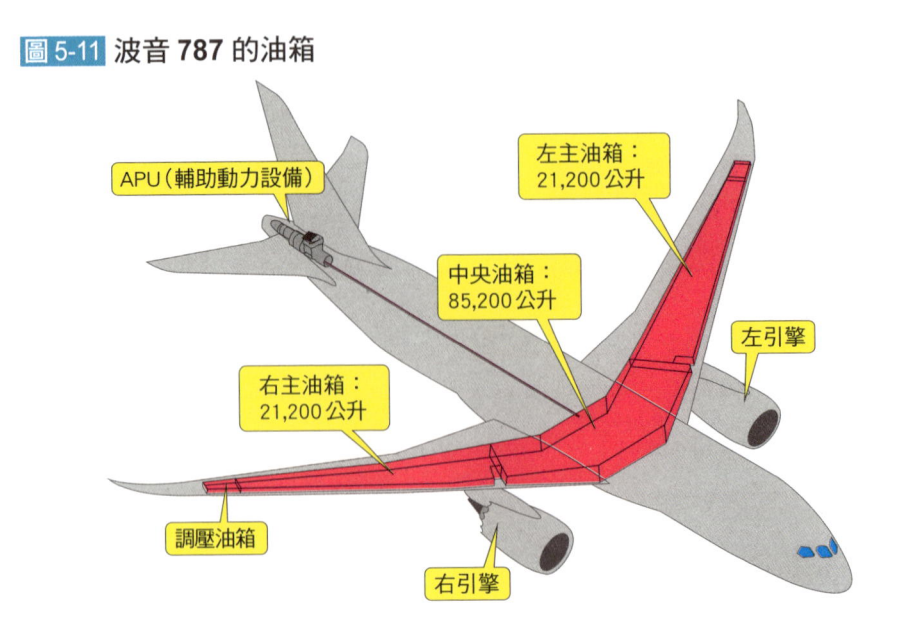

5-2-3 波音787的燃油供應系統

雙引擎飛機787如**圖5-11**所示，左右機翼內各有2個主油箱，透過獨立的系統分別向左右引擎供油。中央機翼內有一個中央油箱，翼尖則有一個調壓油箱。

調壓油箱的作用與747上的相同。若燃油熱膨脹超過2%或因滑行時突然轉彎等，燃油可能會從各油箱流入調壓油箱。但起飛後，由於燃油消耗使得油箱不再滿載，或是在空中因為升力拉起，使翼尖向上翹區，這時「就算為了**轉彎**而傾斜，燃油也不會再流入調壓油箱內」。另外，判定可能因2%的熱膨脹而流入調壓油箱，是因為油箱根據「須有油箱容量2%以上的剩餘量」的規定而設計。

題外話，在過去，在727開始實機訓練前的停機坪內，為了更換磨損的輪胎而將右側起落架用千斤頂抬高，由於當下油箱處於滿油狀態，筆者曾經遇過從左翼尖漏出燃油的狀況。

圖 5-11 波音787的油箱

- APU（輔助動力設備）
- 左主油箱：21,200公升
- 中央油箱：85,200公升
- 左引擎
- 右主油箱：21,200公升
- 調壓油箱
- 右引擎

第 5 章　噴射引擎的運作原理與控制系統

圖 5-12 波音 787 的燃油供應系統

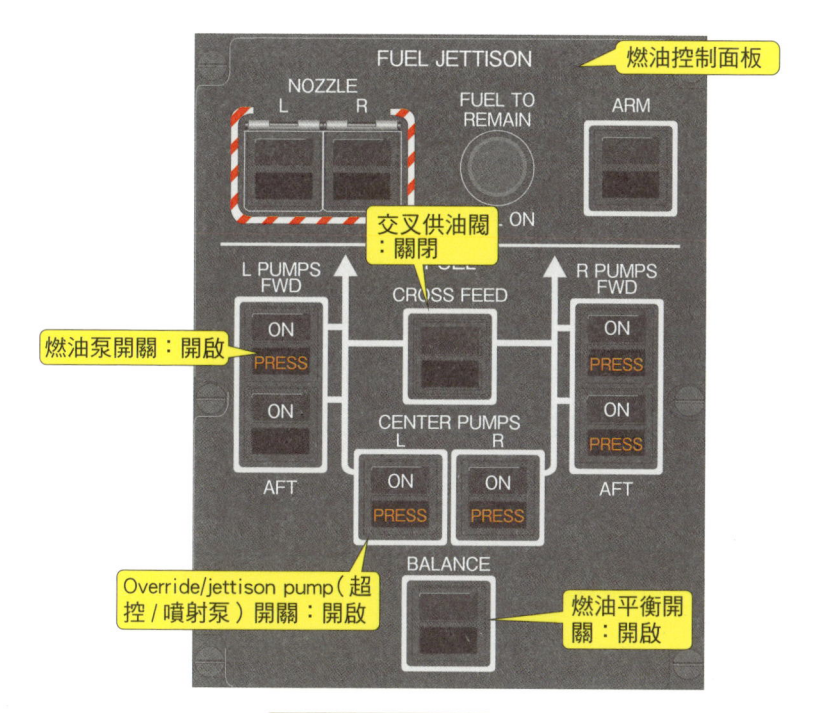

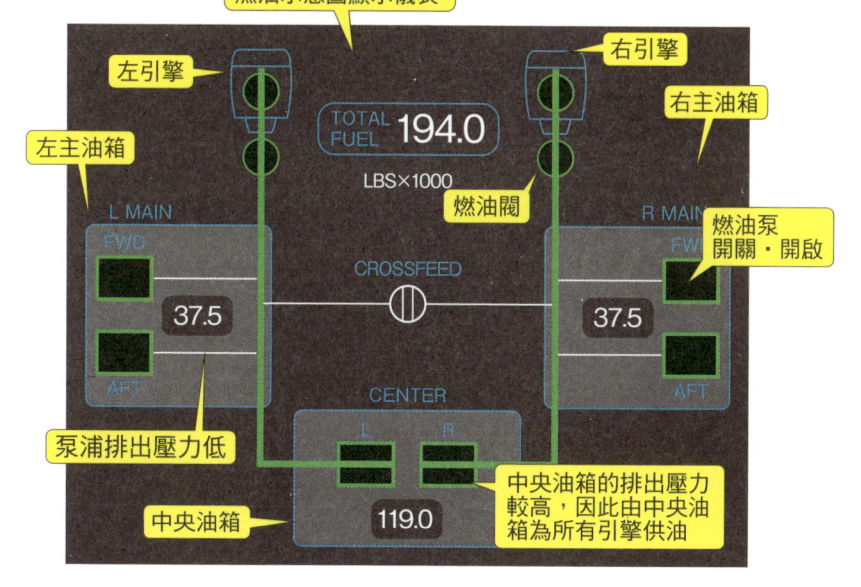

如**圖5-12**所示，每個油箱內各有2個電動燃油泵浦。雖然可以只用1台泵浦向引擎供油，但這樣的配置可以在一台泵浦發生故障時充當輔助泵浦。此外，即使兩個泵浦都處於非作用狀態，2個引擎驅動燃油泵（見**圖5-7**）也可以從油箱吸入和供應燃油（抽吸供油）。

而且與747一樣的是，中央油箱中的泵浦排出壓力設定為高於左右主油箱中的泵浦，因此會優先供應中央油箱中的燃油。雖然這些泵浦使用交流電運作，但向APU（輔助動力設備）提供燃料的泵浦是使用電池運行的直流泵浦，因此即使在沒有電源的情況下也可以啟動。

當左右油箱內的燃油量有落差，開啟燃油平衡開關就能自動消除差異。即使推力桿位置相同，每個推力桿的燃油流量也不完全相同。因此隨著時間的推移，左右油箱的燃油量就會出現差異。另外，如果引擎發生故障，故障引擎側的油箱不會被消耗燃油，如此也會產生落差。直到747為止，都是一邊確認油箱內燃油量，一邊以手動開關泵浦，同時操作交叉供油閥，將燃油量差異降低。

圖5-13是空中巴士A350的燃油供應系統，在此做為參考。它與787基本相同，但泵浦的運作方式不同。機翼油箱內的泵浦只有主泵浦在運行，如果主泵浦故障，備用泵浦將自動接替。另外，中央油箱中的2個泵浦基本上是分別對不同引擎供油。不過，它也可以透過打開或關閉交叉供應閥來供應到任一引擎。

另外，787將引擎和油箱分為左（右）引擎、以及左（右）油箱，名稱均加上「左右」，但A350的油箱名稱以「左右」命名，引擎則以「No.1及No.2」稱之。

第 5 章 噴射引擎的運作原理與控制系統

圖 5-13 空中巴士 A350 的燃油供應系統

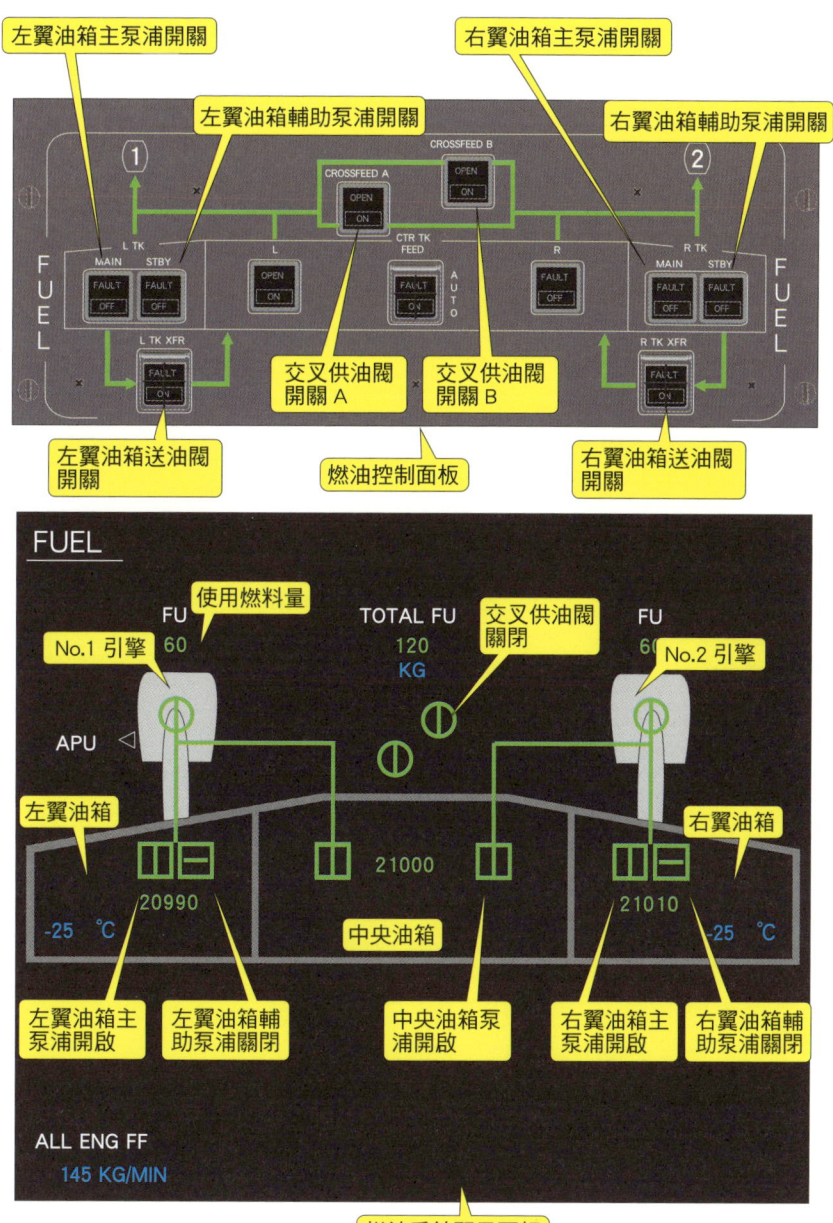

5-3 引擎顯示儀表

以下讓我們了解一下引擎需要什麼樣的**儀表**顯示，以及它們發揮什麼作用。

5-3-1 引擎顯示儀表的作用

讓我們以汽車為例，來了解為什麼需要**引擎顯示儀表**。汽車具有與引擎相關的儀表及顯示功能，例如轉速表、水溫表、液壓警報燈、自排車排檔桿位置顯示等。

轉速表是指示引擎每分鐘轉數的儀表。儘管某些車型沒有轉速表，但像是賽車以引擎最大性能行駛時，轉速表必不可少。此外，手排車為了平穩換檔，需要轉速表輔助，而自排車在陡峭的下坡路段降檔時，如果有轉速表也會較讓人放心。

水溫表用來監測引擎冷卻液的溫度。如果水溫表達到危險溫度，不僅需要將車子停在安全的地方讓引擎休息，可能還需補充冷卻液。液壓警報燈亮時，代表引擎潤滑功能出現異常，例如燃油量不足、或是抽吸泵浦故障等，有時可能伴隨水溫表升高。如果無視警告繼續行駛，引擎有可能失靈而突然停止運作。

由上可知，引擎儀表以及顯示功能的作用是

- 為了了解引擎運轉狀況
- 為了讓引擎在限制內運作
- 透過監控引擎，提前預測異常
- 了解發生異常的原因

第 5 章 噴射引擎的運作原理與控制系統

等。在限制範圍內駕駛對於延長引擎的使用壽命非常重要。此外，如果可以預測異常狀況，就可以在發生故障之前採取對策。即使出現異常，只要知道原因，就可以採取適當的維護措施。

飛機也是如此，但**即使出現問題也不可能讓飛機在空中暫時停止**，所以大前提是「優先保持飛行（Fly First）」。在**維護安全飛行的同時，要了解故障部位及其原因，及時採取相應的操作措施，以防止二次故障**。

圖5-14是波音727引擎顯示儀表的示例。由於該引擎是雙軸式壓縮機，因此有低壓壓縮機的**轉速N_1表**，以及高壓壓縮機的**轉速N_2表**。另外，如果是3軸式引擎，則會增加N_3表。**EGT表**是指示引擎廢氣溫度的儀表。**燃油流量表**是指示單位時間內流動燃油重量的儀表。

飛機與汽車最大的差異是有一個儀表（圖例為EPR儀表）來**測量起飛推力等的大小**。汽車通行的道路上沒有爬不上去的斜坡，因此就算不知道引擎輸出量，也可以行駛。然而，航線的設定並非讓駕駛在

圖5-14 測量的地方是那裡？

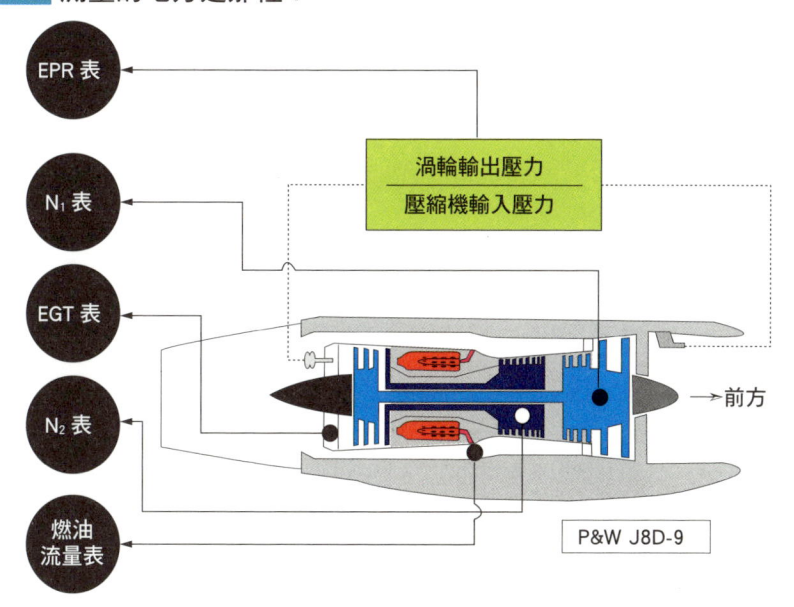

不了解的情況下放心飛行。因此，需要**根據空氣狀態及推力大小，計算出起飛距離以及可能飛行高度**，然後透過儀表確認**實際飛行過程能夠按照預定推力運行**。

5-3-2 N₂ 表

首先來看只是**高壓壓縮機**轉速的**N₂表**。不僅N₂表，噴射引擎轉速表的單位也以**參考轉速的百分比表示，即%**。例如**圖5-15**所示的JT8D引擎，其最高轉速限制為12,250rpm，被設定為參考標準，為100%。以百分比表示的原因是，在尺寸有限的儀表板上很難顯示從零到10,000轉或更多的數值，而且最重要的是便於飛行員讀取。

N₂表不僅監測引擎的運作狀態，還可以在**啟動引擎時了解燃油噴射時機**。啟動噴射引擎需要壓縮空氣的時間，因此無法像活塞引擎那樣在幾秒鐘內完成。當**啟動器**開始旋轉高壓壓縮機時，空氣會經由進氣口流入引擎。空氣在壓縮的同時到達燃燒室，但如果在空氣量不足的情況下噴射燃油，可能會導致異常燃燒，稱為**熱啟動**。因此，在獲得充足的壓縮空氣前，需要有啟動器的幫助。

該引擎能夠送出足夠燃燒的壓縮空氣轉速為20% N₂。因此當**N₂表指示為20%時，代表可以操作打開對燃燒室噴射燃油的閥門**。此時rpm顯示為2,450 rpm，但是**以百分比顯示更容易操作**（**圖5-15**）。

● 目前轉速表發電機的頻率以數位方式轉換為轉速

N₂表的感應器安裝在**輔助變速箱**內，該裝置機械連接到高壓壓縮機的旋轉軸和驅動軸，以驅動燃油泵、液壓泵和發電機等輔助設備（**圖5-15**）。透過**轉速表發電機（Tachometer generator）**的電力讓儀表內的**同步馬達**旋轉。如果同步馬達與指針同軸，則儀表指針將以

第 5 章　噴射引擎的運作原理與控制系統

與馬達相同的速度旋轉。因此，需要有控制指針的裝置，該裝置就是一個內置永久性磁鐵的鋁製托杯。

　　與同步馬達同軸的永久性磁鐵在托杯內旋轉時，會產生渦電流。這與各家庭的積分電力表的圓形鋁板旋轉的原理相同，作用力會讓托杯旋轉。由於該作用力與壓縮機轉數成正比，與托杯同軸的儀表指針也會往同方向旋轉，並停在旋轉力與平衡彈簧平衡的角度，該處即為指示轉速。

　　波音747-200 也有幾乎相同的機制，但目前它不再是主流。除了儀表中大量機械驅動零件帶來的維護成本等問題外，最大的原因是採用了整合顯示系統取代單一顯示儀表。為了在畫面上以顯示數值、或在儀表上顯示圖形，測出的類比資料必須進行數位處理。為此採用一種將轉速表發電機產生的頻率數位轉換為轉速。除了利用頻率外，它還向EEC（電子引擎控制設備）提供電力。

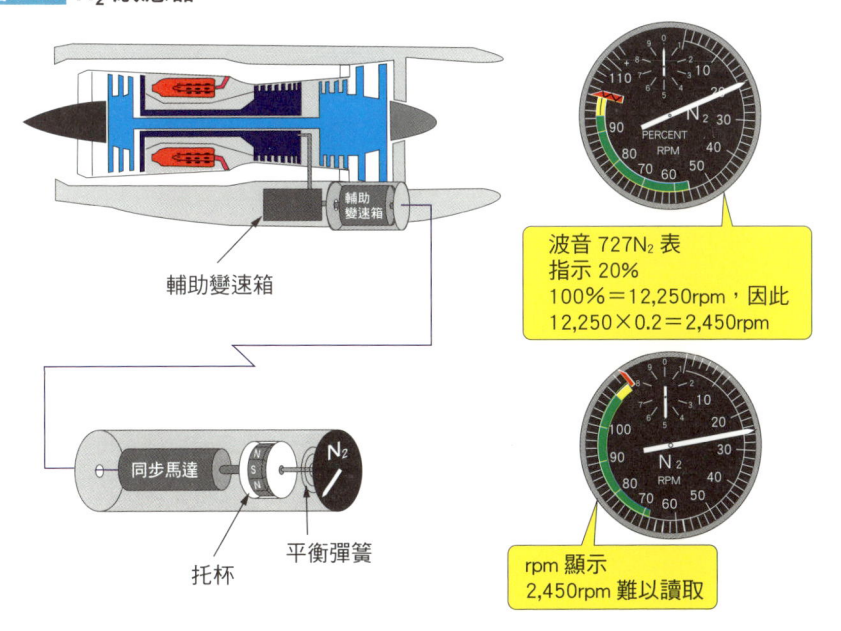

圖 5-15　N_2 感應器

輔助變速箱

托杯　　平衡彈簧

波音 727 N_2 表
指示 20%
100%＝12,250rpm，因此
12,250×0.2＝2,450rpm

rpm 顯示
2,450rpm 難以讀取

5-3-3 N₁ 表

N₁表是**指示風扇和低壓壓縮機轉速**的儀表。除了用來監控運轉狀況，還有一個引擎具備設定推力的功能。

原因如**圖5-16**的奇異CF6-50E2引擎所示，當引擎具有較大旁通比時，EPR（引擎壓力比）不再與推力成線性比例。由於風扇產生的推力占總推力的80%以上，而N₁轉速幾乎與推力成線性比例，因此**使用現有的N₁表作為推力設定儀表。**

配備RR（勞斯萊斯）特倫特引擎的波音787，使用了名為**TPR（渦輪風扇功率比）**的專用推力設定儀表。TPR儀表根據高壓壓縮機出口壓力、排氣溫度、進氣全溫度、總壓力等計算並指示與推力成比例的參數，它沒有單位。順帶一提，空中巴士A350和A380使用了一種運用TPR功能的儀表，稱為**THR（推力）**。THR設定最大起飛推力為100%，用來指示當下輸出為最大推力的多少%。

圖5-16 N₁ 與推力

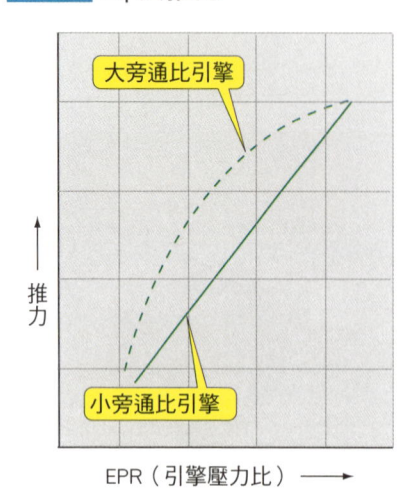

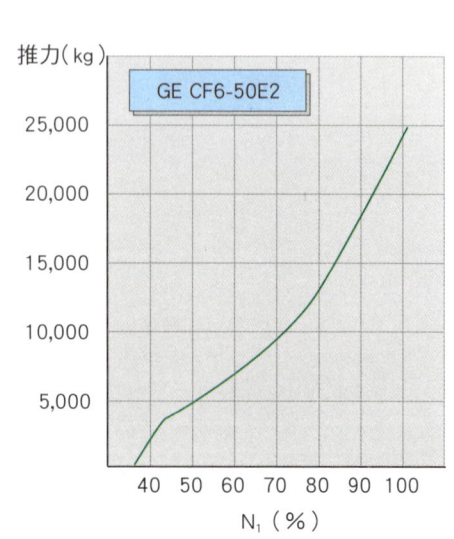

第 5 章　噴射引擎的運作原理與控制系統

如圖**5-17**所示，N_1表的感應器是利用**風扇葉片**改變**磁通量**時，線圈中產生的感應電流。使用非接觸式感應器的原因是風扇和低壓壓縮機的旋轉軸穿過高壓壓縮機的內部，因此不能像N_2表那樣使用傳動軸。優點是「不會對旋轉造成負擔」且「不需要電源」，但缺點是低轉速時會產生噪音。因此，該引擎無法測量低於7%（約240轉/分）的風扇轉速。所以實務上當啟動引擎時，儀表會**突然從零指示到8%～10%**。

目前用於彌補此缺點的方式，是採用**MR（磁電阻元件）感應器**。利用依照磁場變化而改變電磁組的半導體，捕捉通過風扇葉片時磁場變化帶來的電壓改變，用以測量轉速。

圖5-17　N_1感應器

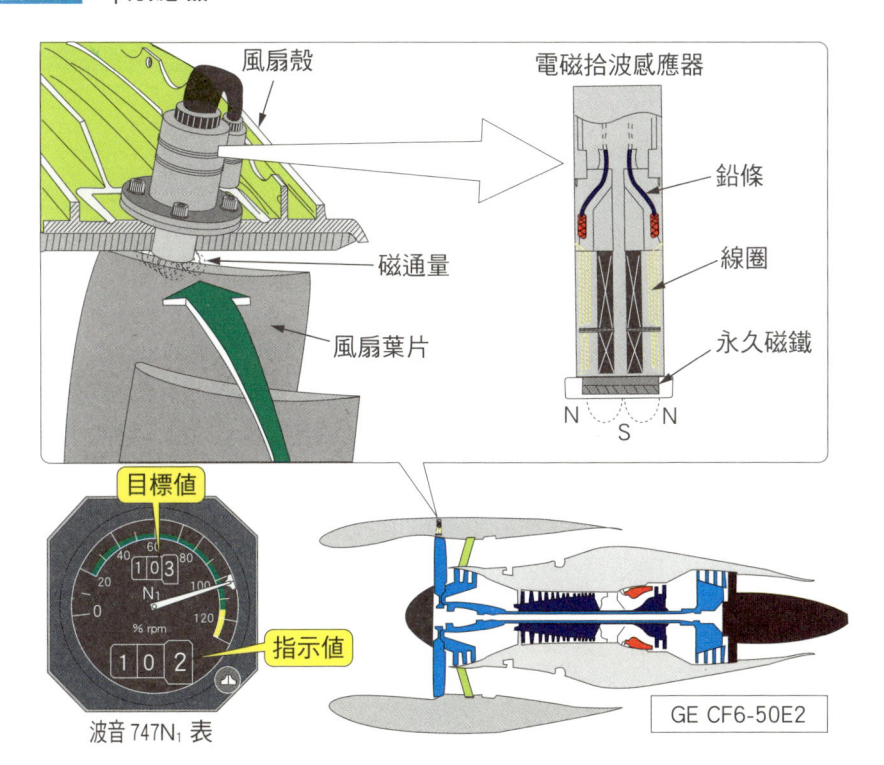

5-3-4 燃油流量表

燃油流量表是一種質量流量計，其單位是每小時噴入燃燒室的燃油重量（磅/小時、kg/小時）。以下來探討為什麼它是質量流量計以及它的運作原理。

引擎吸入的空氣量和噴射的燃油量（體積），會因溫度和壓力的不同而有很大變化，因此**空氣與燃油的比例是以重量為基準，而非體積**。換句話說，**對於吸入空氣的重量，需知道的是燃燒的燃油重量**。而透過由起飛重量中減去燃油流量表指示的燃油重量，也能夠算出飛行中的重量。飛行重量對臨界速度、臨界高度等也有很大影響，所以需要了解飛行中的重量。

如**圖5-18**所示，泵浦抽送的燃油對**葉輪（Impeller）**產生旋轉運動，而**渦輪**為了恢復該運動量需對其施力，燃油流量感應器就是透過測量該施力，計算出質量流量。

圖5-18 燃油流量感應器

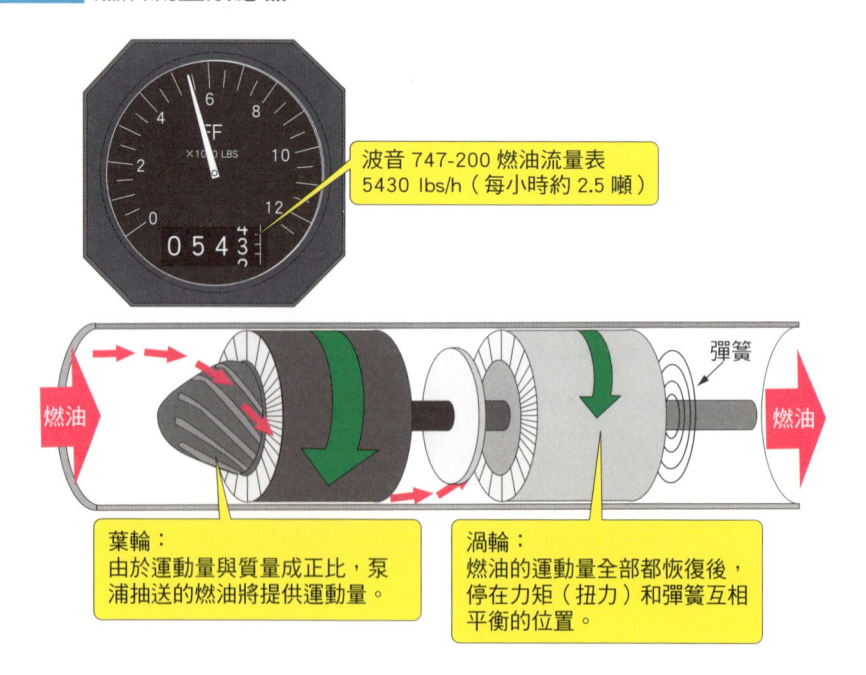

波音 747-200 燃油流量表
5430 lbs/h（每小時約 2.5 噸）

彈簧

燃油

燃油

葉輪：
由於運動量與質量成正比，泵浦抽送的燃油將提供運動量。

渦輪：
燃油的運動量全部都恢復後，停在力矩（扭力）和彈簧互相平衡的位置。

第 5 章　噴射引擎的運作原理與控制系統

5-3-5 EGT（排氣溫度）表

在活塞引擎中，壓縮、燃燒和排氣等所有過程都發生在汽缸內。然而，噴射引擎的每個組件都有各自的作用，因此有像渦輪這樣運作環境惡劣的組件，不斷地被來自燃燒室的高溫、高壓氣體噴吹，並且必須高速旋轉。

從燃燒室吹入第一渦輪的氣體溫度，即**渦輪入口溫度（TIT）**，它不僅影響引擎的壽命，而且會因渦輪葉片變形或損壞，進而導致嚴重故障。雖然因此希望能測量TIT，但由於高溫以及感應器材質等問題，許多引擎測量的是低壓渦輪入口的溫度。有些引擎將測量氣體溫度的位置稱為**TGT（渦輪氣體溫度）**。不過，似乎很多引擎都沿用舊名稱**EGT**。如**圖5-19**所示，**EGT在操作上有一個不可超過的極限值**。

圖5-19 EGT 感應器

低壓渦輪入口處的多個位置安裝了2組熱電偶感測器，用於測量平均廢氣溫度。

熱電偶（Thermocouple）：利用兩種金屬線電路中兩個接點之間的溫差所產生的電力來感測溫度的溫度感應器。

限制 EGT	啟動	起飛
JT8D-9	420°C	590°C
CF6-50E2	750°C	945°C
GE90-115B	750°C	1,090°C
TRENT100A	700°C	900°C

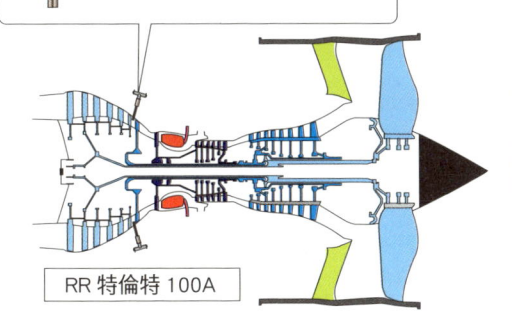

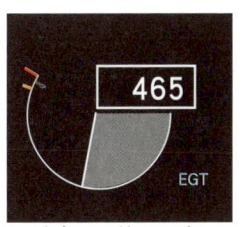

RR 特倫特 100A

波音 787 的 EGT 表

465　EGT

157

圖 5-20 波音 727 的引擎顯示儀表

第 5 章　噴射引擎的運作原理與控制系統

圖 5-21 波音 747 的引擎顯示儀表

起飛時引擎儀表指示
所有儀表指示方向均相同，很容易發現引擎故障。

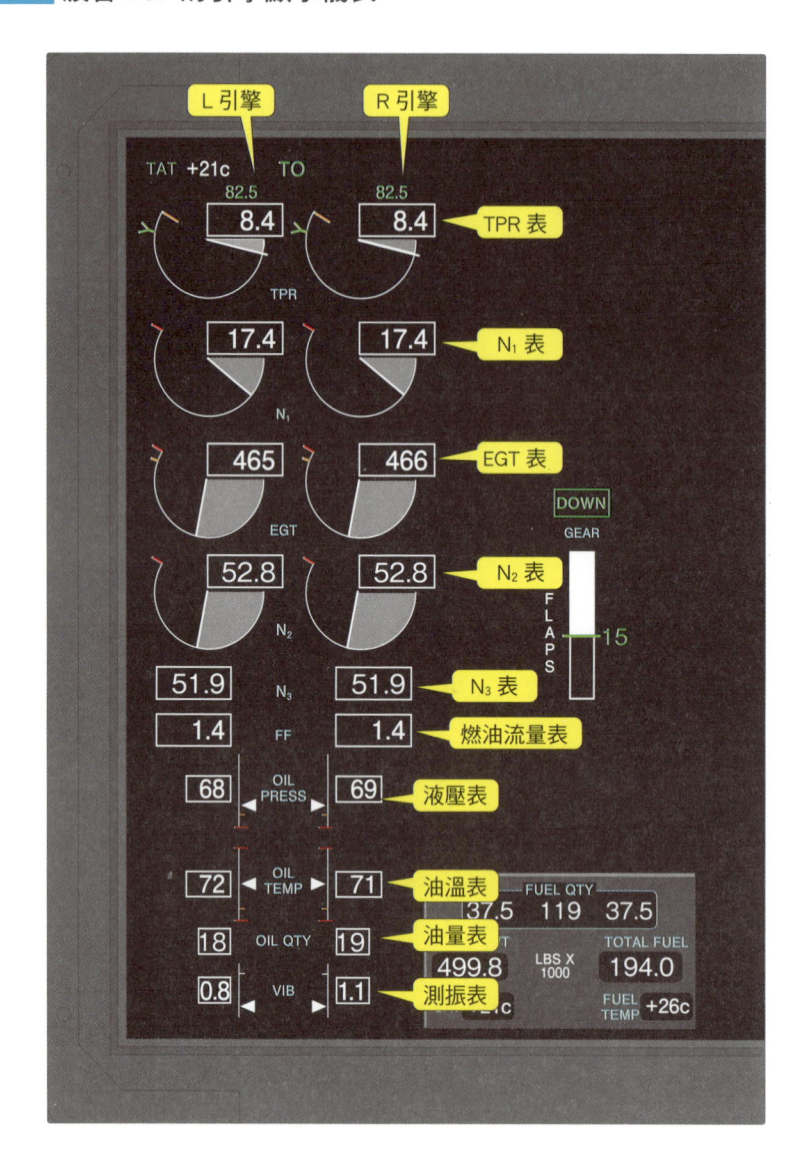

圖 5-22 波音 787 的引擎顯示儀表

圖 5-23 空中巴士 A350 的引擎顯示儀表

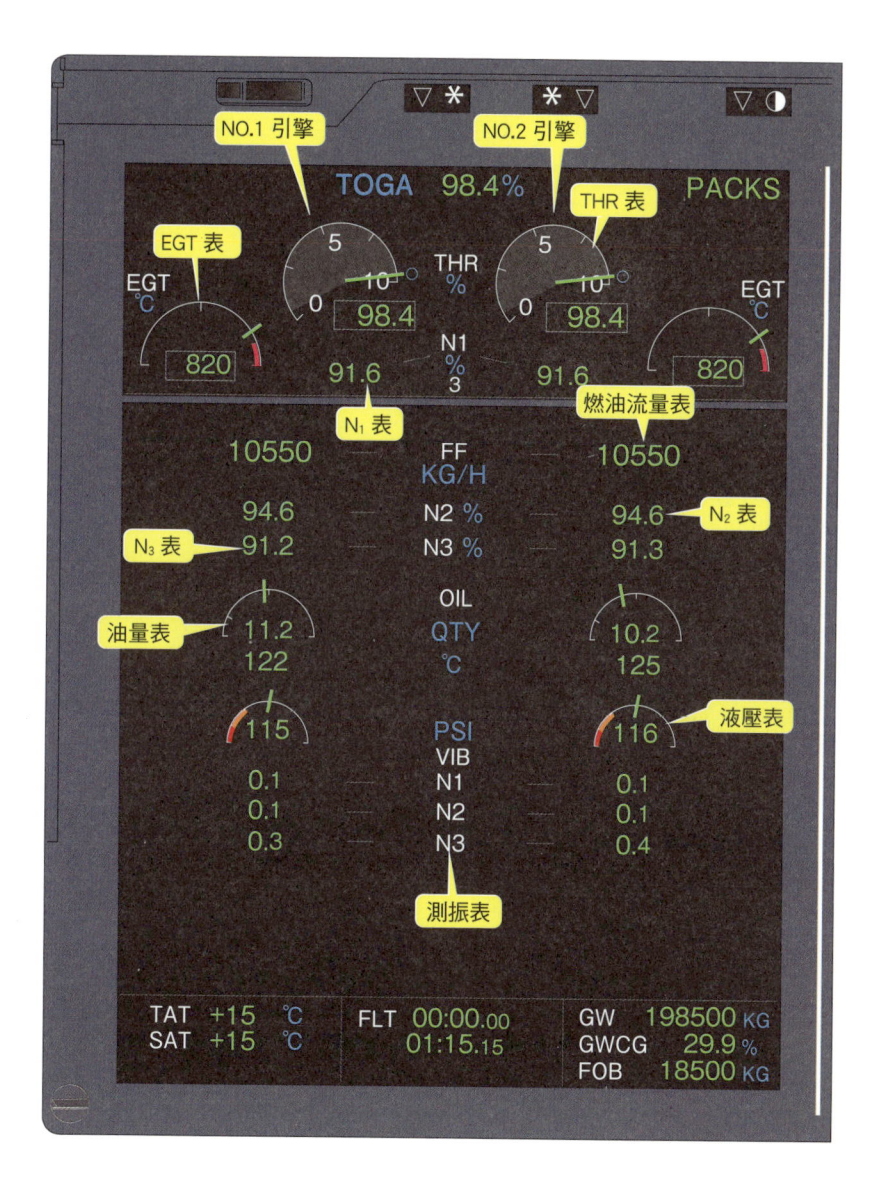

專欄 5　時刻表上所需時間的過去與現在

　　作為日本國內航線的主要噴射客機，甚至成為歌曲主題的波音727，**以其速度而聞名**。例如當時的時刻表顯示東京到大阪所需時間為55分鐘，重點是不到1小時。當時螺旋槳飛機需1小時50分鐘，而新幹線需3小時10分鐘，相較之下噴射客機只需要55分鐘，就可知道速度有多快。

　　55分鐘旅程的巡航速度設定為380節的指示空速。380節的指示空速意味著20,000英尺巡航高度的真實空速為500節，無風地速為930 km/h。以如此高的速度飛行，擋風玻璃的風切聲很大，筆者還記得在駕駛艙裡，說話的聲音比平常更大。

　　其後，我們又從看著飛機「嘎吱嘎吱」噴出黑煙而起飛的樣子覺得很「可靠」的年代，進入到重視噪音、NOx（碳氧化物）等環境問題的年代。而安靜又不冒黑煙，搭載大型渦輪風扇引擎的波音747飛機就成了日本國內航線主要就航的噴射客機。

　　747首次投入航線時，東京到大阪之間的巡航速度設定為指示空速340節，時刻表顯示需要1小時。不久之後，在提倡節能的時代背景下，開發了PMS。PMS並非以時間為優先，在考量整體營運成本下，經濟速度（ECON速度）由此而生。該經濟速度約為指示空速300節，所以東京到大阪的所需時間變成1小時10分鐘。

　　接著在高速飛行下燃油消耗量仍少的波音787登場。透過採用升阻比（升力與阻力之比值）較大的機翼提高飛機機身的空氣動力特性，不使用引擎壓縮空氣進行空氣調節，藉此提高引擎性能，**實現了高速飛行以及低油耗兩者共存**。隨著引進787，東京到大阪在時刻表上顯示的所需時間變成1小時5分鐘。

第 6 章

電力系統

波音 747 的電力控制面板

電力系統是將產生的電力分配到各種機械設備並加以管理。讓我們先來看看它是一個什麼樣的系統。

6-1 發電機

飛機的發電機是三相交流發電機。我們來看看它的運作原理。

6-1-1 直流電和交流電

直流發電機是螺旋槳飛機的主要電源，但在噴射客機時代，交流發電機已成為主流。要知道改變的原因，首先先來看看直流電和交流電的特性。

電流是「電（自由電子）的流動」，電壓是「推出電的力」。如圖6-1所示，當電壓恆定，電流僅沿一個方向流動時，稱為直流電（DC：Direct current），當電壓在固定周期內正負切換流動時，就稱為交流電（AC：（Alternate current）。

噴射客機使用交流發電機，是因為它「能產生高電壓」「易於變壓和整流」「所需配線量較少」以及「能降低維護成本」，如圖6-1所示。

電力是電子設備運轉所需的能量，（電力）=（電壓）x（電流）。從這個公式可知，大型馬達等需要大量電力的設備，可以透過提高電壓和降低電流來使電線變細。換句話說，能夠減少配線的總重量。

自早期採用噴射客機以來，標準電壓為115V，頻率為400Hz。電壓之所以為115V，是因為除了115V之外，還可以得到200V的電壓，如圖6-2所示。另外，頻率之所以為400Hz，比一般家庭的50Hz或60Hz高，是因為頻率愈高，電線可以愈細。這讓需要線圈的設備如發電機、變壓器和馬達等，都能變得更小、更輕。

交流發電機的電力供應給大型馬達、泵浦、照明、機艙廚房內的

電子設備等,但噴射客機不僅需要交流電,也需要直流電。手機和筆記型電腦僅依靠電池提供的直流電運作,而飛機上也有許多電子設備靠直流電運行,例如無線電和控制設備等。因此需使用變壓整流器（TRU）將其轉換為直流電供應。

飛機也配備了蓄電池。但在飛機開機時,電池處於充電模式,正常飛行時不供電。然而,如果所有交流發電機都無法使用,那麼機長位置的姿態儀及指南針等飛行所需的最低限度設備,可透過逆變器（Inverter）將電池的直流電轉換為交流電供電使用。

此外,當以牽引車將飛機從機庫牽引至登機口時,在地面移動所需的電力設備和電子設備,如無線電、飛機內外對講機、燃油補給設備、機內最低照明以及顯示翼尖的航行燈等都需要供電。

圖 6-1 直流電與交流電

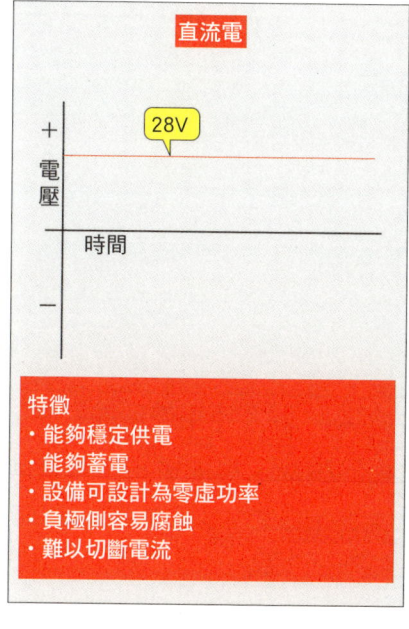

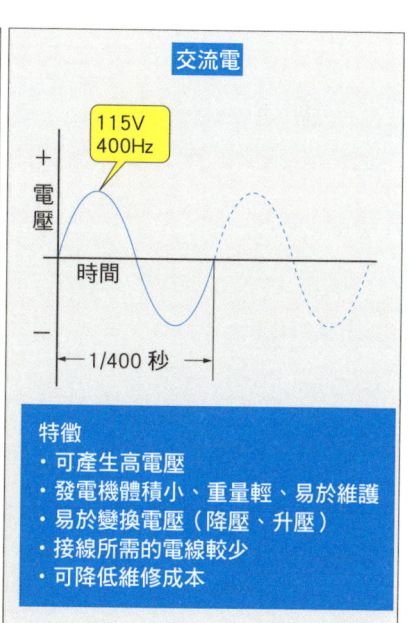

直流電

28V

特徵
- 能夠穩定供電
- 能夠蓄電
- 設備可設計為零虛功率
- 負極側容易腐蝕
- 難以切斷電流

交流電

115V 400Hz

1/400 秒

特徵
- 可產生高電壓
- 發電機體積小、重量輕、易於維護
- 易於變換電壓（降壓、升壓）
- 接線所需的電線較少
- 可降低維修成本

6-1-2 三相交流發電機

發電機是將機械能轉換為電能的裝置。噴射客機利用的是噴射引擎的旋轉能量。以下來看看它的運作原理。

發電機的原理是利用**電磁感應**現象，當磁鐵在由導線繞成的圓柱型線圈附近旋轉時，電流就會流過導線。反之，當線圈中有電流通過時，就會產生磁場（變成電磁鐵），該磁場和旋轉軸上的磁鐵會因為吸引力和排斥力而旋轉，形成發動機。換句話說，相同設備下，在旋轉軸上旋轉磁鐵就是發電機，而電流通過線圈讓磁鐵轉動就變成發動機。

圖6-2是安裝在波音727上的**三相交流發電機**示意圖。如圖所示，中間有一個**轉子**，分別由2個**定子**蓋住。

位於圖片上方的定子上的**主發電機輸出電樞繞組**是由纏繞在鐵針上的三個導線線圈互相錯開120°連接成星形的裝置，用於產生主電源。圖中中間所示的轉子側主發電機的**磁場繞組**是產生磁場的線圈，簡單來說就是電磁鐵。當磁場繞組成為電磁鐵並旋轉時，在定子側的主發電機輸出電樞繞組中會產生電流輸出。

轉子側的**交流發電機電樞繞組**因為將磁場繞組轉變為電磁鐵，變成供應電力的**交流發電機**。該**電樞繞組**因提供產生電流的磁場，在下方定子安裝了**永久磁鐵**。產生的交流電經由**整流器**轉換為直流電，提供給磁場繞組。

如上述，因為轉子本身就可以發電，是一種不需外接有刷電源的**無刷發電機**。採用無刷發電機的最大原因，除了不用處理電刷磨損的維護成本外，發電機周圍還安裝了輸送燃油、機油等可燃液體的管線，電刷產生的火花是導致引擎起火的成因。

第 6 章　電力系統

圖 6-2　三相四線交流發電機

線電壓（A－B、B－C、C－A 之間）：200V
相電壓（A－N、B－N、C－N 之間）：115V

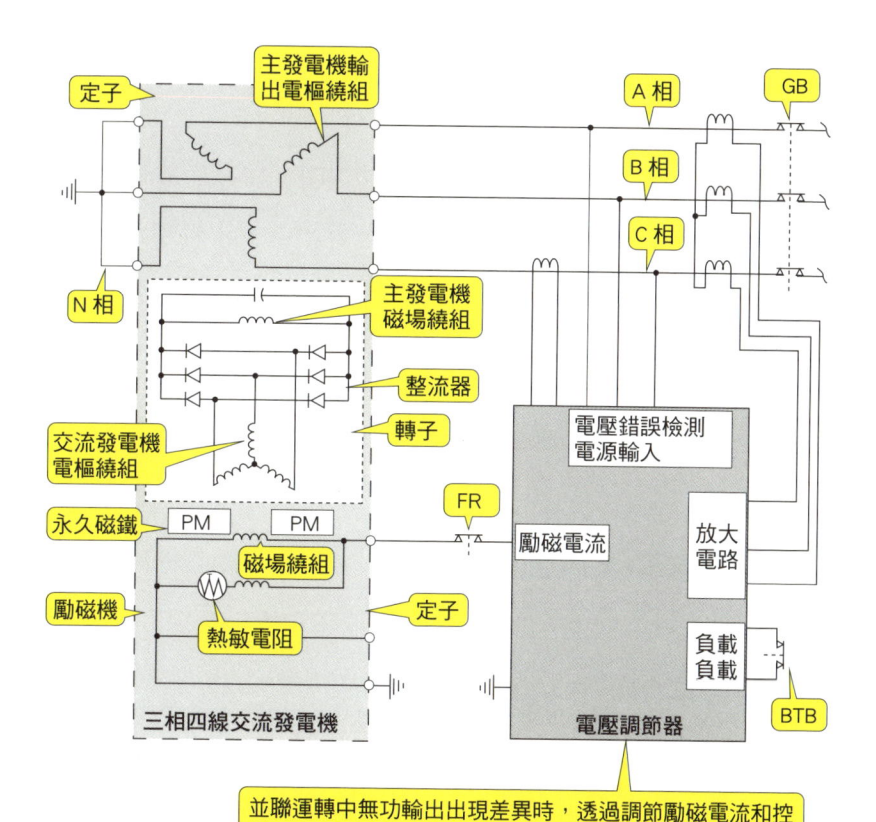

主發電機輸出電樞繞組
定子
A 相
B 相
C 相
GB
N 相
主發電機磁場繞組
整流器
轉子
交流發電機電樞繞組
永久磁鐵　PM　PM
磁場繞組
勵磁機
熱敏電阻
定子
FR
勵磁電流
電壓錯誤檢測電源輸入
放大電路
負載
負載
BTB
三相四線交流發電機
電壓調節器

並聯運轉中無功輸出出現差異時，透過調節勵磁電流和控制電壓來控制無功輸出的裝置。

FR（磁場繼電器，Field relay）：勵磁電流斷路器
GB（發電機斷路器，Generator breaker）：發電機斷路器
BTB（匯流排聯絡斷路器，Bus tie breaker）：匯流排聯絡斷路器

6-1-3 波音 727 的電力控制系統

於2019年完成客機航班服務的波音727每具引擎均配備了額定功率為40kVA的**發電機**，全機共配置3台。只能在地面運作的APU（輔助動力設備）配備一台60kVA發電機，主蓄電池配有一顆24V、22Ah的鎳鎘電池。

（1）操作面板

圖6-3為引擎全部啟動完成、1號發電機**GB**關閉時的電子控制面板。由於**BTB**關閉，只有1號發電機通過並聯匯流排（母線）為所有電子設備供電。因此，必須快速操縱剩餘的GB以**並聯運轉**。

並聯運轉的理由是透過將負載平均分配給每台發電機，可以減少每台發電機的發電量。為了並聯運轉而操作GB，需要使用**同步測定燈**來確認電壓、頻率和相位是否一致。題外話，GB的設計是即使不小心觸摸到也不會運作，所以操作時必須用拇指和食指夾住開關。

如果左右側的同步測定燈交替閃爍，則表示發電機的相位與並聯匯流排的相位不同。此時，用拇指和食指夾住GB開關，用小指轉動頻率旋鈕，同時調整並同步左右燈，讓它盡可能減慢閃爍，然後在燈滅的瞬間操作GB。此外，由於切換電源時電源會暫時中斷，因此進行切換時，必須在不會影響到重要客艙廣播如「氧氣罩的使用……」等時間。

（2）功率表

kW/kVAR表是指示發電機輸出的**kW（有效電力）**和**kVAR（無效電力）**的儀器。並聯運轉時的KW表無法得知每台發電機的負載不平衡情況。然而kVAR表發送相同的功率，可以得知每台發電機的運轉效率。在並聯運轉期間，為了平衡每一台發電機輸出的KW（功率），需調節發電機的轉速，並使用**電壓調節器**調節**勵磁電流**以平衡kVAR。

第 6 章　電力系統

圖 6-3 波音 727 電子控制面板

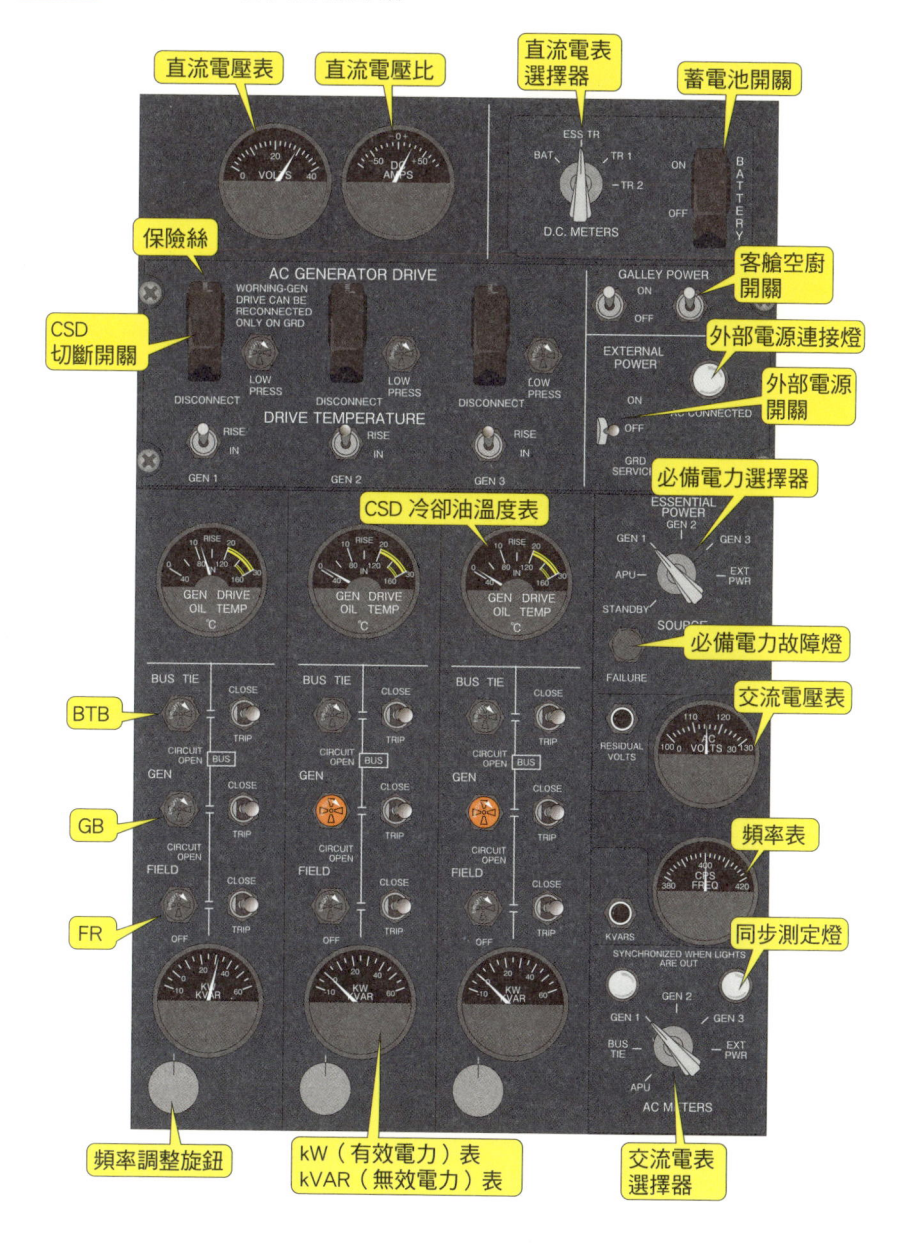

（3）CSD（恆速驅動器）

安裝在波音 727上的JT9D引擎的轉速，怠速時約6,700rpm，起飛推力時約10,000rpm。**CSD（Constant Speed Drive，恆速驅動器）**是一種無論引擎轉速如何變化，都能將發電機轉速維持在 8,000 rpm的裝置。

如果發電機出現異常，可能會影響引擎高壓壓縮機的旋轉。因此配備了一個將CSD與引擎斷開的裝置。啟動該裝置的是一個**斷路開關**，可將CSD與**輔助變速箱**斷開。但如果斷開的話，就只能在地面復位。因此，操作開關必須切斷保險絲並打開防護裝置。

輔助變速箱是透過引擎的高壓壓縮機透過直接傳動軸，驅動燃油泵浦、液壓泵浦、轉速表感應器等輔助設備（附件）的裝置。

（4）必備電力（Essential power）

必備電力選擇器是提供電源給**基本匯流排**的選擇開關。基本匯流排是為機長座位上的姿態儀、指南針等飛行必須的儀表和設備提供電源的母線。正常運轉時，「GEN 3（3號發電機）」會位於固定位置。

如**圖6-4**所示，如果3號引擎故障，基本匯流排的供電將中斷，因此需要切換選擇器。切換優先順位為3號、1號、2號。2號之所以是最後一個順位，是因為副駕駛儀表的電源是由2號發電機提供的。如果2號不是最後一個，可能會有兩個駕駛座位上的儀器同時無法操作的風險。

切換時，機長座椅上的儀表會暫時不穩定，因此波音727的3號引擎是**關鍵引擎（Critical engine）**。關鍵引擎是指**會對操縱帶來最不利影響的引擎**。

此外，如果無法向基本匯流排供電，則可以將必備電力選擇器設置為「STBY」（Stand by）位置，以從主蓄電池向比基本匯流排更有

第 6 章　電力系統

圖 6-4　波音 727 的電力系統

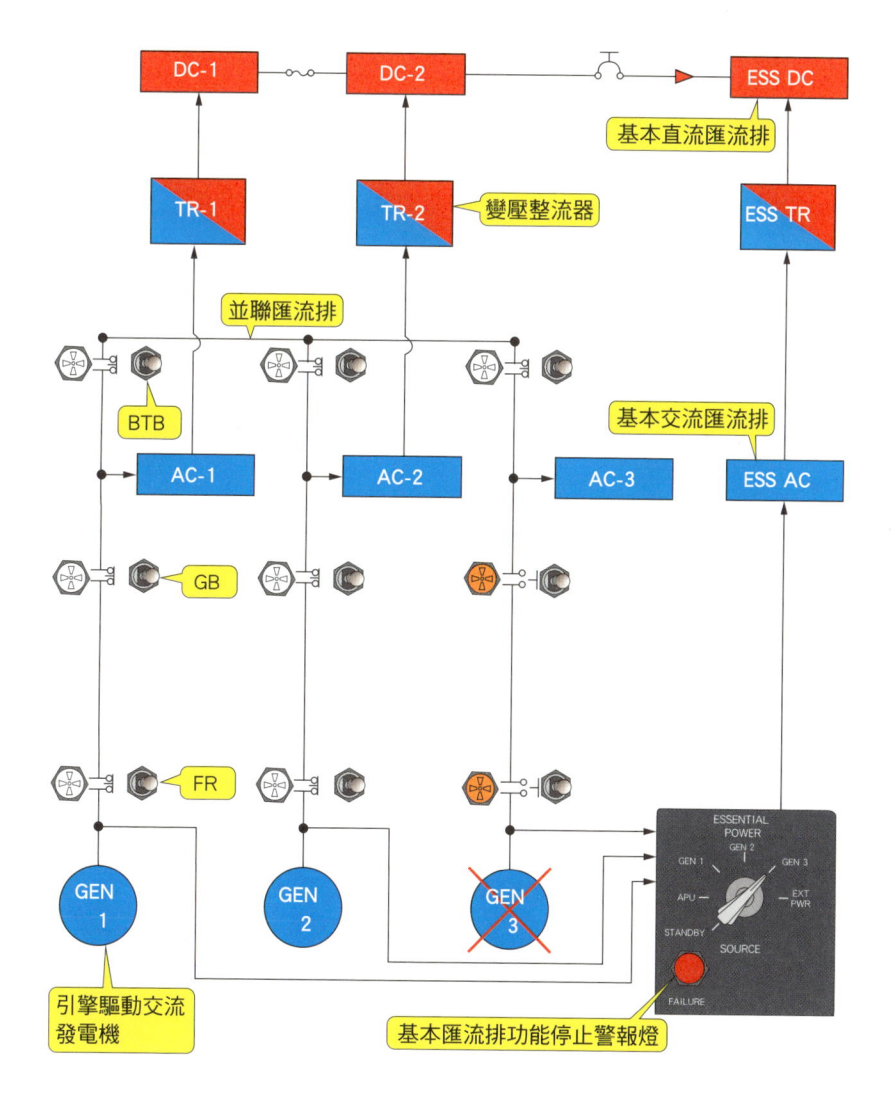

限的儀器提供最多25分鐘的電力。

（5）保護裝置

若發電機出現異常現象，為了讓發電機段開並聯運轉或停止運作，各**斷路器**將自動動作（**圖6-5**）。

FR是切斷流向定子勵磁機的勵磁電流的斷路器，但在接線電路短路或電壓低於100V或高於130V時運作（斷電跳匣）。當FR跳匣時，GB也會跳匣。

GB是切斷發電機輸出的斷路器，如果因FR跳閘以外的原因如引擎停機或CSD斷開，導致發電機頻率降至380Hz以下，GB將會跳閘。此外，由於它無法與APU或外部電源並聯運轉，因此打開這些電源開關將使GB跳匣。

BTB是一種切斷並聯運轉的斷路器，當偵測到勵磁電流過大或過小，或發電機旋轉不穩定時，它會判定「無法滿足並聯運轉的條件」而將其跳閘，轉為獨立運作。如果發電機狀況仍沒有改善，則將使FR跳匣以停止發電。

6-1-4 波音 747 的電力控制系統

波音747-200配備4台額定功率為 60kVA、115/200V 的三相交流發電機。APU配備2台90VA發電機，與主發電機規格相同，但冷卻條件較佳。主蓄電池為1台額定電壓為24V，34Ah的鎳鎘電池。

（1） 操作面板

如**圖6-6**的電氣控制面板顯示，亮著淺藍色**過渡燈**（操作完成後熄滅）、綠色**操作燈**、橘色**警示燈**、紅色**緊急燈**。**FR**、**GB**和**BTB**等各斷路器的基本功能與波音727的基本功能沒有顯著差異。由於2台APU發電機不具備並聯運轉功能，因此安裝了**SSB**（系統分離斷路器，

第 6 章　電力系統

圖 6-5　保護系統

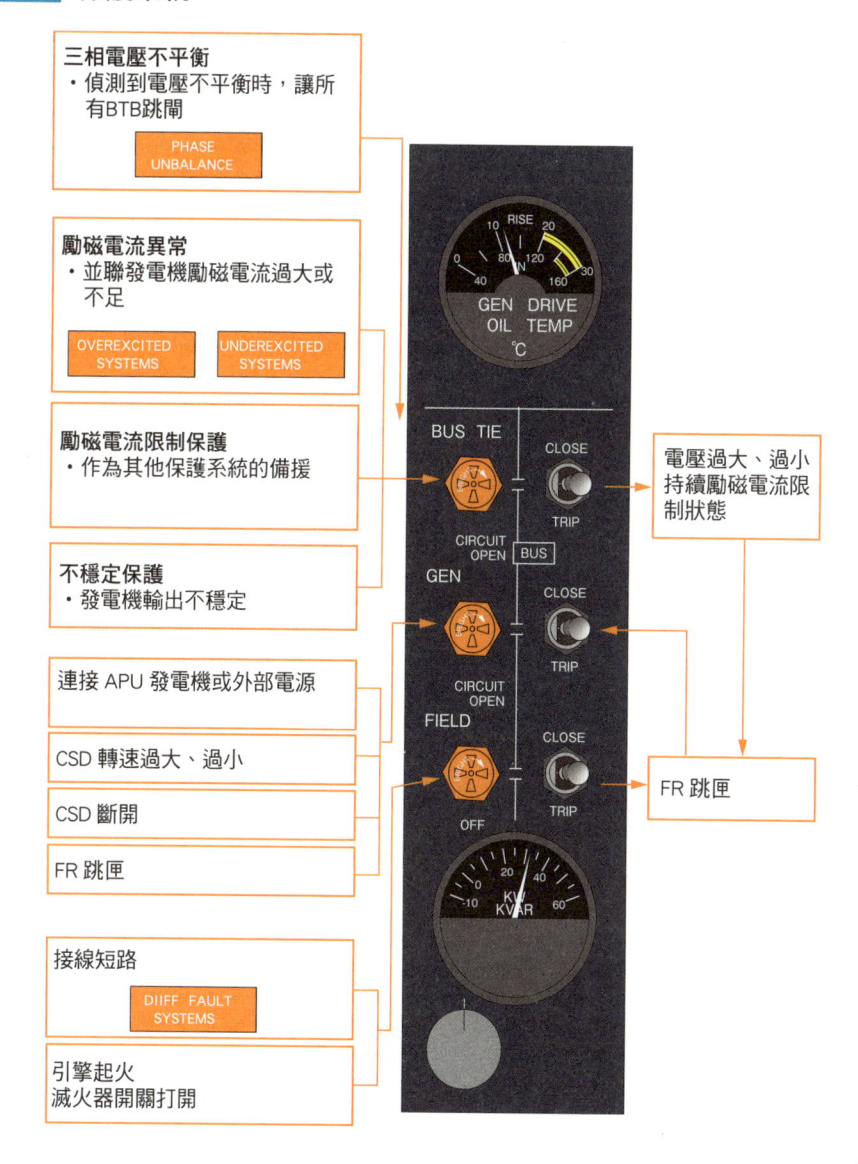

三相電壓不平衡
- 偵測到電壓不平衡時，讓所有BTB跳閘

　PHASE UNBALANCE

勵磁電流異常
- 並聯發電機勵磁電流過大或不足

　OVEREXCITED SYSTEMS　　UNDEREXCITED SYSTEMS

勵磁電流限制保護
- 作為其他保護系統的備援

不穩定保護
- 發電機輸出不穩定

連接 APU 發電機或外部電源

CSD 轉速過大、過小

CSD 斷開

FR 跳匣

接線短路

　DIIFF FAULT SYSTEMS

引擎起火
滅火器開關打開

電壓過大、過小
持續勵磁電流限制狀態

FR 跳匣

173

Split system breaker），將每台發電機的電源分開到左右兩側。

將GB操作至「關閉（CLOSE）」位置時，無需像波音727那樣夾住開關。另外，由於其並聯運轉功能較高，因此未配備週期性測定燈。

但手動跳閘時，就需要夾住開關，這樣可提高開關的安全性及功能性。FR、BTB和SSB在設計上本身就有預防不小心操作，因此除非夾起開關，否則不會移動。

（2）頻率表/CSD 轉速表

頻率表/CSD轉速表是指示發電機頻率和CSD轉速的儀表。一般狀態下顯示的是頻率，按下儀表的「GEN TEST」顯示選擇開關時，則顯示CSD轉速。正常運轉時，CSD轉速表顯示8,000 rpm，但當CSD與引擎斷開時，在地面上為0 rpm，飛行時則低於5,000 rpm。地面和飛行中的指示不同的原因是由於**冷卻空氣進氣口流入的空氣導致發電機空轉**，如**圖6-7**所示。

（3）電壓表

電壓表的**PMG（永磁式發電機）**如**圖6-2**所示，是一種利用轉子中的永久磁鐵發電的交流發電機。PMG正常發電電壓為85V，但斷開CSD後，在地面為0V，飛行時小於25V。如此透過觀察CSD轉速和PMG指示值的下降，就可以判斷發電機已經與引擎完全斷開。

（4）必備電力和備用電力

與波音727的主要區別在於，**即使引擎故障，也無需操作必備電力選擇器**。如**圖6-8**所示，當選擇器處於「NORMAL（正常）」位置時，基本匯流排的電源由交流匯流排-4供電。該匯流排與BTB的並聯匯流排連接，因此即使4號發電機停機，也不會失去必備電力。

此外，如果基本匯流排無法供電，則由蓄電池向緊急用直流匯流

第 6 章　電力系統

圖 6-6　波音 747 的電子控制面板

排提供直流電，透過逆變器將其轉換為交流電，為緊急用交流匯流排供電。如果備用電力開關不能自動供電，可以透過手動將其開至「ON」來供電。透過交流和直流緊急匯流排，可以為引擎基本儀表N_1和EGT、機長座位的姿態儀和水平狀態儀、以及對這些儀表傳達訊息的導航設備和無線電設備等供電，最大供電時間為30分鐘。

圖 6-7 CSD 與發電機

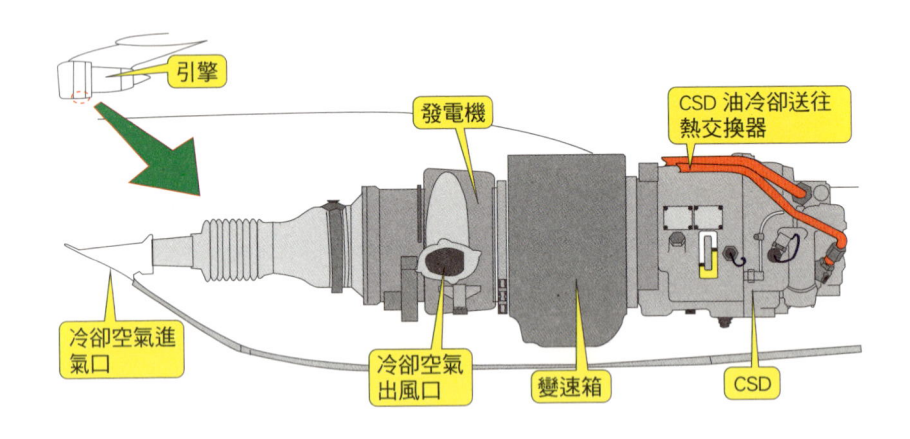

6-1-5 波音 787 的電力控制系統

波音787的每台引擎均配備了2個VFSG（Variable Frequency Starter Generator，可變頻啟動發電機），該裝置具備兩種功能，分別為「引擎啟動器」和「發電機」。額定值為250kVA、235V，屬於高功率、高電壓，頻率依引擎輸出不同，從360～800Hz之間有很大變化。

同樣地，APU也配備2台APU可變頻啟動發電機，既可當啟動器，

第 6 章 電力系統

圖 6-8 波音 747 的電力系統

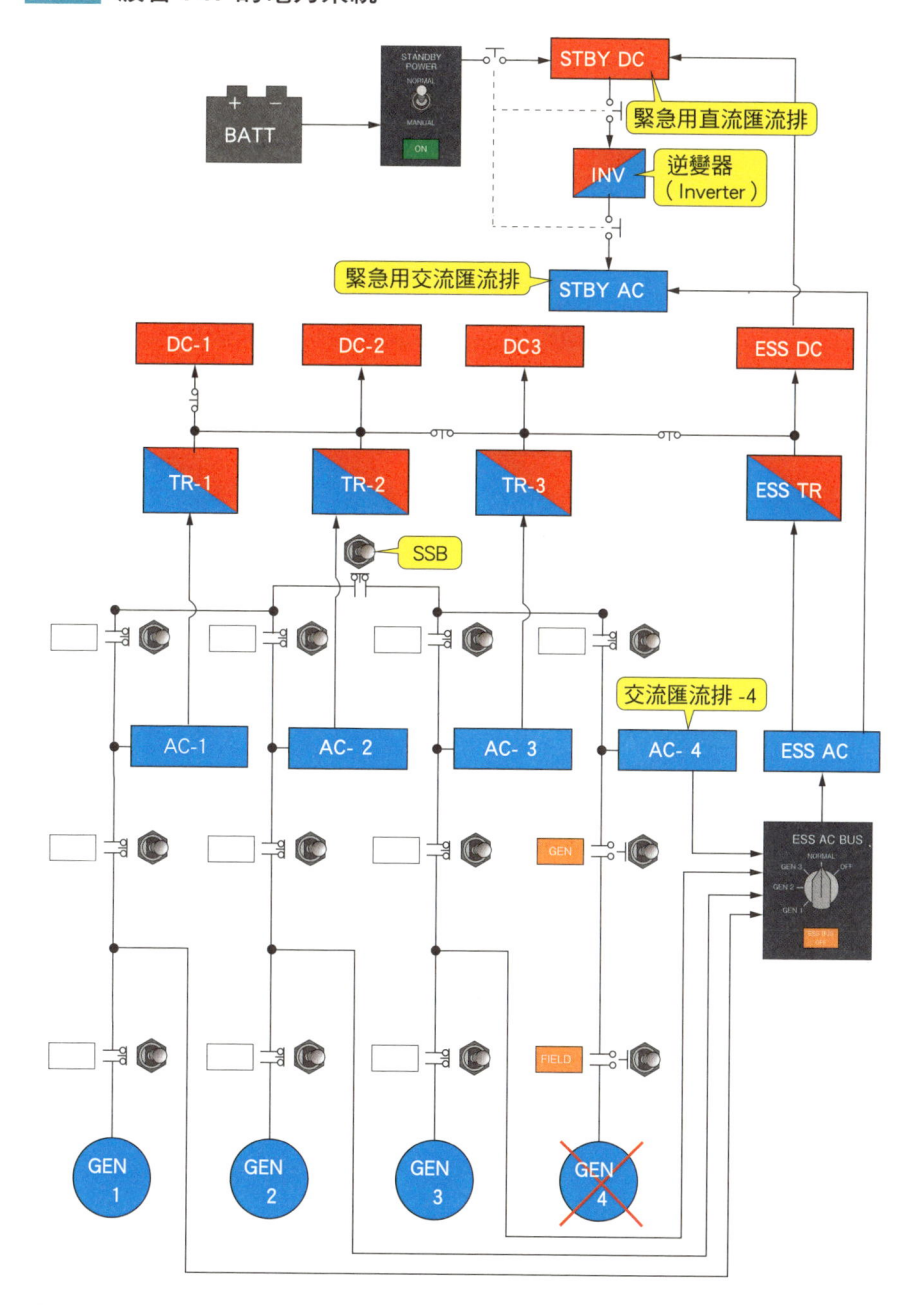

也可當發電機，額定功率為225kVA、235V、360～400Hz。主蓄電池配備一顆額定28V、75Ah的鋰電池。

此外，在緊急情況下，787還配備了一台額定功率為10kVA、235V、400Hz的RAT（衝壓空氣渦輪，Ram-air turbine）發電機，可從機身下方展開並利用風力旋轉。

（1）操作面板

當電池開關打開時，為飛機上各種設備提供電腦網路和資料轉換的CCS系統（通用核心系統，Common core system）開始啟動，大約50秒後，機長座位的顯示器上會出現初始畫面。

客艙座椅娛樂系統開關上的「ON」亮燈，表示正在為客艙廚房、座椅娛樂用螢幕、閱讀燈等供電。

外部電源開關上的「AVAIL」指示燈表示已連接可用的外部電源。當此燈亮起時，打開開關可使用外部電源為飛機供電。「AVAIL」燈取代了波音727和747上安裝的頻率表和電壓表。

「APU GEN（APU發電機）」開關「ON」燈亮表示GCB（發電機控制斷路器，Generator control breaker）已布防（準備運作），當到達可由APU發電機供電時，GCB將自動運轉並向交流匯流排供電。

「GEN CTL（發電機控制）」開關「ON」燈亮，代表GCB已準備運作，當到達可由引擎發電機供電時，將自動啟動GCB，向交流匯流排供電。另外，由於切換電源時，即使短暫斷電也會產生電腦重置等重大影響，因此採用了NBPT（無中斷電源切換）功能。

傳統飛機的電力系統面板操作是需要手藝的技巧，因為「連小拇指都需要操作」，但現在的面板是自動化運作，不需要特殊手動操作，由此可知目視監控（Monitor）相當重要。

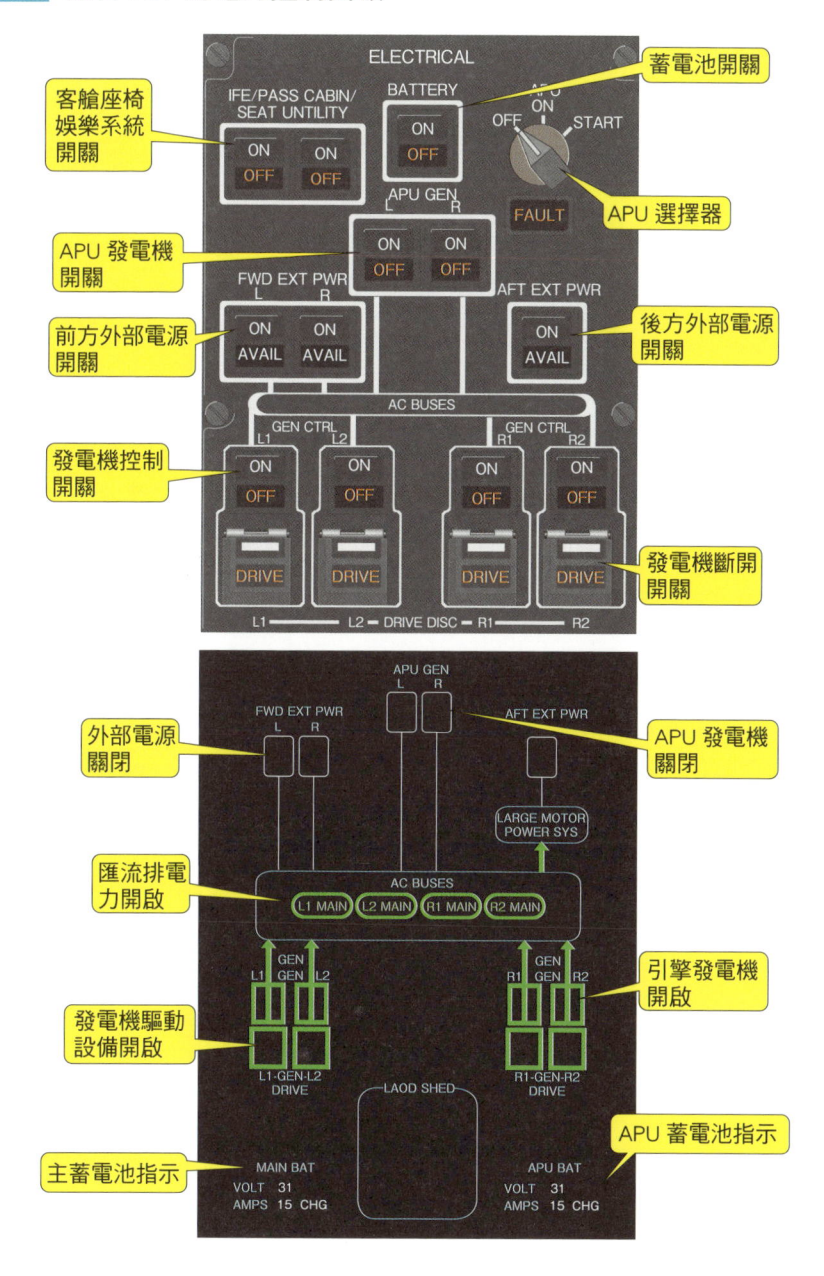

圖 6-9 波音 787 的電力控制面板

（2）自動配電系統

如**圖6-10**所示，引擎驅動發電機L1、L2、R1、R2發出的235V交流電送至後E/E艙（電子設備艙，Electrical Equipment Bay）的235V交流匯流排L1、L2、R1和R2。這些235V交流匯流排的電力供應給需要大量電力的設備，例如主油箱的燃油泵、機翼前緣的防冰電加熱器、客艙廚房的冷藏冷凍櫃、以及加熱貨艙的加熱器等。

此外，由於它不像以前的飛機那樣並聯運轉，例如當左側引擎發生故障，發電機L1和L2無法運轉，APU發電機將自動向L1和L2匯流排供電。之所以有3個電力系統，是因為用於**ETOPS（雙發動機延程飛行）**的飛機須滿足「擁有3個以上的獨立交流電源」的條件。

位於**後E/E艙**的**大型馬達電力系統**除了為大型交流馬達提供235V的交流電，也透過ATRU（自耦變壓整流器，Auto Transformer Rectifier Unit）轉換成270V的直流電，提供給需要高精密度控制轉速的空調設備壓縮機、以及液壓系統泵浦等大型直流馬達。

來自**前E/E艙**變壓器的115V交流匯流排為駕駛艙擋風玻璃加熱器、飛機內部和外部照明以及客艙廚房供電。另外透過變壓整流器，以28V直流匯流排為駕駛艙顯示器和自動駕駛儀等控制系統供電。

此外，安裝在17個地方、名為**RPDU（遠端電源分配器）**的分散式網路主要為使用訊號而非能源的設備供電。

第 6 章 電力系統

圖6-10 波音 787 的電力系統

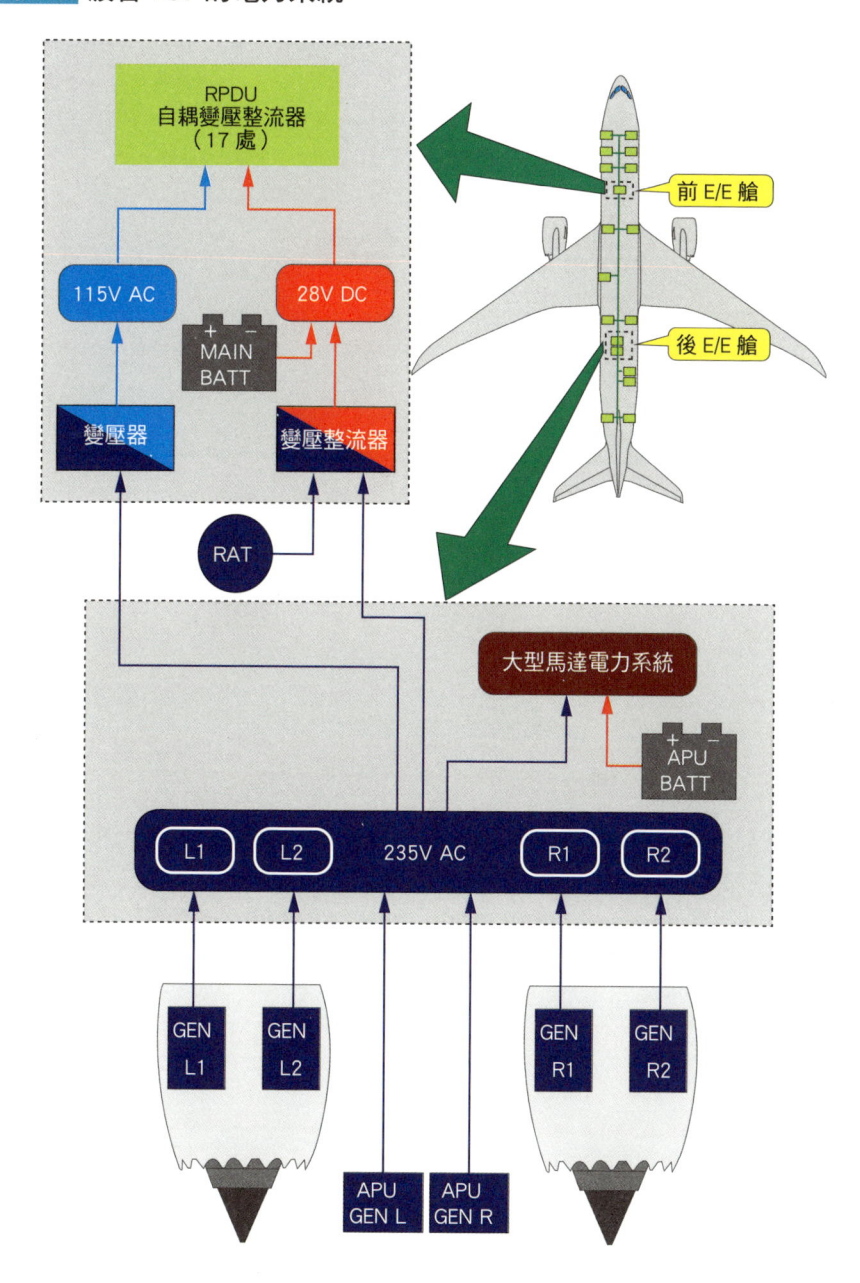

6-1-6 空中巴士 A350 的電力系統

A350配備4台**變頻發電機**，每架引擎2台，額定電壓為230V、100kVA、380～800Hz。APU配備1台額定230V、150kVA、頻率400Hz的發電機，主蓄電池配備4顆額定27V、8Ah的鋰電池。**RAT（衝壓空氣渦輪）**配備230V、50kVA的發電機。

以下參考**圖6-11**的空中巴士A350電力系統示意圖，來看看它是一個什麼樣的系統。

高壓230V的**AC1A～AC2B**匯流排為大型馬達、泵浦、壓縮機等需要大量電力的設備供電。115V的**AC1A～AC2B**匯流排為飛機內部和外部照明以及客艙廚房等服務設備供電。另外，28V直流匯流排**DC1、DC2、EMER DC1、EMER DC2**則為需要直流電源的電子設備供電。

此外，每條匯流排都配備了自動啟動的**BTB（匯流排聯絡斷路器，Bus tie breaker）**，如果匯流排斷電，它們可以互相補充電力。

另外，當引擎發生故障或所有發電機都故障時，例如由於1號引擎失效而導致匯流排AC1A 230V和AC1B 230V斷電，APU發電機將向兩個匯流排供電。如果所有AC 230V匯流排都失去電力，RAT會自動部署為230V的EMER AC1及EMER AC2匯流排供電。

每條匯流排均可透過變壓器向115V的EMER AC1及EMER AC2供電，並透過變壓整流器向直流的28V EMER DC1及EMER DC2匯流排提供直流電源。

當飛行速度為140節以上時，RAT只能提供230V、400Hz的電源，因此著陸時必須以140節以上的速度進場。著陸後速度低於140節時，每個蓄電池就會透過28V DC匯流排和逆變器為115V的EMER AC匯流排供電。

第 6 章 電力系統

圖 6-11 空中巴士 A350 的電力系統

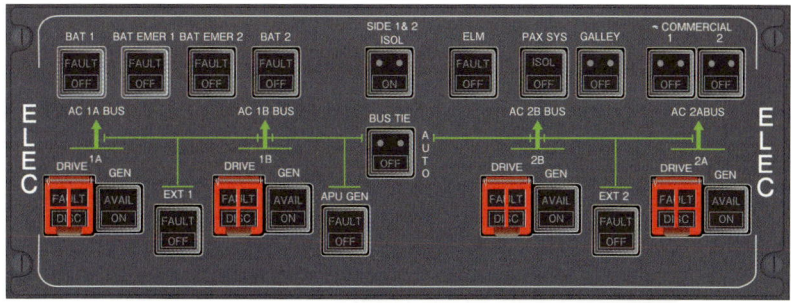

專欄 6　所有發電機故障（所有發電機停止）

　　曾經有一架波音747在飛行過程中吸入火山灰，導致所有引擎失效的案例。即使沒有任何引擎推力，波音747下降時的升阻比，也就是滑翔比約為18，因此**下降100m可以前進1,800m**。在零推力的下降過程中，飛機多次嘗試重新啟動引擎，最終成功啟動所有引擎並安全著陸。

　　安裝在飛機上的氣象雷達無法以回音偵測到火山灰細顆粒。因此，在夜間或飛過雲層時很難偵測到火山灰的存在。

　　那麼讓我們來思考，為什麼前面提到的747能夠重新啟動引擎。要啟動引擎，需要

　　（1）旋轉壓縮機，將壓縮空氣送入燃燒室
　　（2）打開供油閥，將燃油噴入燃燒室
　　（3）用火星塞（Igniter）散開火花

首先，當飛機高速飛行時，壓縮機會像風車一樣自然旋轉，因此條件（1）不是問題。這在海拔較低、空氣密度較大的地區較為有利。要操作條件（2）的供油閥和條件（3）的火星塞則**需要電力**。如果747上的所有發電機都發生故障，蓄電池和緊急用匯流排會自動連接，為重要設備提供電力。然而，蓄電池只能持續約15分鐘。這個案例就是在15分鐘內成功啟動引擎。波音727和747的操作手冊中均有處理**所有發電機失效**的緊急操作。

　　不過波音787和空中巴士A350都就算遇到這種狀況，機上均配備了可以在空中啟動的**APU（輔助動力設備）**和**RAT（衝壓空氣渦輪）**，因此並未設定所有發電機失效的狀況。

第 7 章

液壓系統

波音 747 液壓系統控制面板

液壓系統是透過管線將加壓液體從泵浦傳輸到起落架及飛行控制設備等，並利用液壓油來操作這些設備的執行器和液壓馬達。

7-1　液壓系統的運作原理

液壓系統類似人體系統,「血液由心臟加壓,透過血管輸送到肌肉,肌肉根據大腦的命令動作」。系統的「心臟」是泵浦,其排放能力為3,000 psi(磅/平方英吋的縮寫;約210 kg/cm^2),是正常人體血壓的1,300 倍以上,而波音787以後的飛機均以5,000 psi(約350kg/cm^2)為主流。

透過圖7-1,讓我們來了解一下液壓系統的原理。經泵浦加壓至350 kg/cm^{2}的液壓油經壓力管進入選擇閥(Selector valve)。如圖左側所示,為了讓控制面向下移動,飛行控制系統會啟動螺線管(電磁驅動裝置或開關),讓選擇閥向下移動。如此液壓油會流入控制器底部並以350 kg/cm^{2}的力向上推動,讓控制面向上移動。控制器頂部的液壓油會經由回油管路回到儲存液壓油的液壓蓄壓器。

液壓泵的動力來源是引擎、電力、壓縮空氣等。止回閥(用於保持單向流動)安裝在泵浦前方和後方,用來防止加壓液壓油返回液壓蓄壓器,同時防止來自其他泵浦的壓力作用。

蓄壓器的作用不僅僅是儲存液壓油。在去除因操作控制器而在液體中形成的氣泡方面發揮重要作用,以及因飛機狀態和溫度變化而須控制液壓油的增加或減少方面也有重要功能。例如,起飛後升起起落架以及打開和關閉起落架艙門需要大量的液壓油,因此蓄壓器內的液壓油量會減少。相反地,當襟翼升起時,液壓油量會增加,降落時則相反。

第 7 章　液壓系統

圖 7-1　液壓控制器的運作原理

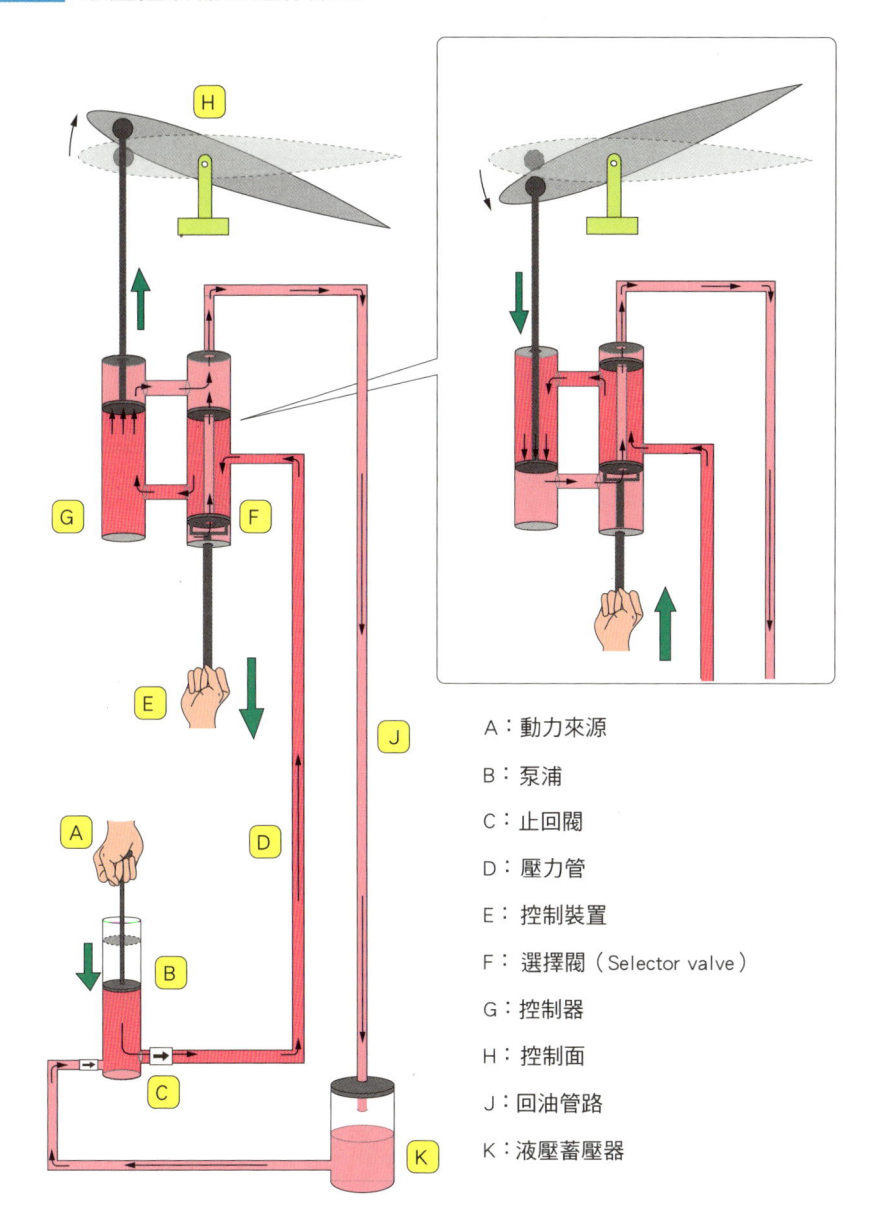

A：動力來源

B：泵浦

C：止回閥

D：壓力管

E：控制裝置

F：選擇閥（Selector valve）

G：控制器

H：控制面

J：回油管路

K：液壓蓄壓器

187

7-1-1 波音 727 的液壓系統

波音727的液壓系統由3個獨立的系統組成：①**A系統**、②**B系統**、③**備用系統**（圖**7-2**）。每個液壓泵的排出能力為3,000psi（約210kg/cm^2）。

①A系統的控制面板

ENG1 PUMP 和 ENG2 PUMP 分別是控制1號引擎和2號引擎的驅動燃油泵浦開關。開關上方每個都設置**低壓警告燈**，當泵浦排放壓力低於1,200 psi 時就會亮燈。在正常操作下，無論引擎如何運作，開關始終處於開啟位置，只有在緊急情況下必須停止排出時，才需要轉到關閉位置。原因是在關閉位置時，電流會一直流到阻止泵浦排放的螺線管上，這會縮短螺線管的使用壽命或導致其燒壞。

過熱警告燈用於監測泵浦冷卻和潤滑後的液壓油溫度，即監測泵浦是否過熱。液壓油不僅經過泵浦加壓，還用於冷卻及潤滑。經過冷卻和潤滑後，液壓油會經由回油管路和位於3號油箱內的熱交換器返回液壓蓄壓器。

液壓表（壓力表）測量加壓管路中的壓力，綠色表示正常範圍，黃色表示須留意，紅色表示液壓異常。如果大幅移動操縱桿或操作襟翼或起落架，液壓表上的讀數將會發生顯著變化。例如，當這些設備運作時，壓力可能會降至2,400 psi。當這些設備的動作完成後，其後座力會使壓力上升至3,100 psi，接著再回到3,000 psi。

油量表顯示在地面上的滿油位為4.4 USG（美制加侖，約16.7公升），但起飛後起落架收起時，油位降至3.8 USG（約14.4公升）。

液壓油關閉開關（FLUID SHUT OFF）由防護罩和安全線保護，是一種切斷液壓油從蓄壓器供應到泵浦的開關。如果液壓油洩漏，須將其關閉以防止洩漏擴大。另外，由於系統A的泵浦安裝在引擎變速

第 7 章 液壓系統

圖 7-2 波音 727 的液壓控制面板

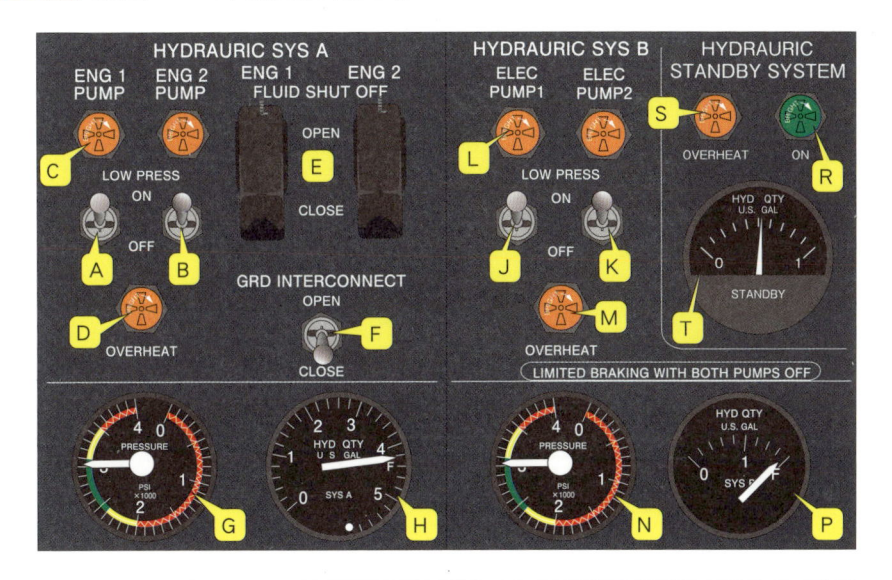

液壓系統 A	液壓系統 B	備用系統
A：1 號引擎泵浦開關	J：電動泵浦開關 1	R：操作燈
B：2 號引擎泵浦開關	K：電動泵浦開關 2	S：過熱警告燈
C：低壓警告燈	L：低壓警告燈	T：油量表
D：過熱警告燈	M：加熱警告燈	
E：液壓油切斷開關	N：壓力表	
F：接地閥開關	P：油量表	
G：液壓表（壓力表）		
H：油量表		

箱內，當引擎起火時，它還具有停止向泵浦供應可燃液壓油的作用。因此，關閉液壓油的閥門安裝在防火牆（Fire wall）外側。

② **B 系統的控制面板**

ELEC PUMP1 開關和 **ELEC PUMP2** 開關是交流電源供電的電動液壓泵浦控制開關。位於開關上方的低壓警告燈和過熱警告燈的作用與A系統相同。由於電動液壓泵有因過熱而燒毀的風險，禁止在5分鐘內開關超過5次。此外，在有液壓油、燃油及熱交換器的1號油箱中，如果燃油量較低，則禁止啟動。

A系統面板上的接地閥開關，作用是允許A系統在地面使用B系統電動液壓泵浦加壓的液壓油。在緊急疏散過程中，需要使用主翼附近的出口作為疏散滑梯，因此須讓襟翼降低到最大角度。操作順序是從乘客登機開始到引擎啟動前，將接地閥與B系統一起設置在開啟位置，並對A系統加壓。

如此A系統和B系統中的液壓油在系統之間來回流動，A和B中的蓄壓器透過一條2.5 GAL管連接。當因溫度下降或液壓油外漏導致B系統蓄壓器油量減少，液壓油將供應至 B 系統油箱，直到 A 系統油箱容量達到 2.5 GAL（約 9.5 公升）。

這使得液壓油外漏的緊急操作程序變得極為複雜。如果液壓油從任何管路洩漏，A油箱油量表將先開始下降。如果指示停在2.5 GAL且B油箱油量表繼續下降，則確定B系統外漏。換句話說，**直到A油箱油量表指示2.5 GAL 之前，無法判斷外漏是來自系統A還是B**。此外，當液壓油開始洩漏時，需執行初始操作如將操縱桿移至空檔位置、並將減速板手柄推回。透過將擾流板鎖定（維持在向下狀態），來防止擾流板浮動（向上漂浮）。

第7章 液壓系統

圖 7-3 波音 727 的液壓系統

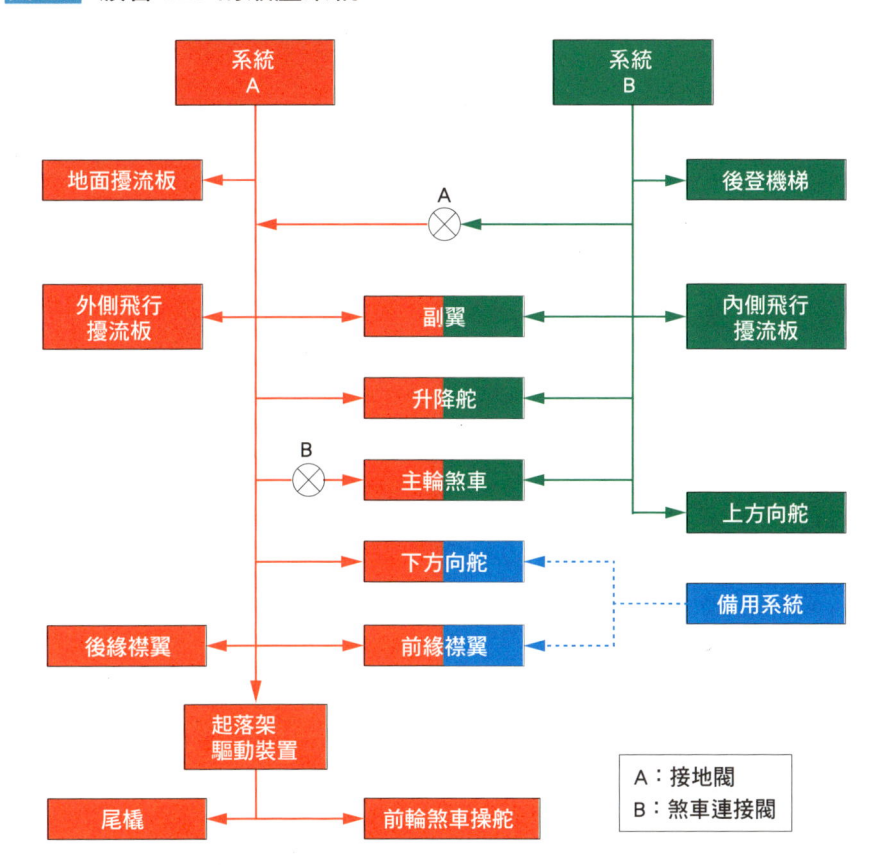

[圖：波音727液壓系統示意圖]

系統 A（紅色）連接：地面擾流板、外側飛行擾流板、副翼、升降舵、主輪煞車、下方向舵、後緣襟翼、起落架驅動裝置、尾橇、前輪煞車操舵

系統 B（綠色）連接：後登機梯、內側飛行擾流板、副翼、升降舵、主輪煞車、上方向舵

備用系統（藍色）：下方向舵、前緣襟翼

A：接地閥
B：煞車連接閥

③備用系統控制面板

當A系統不可用時，為了讓下方向舵及前緣襟翼運作的「備用系統液壓」有保障，備用系統操作燈（綠色）就會亮起。

如前所述，波音727的副翼和升降舵可以在沒有液壓的情況下運作。然而舵面較大的方向舵無法直接以電纜操控移動，採用了使用執行器來控制。因此，在設計上當液壓系統無法使用時，會以緊急液壓系統（備援系統）來操控下方向舵（上方向舵不運作）（圖7-3）。副

翼和升降舵則由電纜直接操作。

　　此外，僅由A系統操作的起落架在液壓系統不可用時，能夠緊急操作。駕駛艙地板上安裝了**3個插槽**，用於放下前輪及左右主輪。首先，掀開地毯並打開前輪插槽蓋。將手動曲柄插入插槽並順時針轉動指定次數以解除向上鎖定（收起狀態鎖定）。確認前起落架因自然放下而將收納艙門推開。逆時針轉動向下鎖定（放下狀態鎖定）。在前輪執行此操作後，接著以同樣的方式操作左側主輪及右側主輪。

　　後緣襟翼和**前緣襟翼**同樣僅能透過A系統運作。因此，後緣襟翼由電動馬達旋轉螺旋千斤頂代替液壓操作。前緣襟翼以液壓馬達及液壓泵浦組合，透過備用系統的壓力管，讓控制器運作（**圖7-4**）。

　　順帶一提，每6個月以模擬器進行一次的技能審查（俗稱6個月檢驗）中，有個**審查主題是兩台引擎故障**。在1號和2號引擎發生故障的主題中，因兩個引擎驅動的液壓泵浦都無法使用，液壓系統A無法操作。故而除了2台引擎故障和2台發電機故障外，還必須同時進行襟翼操作和起落架放下等手動操作。

第 7 章　液壓系統

圖 7-4　波音 727 備用系統

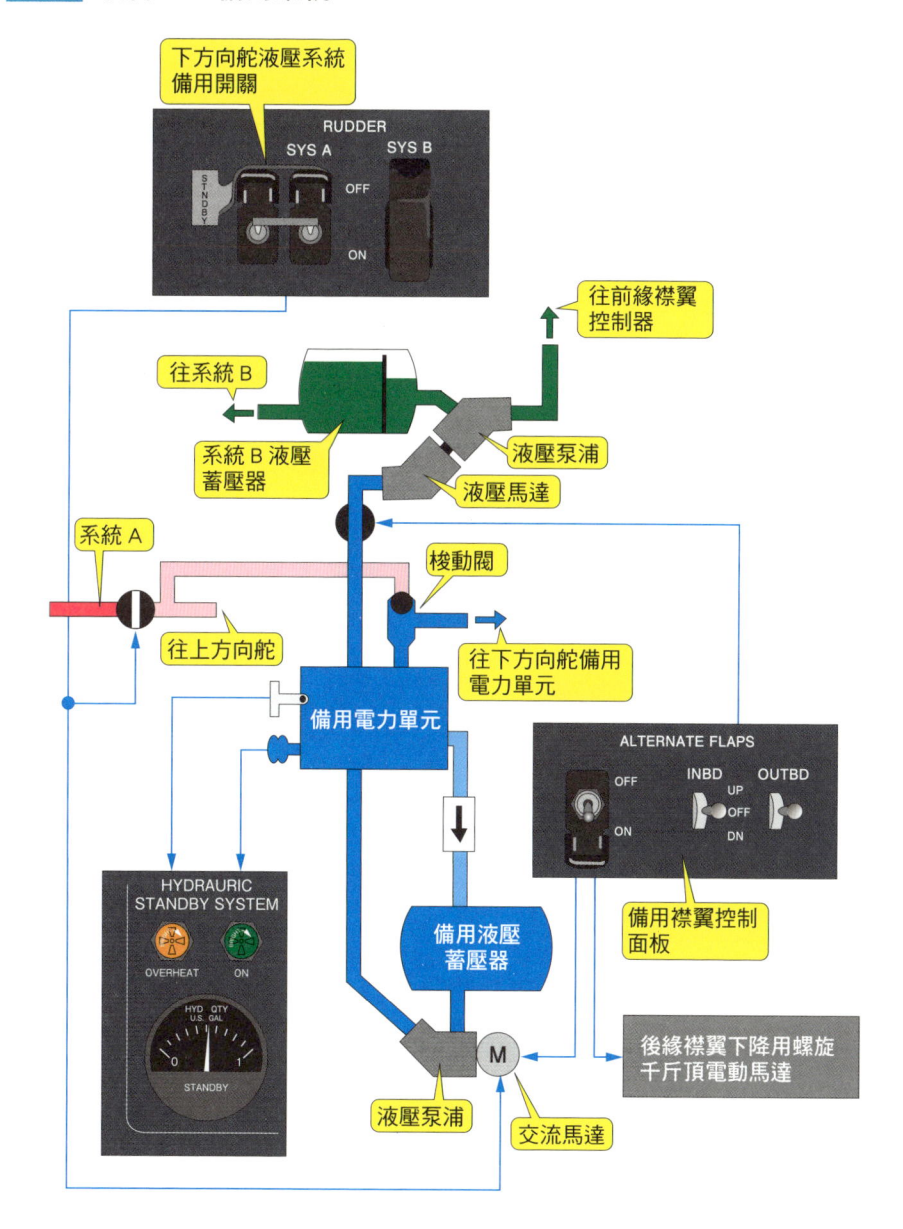

7-1-2 波音747的液壓系統

四引擎波音747配備了四個液壓系統，編號為1至4號。每個系統都配備了**EDP（引擎驅動泵）**、一個備用**ADP（氣動泵）**，而1號及4號系統各配有**ACP（交流電動泵）**。每個泵浦的排出能力為3,000psi（約210kg/cm^2）。

（1）液壓控制面板

圖7-5控制面板頂部的**ACP1**和**ACP4**是使用外部電源或APU（輔助動力設備）的交流電源控制電動泵浦的開關。該泵浦負責確保地面車輪煞車和轉向設備的運作，會在啟動引擎之前打開。當1號和4號引擎啟動時，各自的開關會自動轉到關閉位置。

EDP是控制引擎驅動液壓泵的開關。共有三個位置：「正常（NORMAL）」「控制（DEPRESS）」和「供應關閉（SUPPLY OFF）」。顧名思義，NORMAL在正常飛行期間處於固定位置，並且在引擎運轉時始終處於運作狀態。當處於「控制」位置時，代表隔離閥關閉，阻擋液壓油流向加壓管。被阻擋的液壓油經由冷卻和潤滑管回到回流管路。當處於「供應關閉」位置時，代表將液壓油從蓄壓器供應到泵浦的閥門關閉。

在波音727，控制液壓油供應的開關是一個有保護罩和保險絲的獨立開關。而波音747在操作上並非切斷保險絲並打開防護罩，而是滑動**安全裝置**並保持在左側，將EDP開關拉起並置於「供應關閉」位置。如**圖7-6**所示，當拉動引擎起火開關（引擎起火時準備噴灑滅火劑的開關）時，為了預防二次火災，液壓油供應閥會關閉。

ADP是控制空氣渦輪的開關，空氣渦輪由從APU和引擎抽出的壓縮空氣驅動。該開關有3個位置，分別是自動（AUTO）、關閉（OFF）和連續（CONTINUOUS）。當開關位於自動位置時，加壓

第 7 章 液壓系統

圖 7-5 波音 747 的液壓控制面板

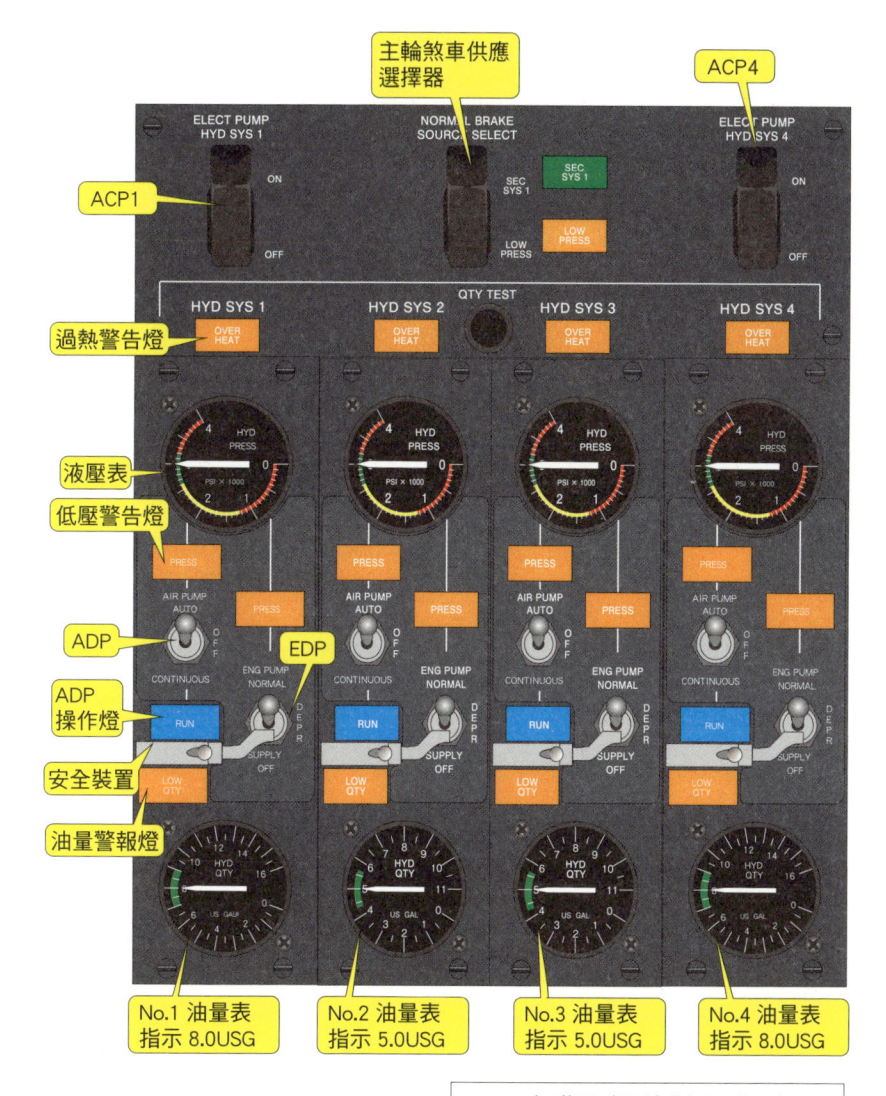

ADP：氣動泵（壓縮空氣驅動泵）
ACP：交流電動泵
EDP：引擎驅動泵（引擎驅動液壓泵）

195

管壓力降至2,600 psi（約180kg/cm²）以下就會自動運作，將壓力保持在3,000 psi（約210kg/cm²）。因此，操作步驟是在所有引擎啟動後將其置於「自動」位置。在「關閉」位置時，它會切斷供應至空氣渦輪的壓縮空氣並停止泵浦的運作。當設定為「連續」位置時，無論加壓管的壓力值如何，它都會連續運作。另外，ADP運作時，藍色**RUN燈（運轉燈）**會亮起。

過熱警告燈如**圖7-6**所示，監控用於冷卻和潤滑每個泵浦的液壓油的過熱情況。儘管使用中的液壓油會因規格而有所不同，但當溫度達到約100℃時，該燈就會亮起。該警告燈無法指出哪個泵浦過熱。因此操作順序是先停止所有泵浦運作。確認過熱警告燈熄滅後，再分別運作每個泵浦，當警告燈再次亮起，就可以確認哪個泵浦是導致過熱的原因。

液壓蓄壓器位於每個引擎支架罩內（將引擎懸掛在機翼上的支架罩）。蓄壓器內部透過從APU和引擎抽取的壓縮空氣，常態加壓至45 psi（約3kg/cm²）。透過對供應到泵浦的液壓油進行適當加壓，可用於防止空蝕（產生氣泡的現象，Cavitation）。此外**圖7-5**中**1號油量表**和**4號油量表**的蓄壓器容量較大，是因為這兩個系統用於操作起落架及襟翼。

（2）液壓系統

隨著飛機變得愈來愈大，向每個控制器供應液壓油的管線變得愈來愈長。因此，泵浦排出壓力雖然與波音727並無差異，但排出量較高。EDP為每分鐘37.5 GAL（142公升），ADP為每分鐘32 GAL（121公升）。

順帶一提，波音727的引擎驅動液壓泵為每分鐘22 GAL（83公升），電動泵浦為每分鐘6 GAL（23公升）。地面使用的ACP與波音

圖 7-6 波音 747 的液壓系統示意圖

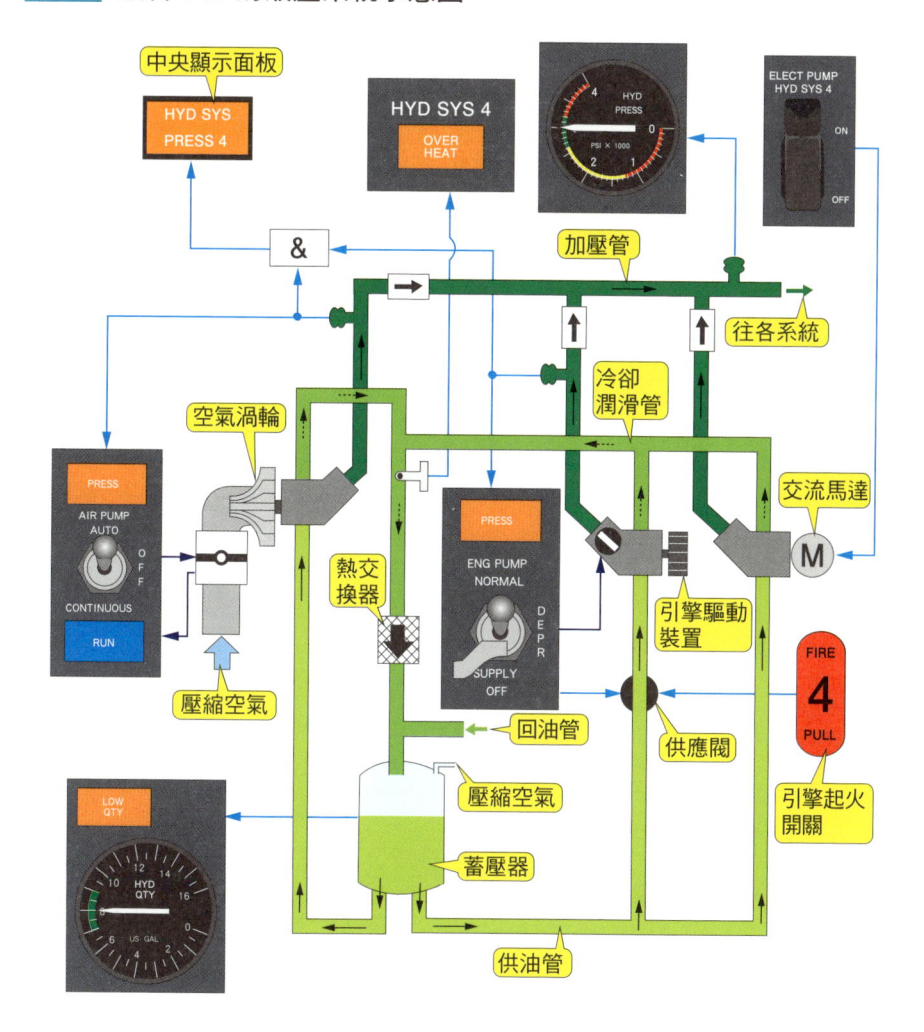

727相同,採用每分鐘6 GAL的電動泵浦。

圖7-7是<u>操作襟翼和起落架的備用控制面板</u>。起落架面板有五個開關,分別操作前輪、左右機身主輪、左右機翼主輪。當4號系統無法使用,則打開左右翼主輪開關上的防護罩,並將其維持在開啟位置,直到收納艙門打開。然後,以人力取代電動馬達,順時針手動轉動波音

727的手動曲柄，接著再逆時針轉動，就能將左右機翼的主輪鎖定在放下的位置。

另外，襟翼也可以使用備用設備升高和降低。這是因為在飛行操作期間，為了維持及控制飛行速度，需仔細設定襟翼角度。然而，緊急著陸時，不需要收起放下的起落架，因此沒有配備備用功能來收起它。

如**圖7-8**所示，每個控制面又分為單系統和雙系統。起落架和襟翼是單系統，因為它們專用於著陸過程。例如當1號系統不可用，其對偶系統將操作安全飛往機場緊急降落所需的副翼、升降舵和方向舵。另一方面，這樣的設計理念是因為只要在確定可以著陸的階段，就能使用備用裝置操作起落架和襟翼。

圖 7-7 襟翼及起落架的備用控制面板

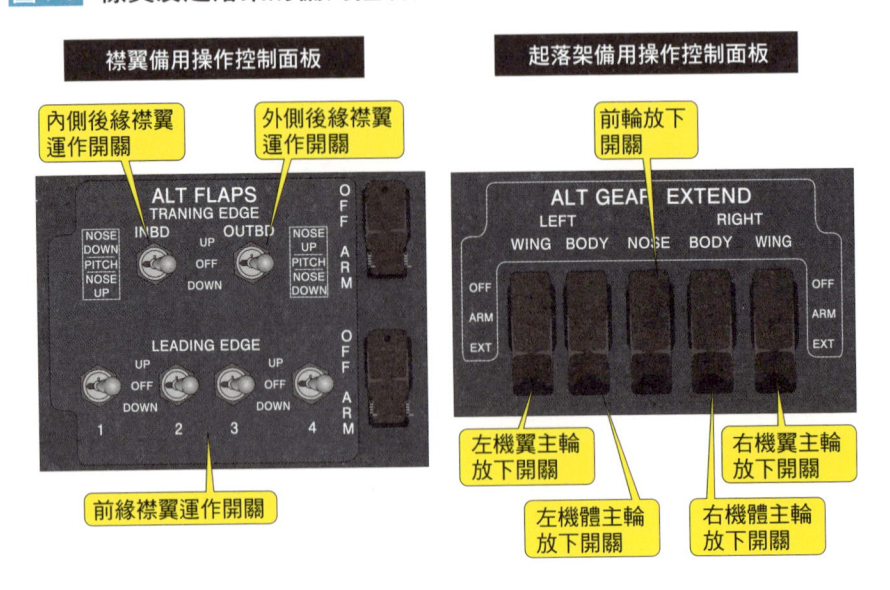

第 7 章　液壓系統

圖 7-8　波音 747 的液壓系統

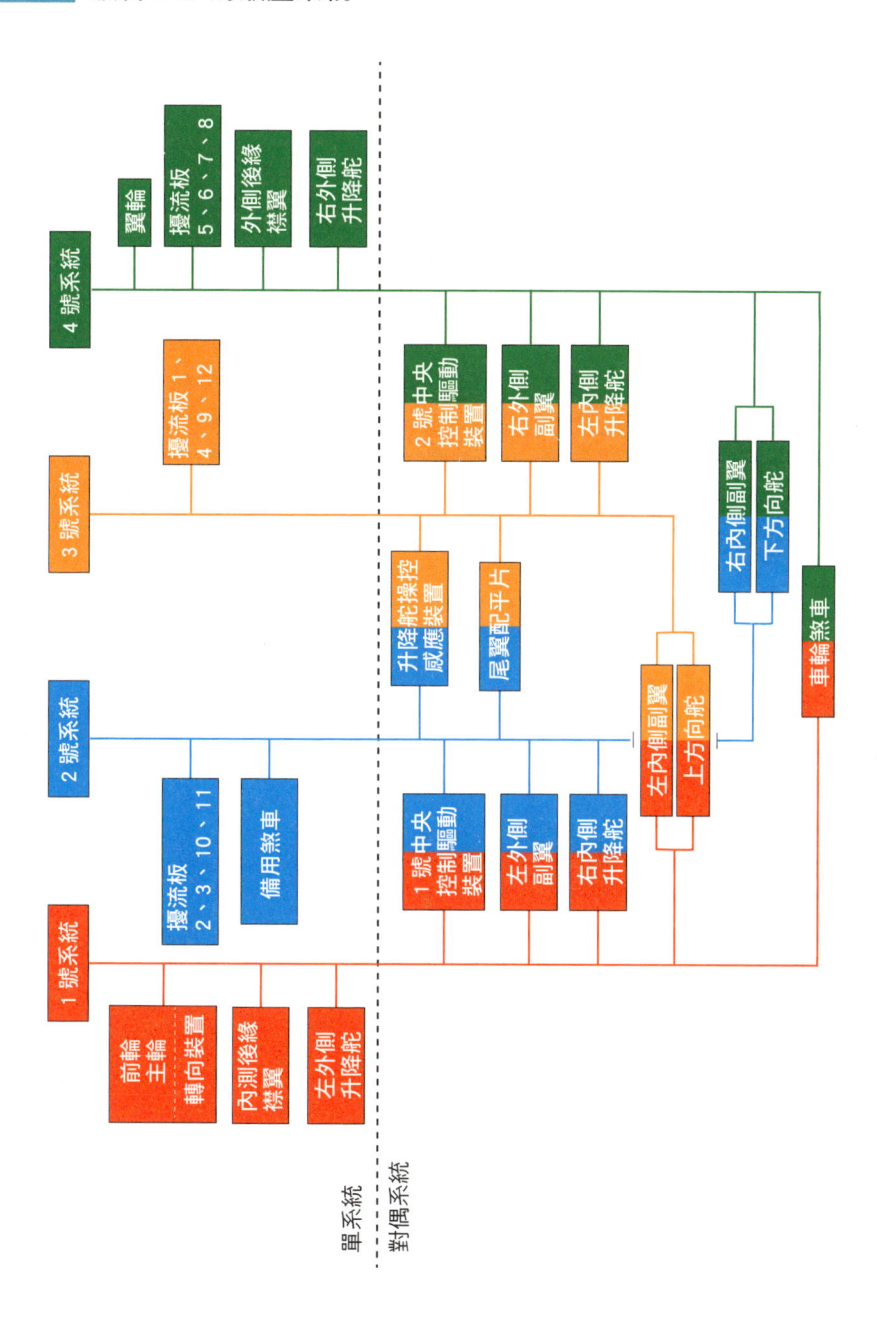

4 號系統
- 翼輪
- 擾流板 5、6、7、8
- 外側後緣襟翼
- 右外側升降舵

3 號系統
- 擾流板 1、4、9、12
- 2 號中央控制驅動裝置
- 右外側副翼
- 左內側升降舵
- 右內側副翼
- 下方向舵

2 號系統
- 升降舵操控感應裝置
- 尾翼配平片
- 左內側副翼
- 上方向舵
- 車輪煞車

1 號系統
- 擾流板 2、3、10、11
- 備用煞車
- 1 號中央控制驅動裝置
- 左外側副翼
- 右內側升降舵
- 前輪主輪轉向裝置
- 內側後緣襟翼
- 左外側升降舵

單系統　對偶系統

199

7-1-3 波音 787 的液壓系統

波音787有**左、中、右3個獨立的液壓系統**。每個系統均配備2台泵浦，排出能力為5,000 psi（約350kg/cm²）。

（1）液壓控制面板

圖**7-9**是液壓系統控制面板和MFD（多功能顯示器，Multi-function display）上的系統示意圖。

控制左右系統的主泵浦（EDP：引擎驅動泵，Engine Driven Pump）的按壓式開關安裝在左右兩側。當開關顯示ON，表示引擎啟動時已準備好開始排出。按下開關後，ON顯示消失，代表排出停止。

控制左右系統需求泵浦（EMP：電磁驅動泵，Electric Motor Pump）的選擇器安裝在面板的左右兩側。選擇器位於AUTO位置時，當左右系統壓力或EDP排放壓力下降，EMP會自動運作，將系統壓力維持在5,000 psi。此外，在引擎啟動後到EDP穩定運作前的3分鐘間，以及開始起飛到結束、或是在操作推力反向器（Thrust reverser）的飛行狀態下，EMP的排程都是自動運作。ON位置類似於波音747上ADP的CONTINUOUS位置，無論系統壓力如何，泵浦都會連續運轉，而OFF位置代表泵浦會停止。

控制中央系統EMP的是**C1和C2泵浦選擇器**。AUTO位置代表在左側或右側系統壓力降低、或起飛開始至結束、以及起落架或襟翼向下的飛行狀態等條件下，泵浦會自動運轉。而ON位置則代表無論這些條件如何，泵浦都會連續運轉，在OFF位置代表泵浦會停止。

起飛開始的定義為飛機以起飛推力開始滑行的時間點，起飛結束定義為飛行高度1,500英尺（450m）以上，起落架及襟翼收起，進入單純飛行狀態的時間點。

當開關或選擇器偵測到系統壓力低或液壓油過熱時，**故障燈**

圖 7-9 波音 787 的液壓控制面板

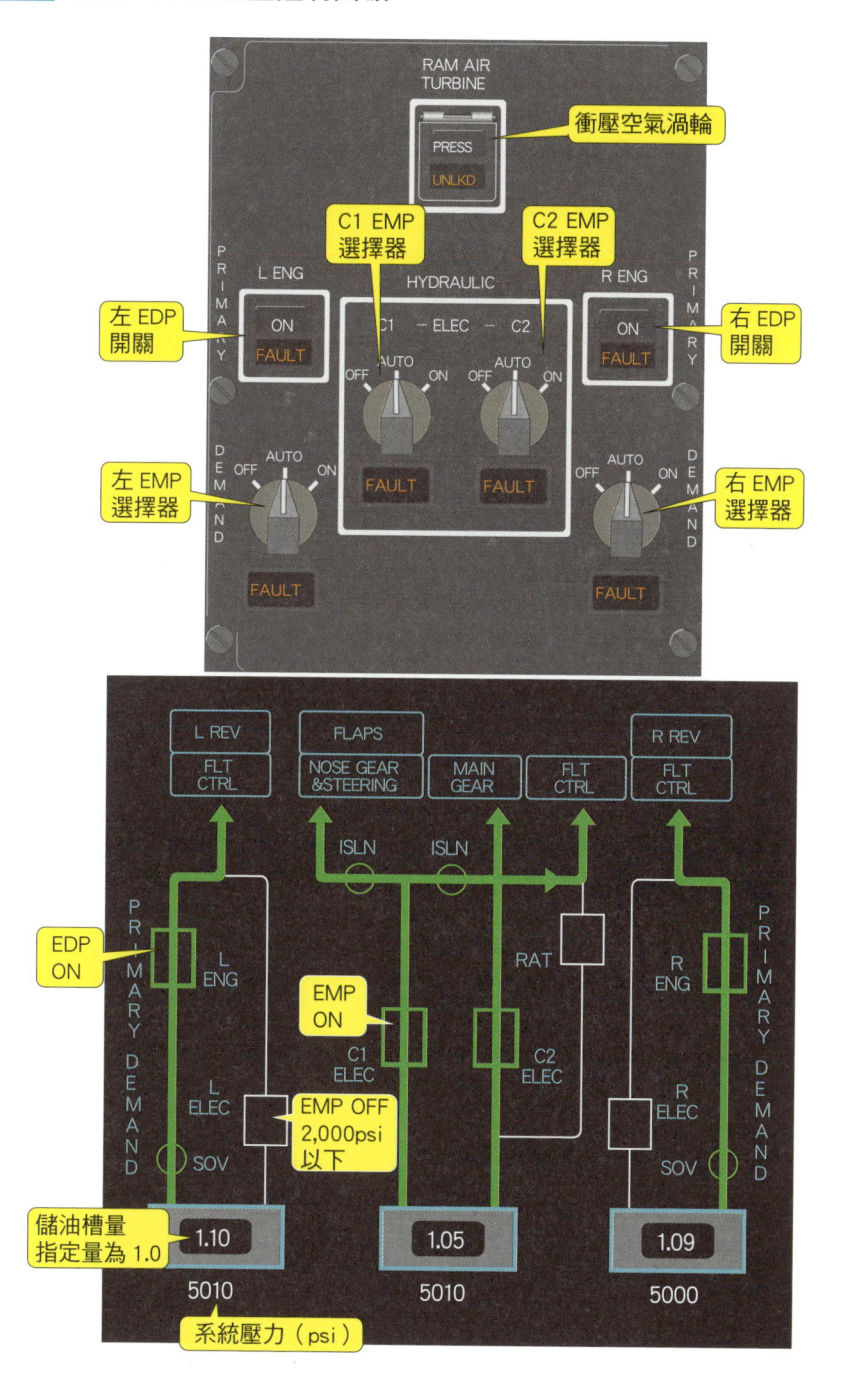

（**FAULT**）會亮起。

EMP並非像波音727或747的電動泵浦以115V交流（AC）馬達驅動，而是由**270V直流（DC）馬達驅動**。原因是直流馬達可以精確控制轉速。例如一般家庭的風扇風量如果只能設定強、中、弱，就是採用交流馬達，能夠更詳細設定微風或間歇風量的，是採用直流馬達的風扇。

（2）液壓系統

如**圖7-10**所示，對安全飛行至關重要的控制面，液壓供應相當**多元**，有**左、中、右三個液壓系統**。不過中央系統並非只向控制面供應液壓油，當左或右側系統的液壓下降時，中央系統則為備援。同樣地，左右系統的需求泵顧名思義，僅在需要時運轉。

如我們在上一節中討論的那樣，需求泵以及中央系統C1和C2泵浦，都是在起飛時自動運轉。以下讓我們來思考一下原因。

當引擎設定為起飛推力時，不僅EDP，所有EMP（左右需求泵、C1和C2泵浦）都將運轉。這是因為飛機從跑道離地升空（漂浮）後，起落架會立刻收起，因此起飛前需要中央系統的C1和C2泵浦運作。啟動需求泵的原因是假設起飛期間引擎會出現故障。

例如當左側引擎發生故障，則左側EDP將不運轉。引擎故障而導致的推力不對稱需要比正常情況更複雜的飛行控制，因此比起當左側EDP排放壓力下降後才運作EMP，更安全的是在起飛期間就讓左側EMP運轉。

此外，即使EDP和EMP同時失效，因為有中央系統備援，飛行控制也不會有問題。

第 7 章　液壓系統

圖 7-10　波音 787 的液壓系統

右引擎　25GPM　EDP

270V（DC）　27GPM　EMP

綠色系統：
- 左翼：襟副翼／右翼：副翼
- 左翼：擾流板 2、6／右翼：擾流板 9、13
- 右升降舵
- 方向舵
- 右推力反向器

13GPM　RAT

270V（DC）　27GPM　EMP

270V（DC）　27GPM　EMP

藍色系統：
- 左翼：副翼／右翼：副翼及襟副翼
- 左翼：擾流板 1、7／右翼：擾流板 8、14
- 左側及右側升降舵
- 方向舵
- 後緣襟翼
- 前緣襟翼
- 前輪轉向裝置／前方著陸裝置
- 左側及右側主著陸裝置

270V（DC）　27GPM　EMP

左引擎　25GPM　EDP

紅色系統：
- 左翼：副翼 & 襟副翼／右翼：襟副翼
- 左翼：擾流板 3／右翼：擾流板 12
- 左升降舵
- 方向舵
- 左推力反向器

203

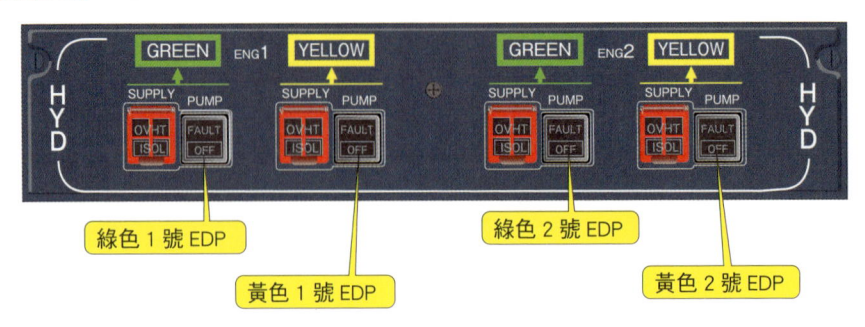

7-1-4 空中巴士 A350 的液壓系統

A350的液壓系統由**綠色**和**黃色**兩個獨立的系統組成。其主要特點是**1具引擎配備了綠色和黃色系統各自的液壓泵（EDP）**。其排放能力為5,000psi（350kg/cm^2）。

（1）液壓控制面板

如圖**7-11**所示，每具引擎都配有**按壓式開關，用於控制綠色和黃色系統泵浦（EDP）**。開關上完全沒有任何標示，代表泵浦正常運轉。此外，像這樣在1具引擎上配備不同系統的泵浦，是因為**當左右任一側引擎故障時，兩個系統的EDP不會同時無法運作**。

（2）2H/2E（2液壓/2電力）系統

如圖**7-12**所示，A350的操縱控制是「2H/2E」，由**液壓系統和電氣系統操作的雙重結構**。即使兩個液壓系統都無法運作，也可以依靠完全獨立於液壓系統的**EHA（電動液壓執行器，Electro-hydraulic actuator）**和**EBHA（電動備用液壓執行器，Electric backup hydraulic actuator）**，該執行器靠RAT的電力即可運作，進行飛行控制。

圖 7-11 空中巴士 A350 的液壓控制面板

第 7 章 液壓系統

圖7-12 空中巴士 A350 的液壓系統

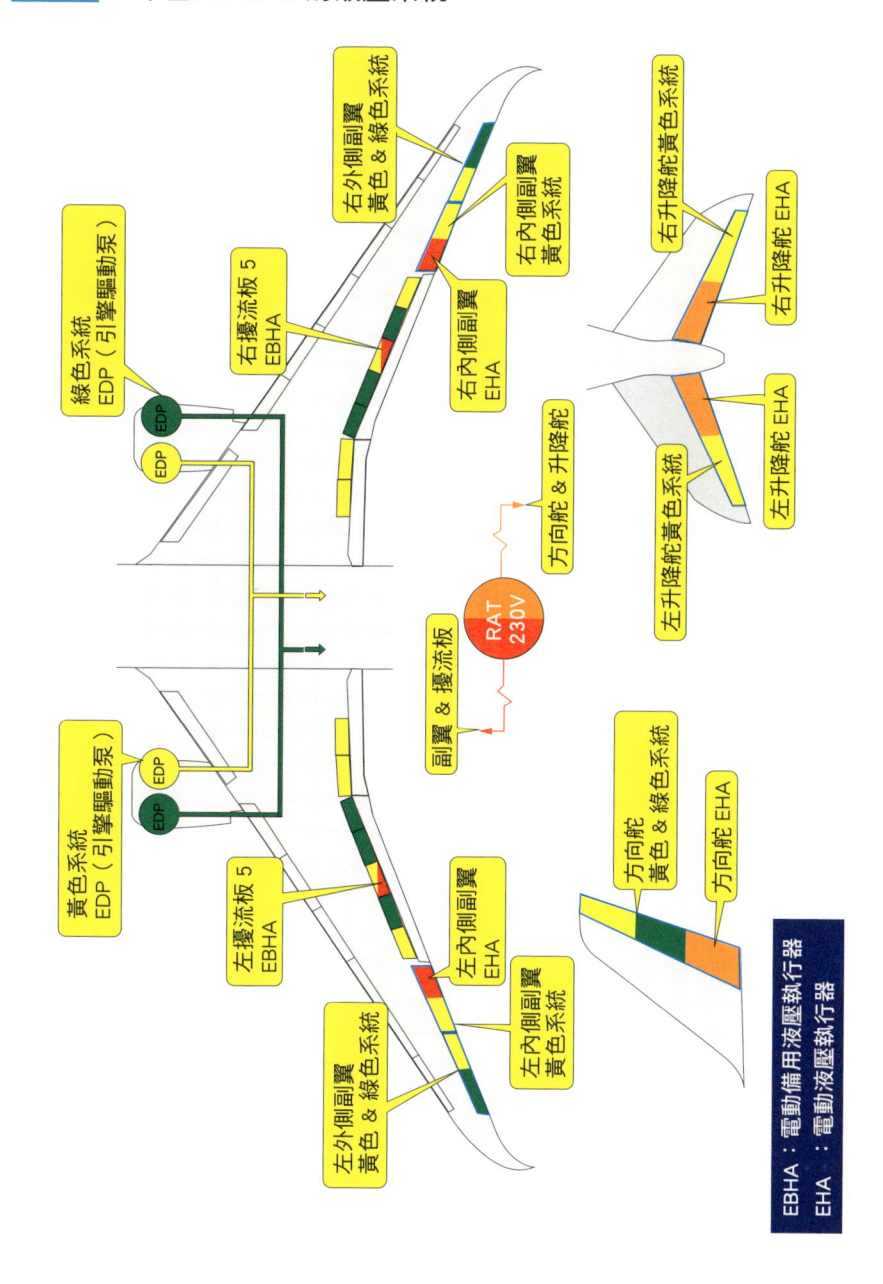

EBHA：電動備用液壓執行器
EHA：電動液壓執行器

專欄 7　「簡單的系統」卻有「複雜的操作流程」

　　波音727的系統很**簡單，但操作程序很複雜**。例如在出發準備齊備、乘客登機之前，要先啟動液壓系統，但操作過程並非只是「啟動液壓泵」。

　　首先打開2台電動液壓泵中的1台，然後打開接地閥，使系統A和B都能運作。當乘客完成登機且引擎即將啟動時，必須關閉接地閥。這是因為引擎驅動液壓泵和電動液壓泵的排出壓力會相互競爭。當引擎發電機啟動時，再打開B系統中剩下的液壓泵。

　　之所以只打開2台電動液壓泵浦中的1台，是因為單靠APU（輔助動力設備）發電機無法提供足夠的電力。因此需一邊檢查電力表，一邊操作開關。同樣的各個油箱配備的2個燃油泵，操作順序也是1個油箱搭配1個泵浦開啟運轉。當引擎發電機啟動時，就會打開剩下的燃油泵。

　　引擎啟動完成後，讓飛機朝向跑道的轉向裝置操作手柄僅安裝在左側機長座椅。因此副駕駛擔任的操作是「從起飛跑道開始，到著陸並進入滑行道前」。操作手冊上也明確指出「除了結構上無法操作的狀況外，機長與副駕駛的工作可以互相交換」。

　　波音747以後的飛機，無論哪一個座位都能完整操作從出發到抵達。大約從這時候開始，負責操縱飛機的飛行員稱為**PF（Pilot Flying）**，而協助PF並監控飛行狀態的飛行員被稱為**PNF（Pilot Not Flying）**。目前為了更明確畫分角色，已從PNF改稱為**PM（Pilot Monitoring）**。

第 8 章

空氣系統

波音 747 的控制面板

空氣系統是控制壓縮空氣、艙內溫度、通風、增壓等系統的總稱。讓我們來看看它是一個什麼樣的系統。

8-1 空調系統

即使外界溫度高於30℃或低於－60℃，飛機也必須保持機艙內舒適的溫度。讓我們看看它的運作原理。

8-1-1 蒸汽循環和空氣循環

首先，我們來看看汽車和噴射客機在空調系統上的差異。

圖8-1上半部是**汽車空調**的示例。由引擎驅動的壓縮機（Compressor）將氣態冷媒（一種代替氟利昂、易於液化和汽化的物質）升高至高溫高壓後，泵送到冷凝器（Condenser）。

高溫、高壓的氣態冷媒在冷凝器中被冷卻，變成低溫、高壓的液體，並透過儲液器（Receiver）和乾燥器（Drier，分離乾燥器）去除水分和異物。然後利用膨脹閥（Expansion valve）使低溫、高壓的液態冷媒一口氣膨脹，成為低溫、低壓的霧狀，進入蒸發器（Evaporator）。

車內的熱空氣透過鼓風機吹入蒸發器，使低溫、低壓的霧狀冷媒蒸發。當冷媒霧氣變成氣體時，它會吸收周圍的熱量，因此通過蒸發器的空氣變成冷空氣，可以讓車內冷卻。

這種透過冷媒的壓縮、液化、膨脹和汽化循環產生冷空氣的方法稱為**蒸汽循環（Vapor cycle）**。

圖8-1的下半部是**噴射客機**的示例。這是一種利用**空氣循環**的系統，絕熱壓縮（Adiabatic compression）是指壓縮空氣後，即使不從外部加熱，溫度也會升高，反之，絕熱膨脹（Adiabatic expansion）就是讓空氣膨脹後使溫度下降。從引擎壓縮機中部抽取的高溫高壓空氣透過由壓縮機和渦輪組成的**ACM（空氣循環機，Air cycle machine）**

第 8 章 空氣系統

圖 8-1 蒸氣循環及空氣循環

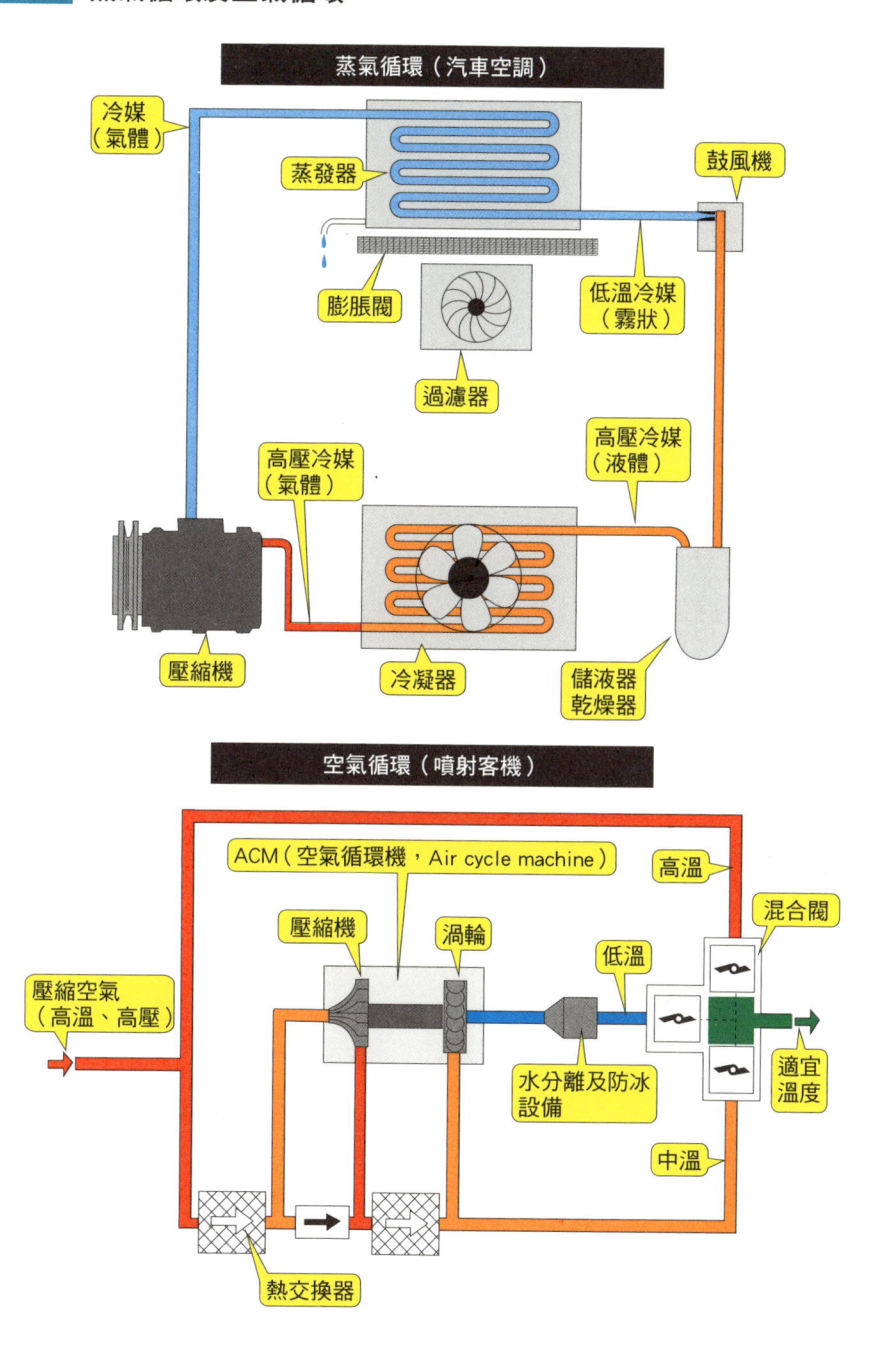

產生低溫空氣。將低溫空氣與中溫及高溫空氣混合，調節為最佳溫度後供應至機艙內。

8-1-2 波音 727 的空調系統

目前主流方式是將壓縮空氣、空調、增壓等列為空氣系統，記載於說明書內。然而在727活躍的時代，空調和增壓被歸類為空調和增壓系統，而從引擎壓縮機抽取壓縮空氣（引氣，Bleed air）相關事項則被視為氣動系統。

（1）控制面板

圖8-2是波音727引擎JT8D在地面標準大氣狀態（15℃，1大氣壓）下設定巡航推力時，引擎內部溫度和壓力的示例。從8級壓縮機抽取的引氣主要用於空調。備用的引氣抽取自比8級更高溫、高壓的13級壓縮機，而風扇出口的引氣用於冷卻。

圖8-3是飛行高度31,000英尺（約9,400 m）的巡航時面板設定狀態。如圖8-3所示，分為引氣控制面板、機艙空調控制面板和增壓（維

圖 8-2 引擎（JT8D）內部溫度及壓力

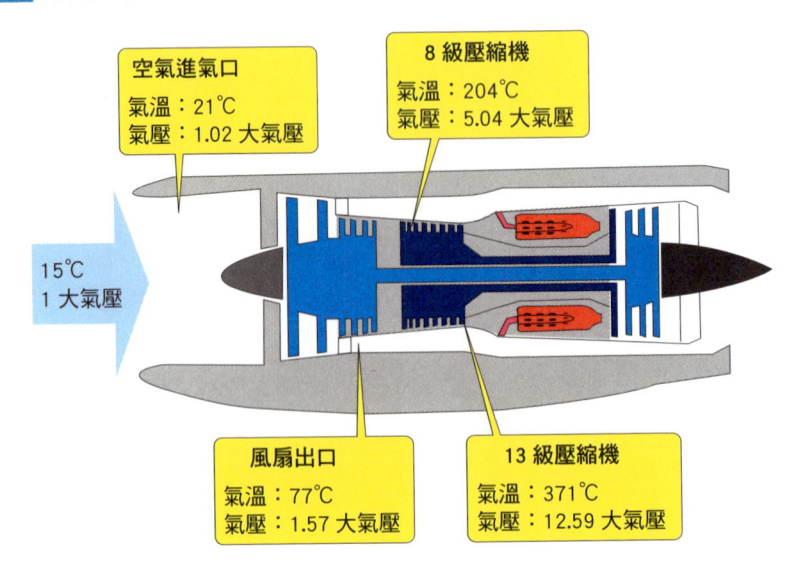

空氣進氣口
氣溫：21℃
氣壓：1.02 大氣壓

8 級壓縮機
氣溫：204℃
氣壓：5.04 大氣壓

15℃
1 大氣壓

風扇出口
氣溫：77℃
氣壓：1.57 大氣壓

13 級壓縮機
氣溫：371℃
氣壓：12.59 大氣壓

第 8 章 空氣系統

圖 8-3 波音 727 的控制面板

持艙內氣壓恆定）控制面板。

（2）引氣系統

參考圖8-4，我們來看看每個開關和儀表的功能。**A/C PACK（空氣調節組件）**是ACM（空氣循環機）、熱交換器、冷卻風扇等空調所需設備的總稱。順帶一提，這個名字不僅波音公司，空中巴士公司也同樣使用。

如**圖8-4**所示，飛行時，1號及3號引擎的引氣開關 ❶、❷ 位於OPEN位置，2號引擎/APU引氣開關 ❸、❹ 位於CLOSE位置。左右空氣調節組件開關位 ❺、❻ 於於ON位置。這個面板組顯示由1號引擎提供引氣給左空氣調節組件，3號引擎提供引氣給右空氣調節組件。

引氣的溫度和壓力會被調整成適合空調的氣流。例如當推力桿控制到最小推力怠速時，第8級壓縮機引氣的溫度和壓力不夠，因此第13級的流量控制閥 ⓫ 將打開，釋放比第8級更高溫、高壓的引氣。反之，當溫度或壓力過高時，預冷控制閥 ⓬ 將打開，由風扇口的低溫引氣來將之冷卻。如果溫度仍然沒有下降，感應器 ⓭ 將會關閉引氣閥，停止對空氣調節組件供氣，並使警示燈亮起。

到達目的地並啟動APU（輔助動力設備）後，將引擎2/APU引氣開關 ❸、❹ 置於OPEN位置，引擎2的引氣閥 ❸、❹、❼ 及APU的引氣閥 ❽ 打開。同時關閉閥門 ❾、❿，切斷引擎的引氣。透過此操作，即使引擎停止，APU的引氣也能讓兩個空氣調節組件運作。

要啟動引擎而將左右空氣調節組件開關 ❺、❻ 置於OFF位置後，打開閥門 ❾、❿，準備透過APU引氣來啟動引擎氣動啟動器（利用壓縮空氣旋轉的引擎啟動器）。

（3）空氣調節組件系統

圖8-5是空氣調節組件示意圖。以下參考該圖來檢查其運作原理。

圖 8-4 波音 727 的引氣系統

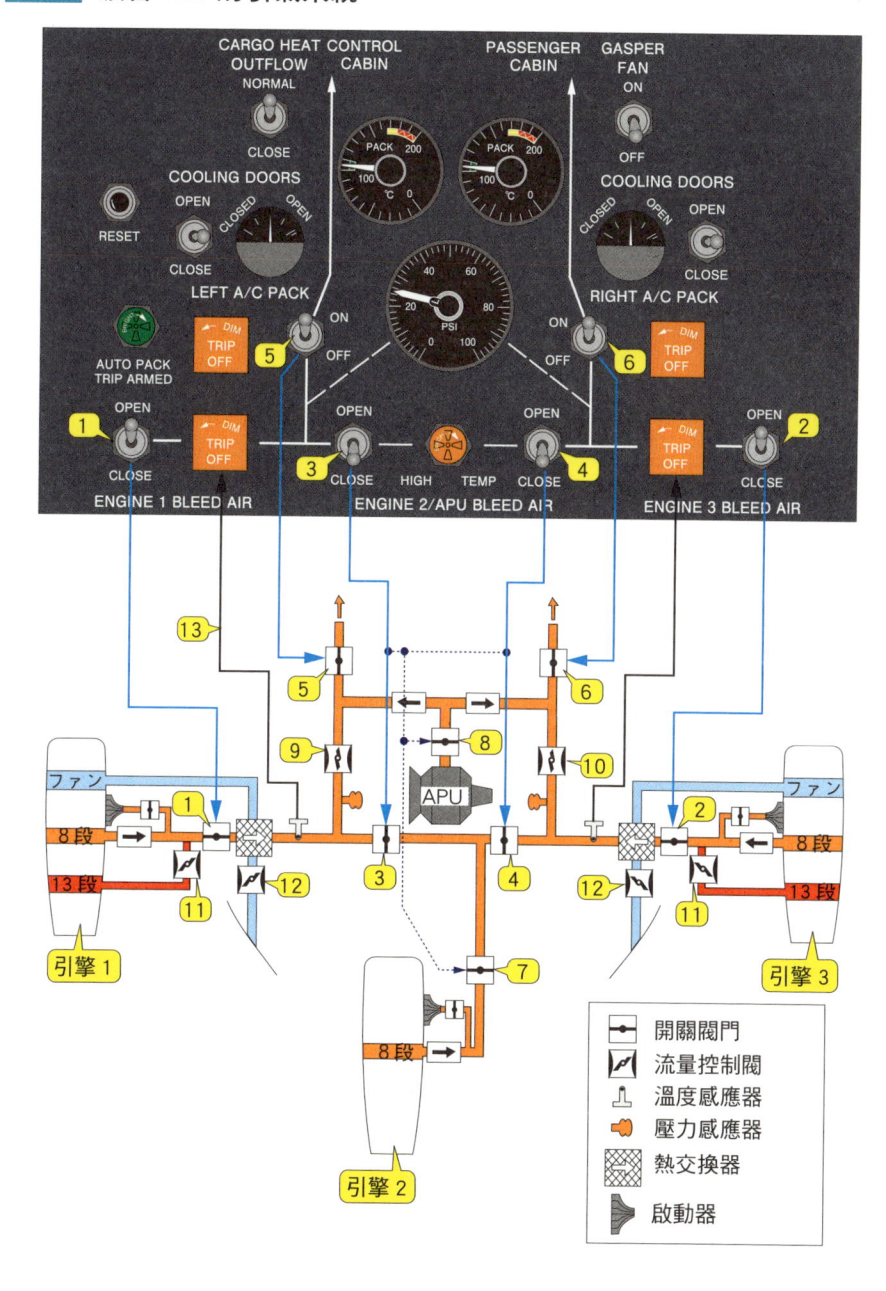

括號中的溫度是巡航期間的範例，會根據引擎輸出、飛行速度、外界溫度等而有很大變化。

當空氣調節組件開關 ❶ 打開時，組件閥門會打開，高壓、高溫（180℃）的引氣流入空調機組。首先，經由熱交換器 ❷ 被冷卻（80℃）。在壓縮機 ❸ 會產生高壓，溫度也上升（110℃）。然後再經過熱交換器 ❹ 被冷卻（50℃）。如此反覆冷卻，積蓄的壓力能轉換成速度能，使渦輪 ❺ 旋轉。完成渦輪機轉動的引氣會消耗壓力能，變成低壓。換句話說，引氣是因為絕熱膨脹而變成冷空氣。

這些冷空氣（2℃）透過混合閥 ⓭，與中溫（50℃）和高溫（180℃）的空氣混合，可以達到適當的溫度（24℃）。順帶一提，夏天穿輕薄衣服時，會將溫度調整為比24℃稍高一點，而冬天穿厚衣服時，溫度將設定稍微低一些。

空氣調節組件具有保護功能。首先，引擎在飛越雲層時，經常會吸入含有水分的空氣，因此，如果引氣中含有的水分結冰，水分離器 ❻ 可能會被堵塞。因此，當渦輪出口溫度低於2℃時，35℉閥的閥門 ❼ 會打開，允許中溫空氣流入，控制溫度以防止結冰。

它還具備耐高溫保護功能。首先，當壓縮機出口溫度達到115℃以上，冷卻門 ⓫ 將完全打開，增加流入熱交換器的外部空氣量（飛行高度10,000m時為負50℃）。若溫度仍不下降且壓縮機出口溫度超過200℃，則組件跳閘警示燈 ❾ 會亮起，關閉組件閥門並啟動電動冷卻風扇 ⓬，強制讓外部空氣流入。另外，當渦輪入口溫度達到98℃以上，同樣的組件跳閘警示燈 ❿ 會亮起，關閉組件閥門並啟動電動冷卻風扇 ⓬。

（4）溫度控制系統

以下參考**圖8-6**和**圖8-7**來檢查溫度控制原理。首先，駕駛艙溫度

圖 8-5 波音 727 的空氣調節組件控制

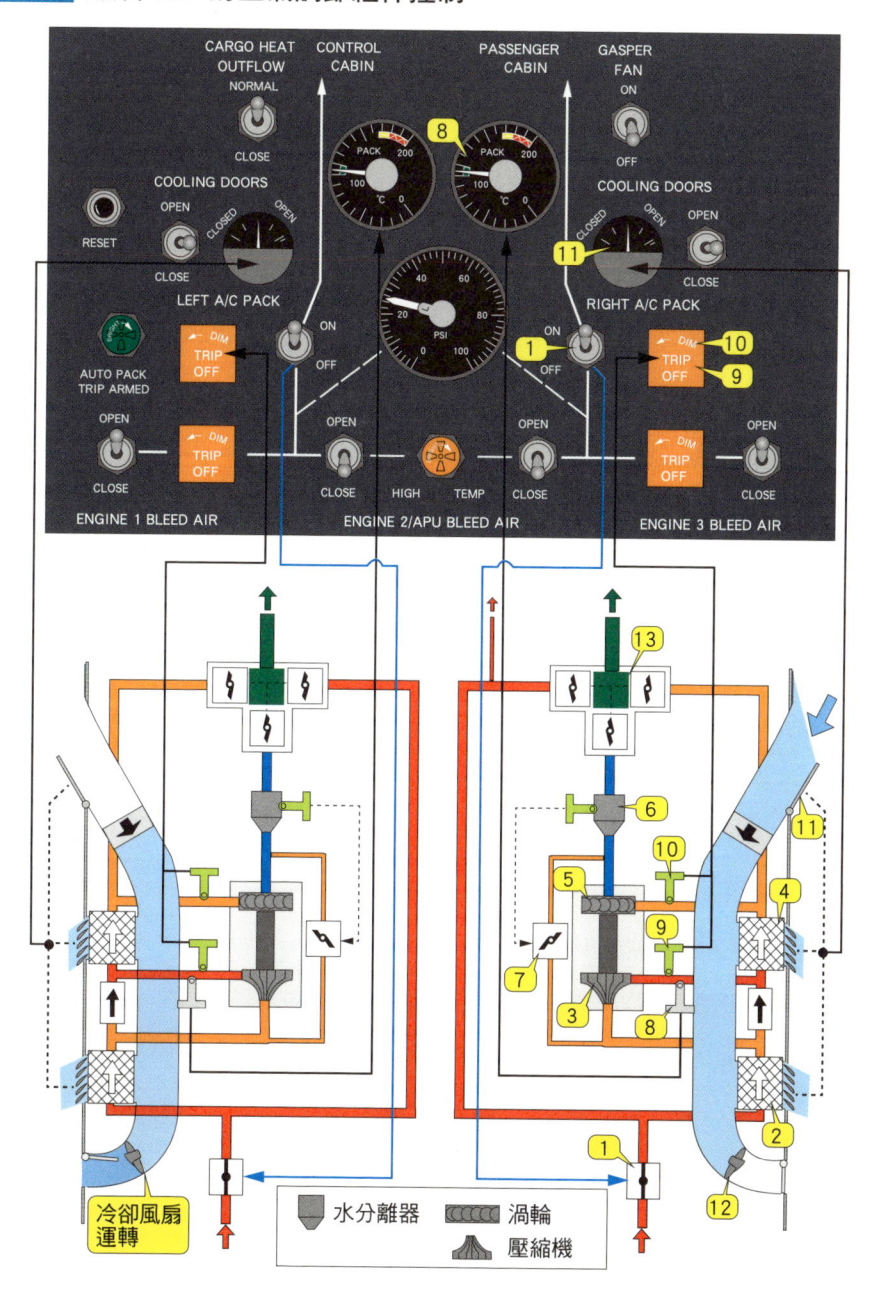

控制器❶設定為AUTO（自動）。在這個位置，透過溫度調整裝置，混合閥❸會將控制器調整至客艙設定溫度。另一方面，客艙用的控制器❷位置設定為MANUAL（手動），如果要維持在COOL，則將混合閥❹向COOL側移動，如要維持WARM則移動至HOT。此外當手鬆開控制器，它就會彈回並返回到中間位置。

溫度表不僅可以選擇客艙實際溫度❽、❾，還可以選擇主供氣溫度❼和前後供氣溫度❺、❻。此外，駕駛艙內沒有溫度表。因此，操作溫度的方式是以所有飛行員反映的意見為主。

如果溫度感應器❿或⓫感測到190℉（88℃）以上，管道過熱警示燈將亮起，混合閥將置於全冷位置。如果溫度仍然上升且溫度表讀數為滿刻度210℉（121℃），空氣調節組件閥門將關閉，且組件跳匣警示燈會亮起。

圖 8-6 波音 727 的機艙溫度控制

第 8 章　空氣系統

圖 8-7　波音 727 空氣調節組件整體圖

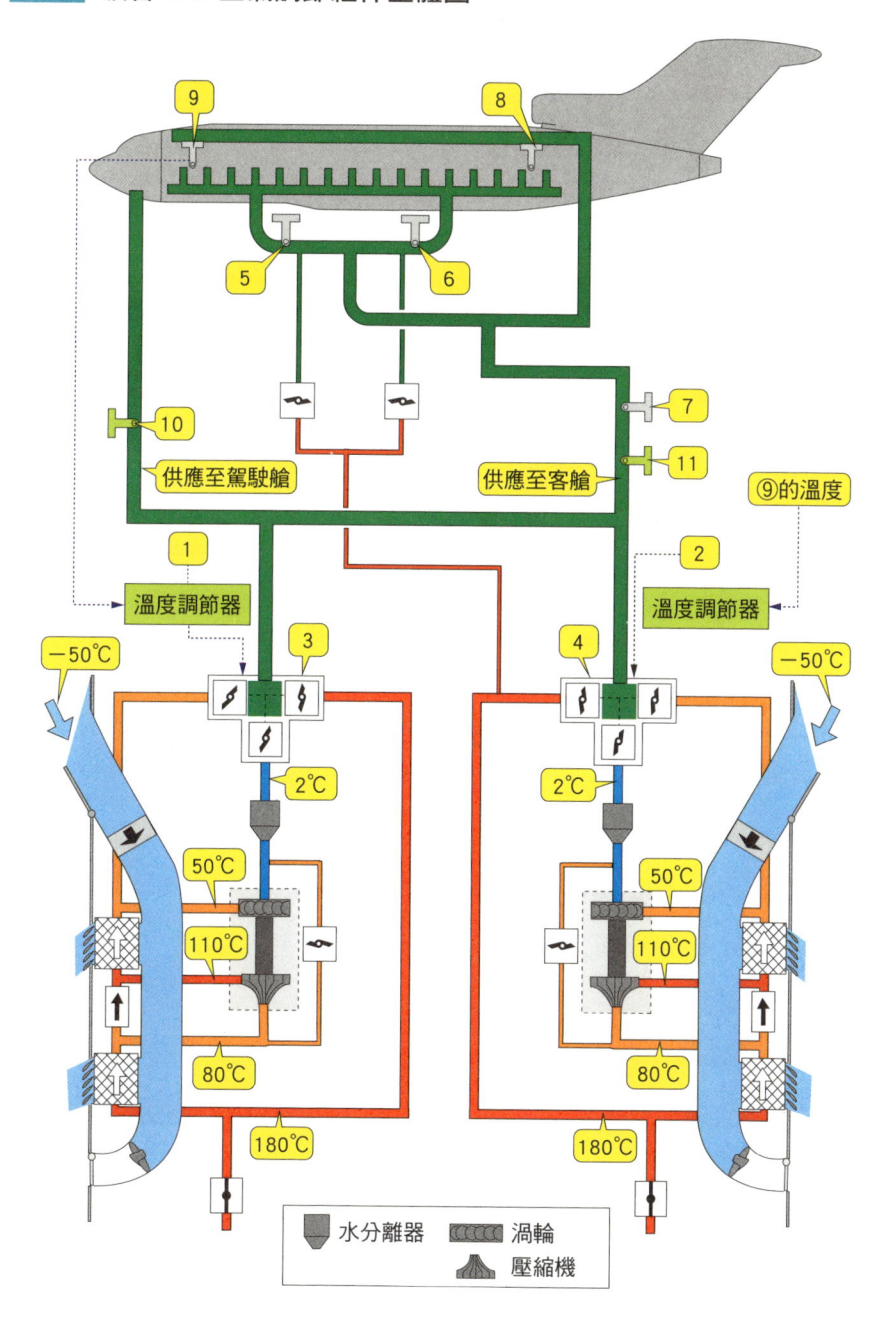

8-1-3 波音 747 的空調系統

波音747比727更大，由於國際航班規格不同，有些區域的座位數和配置也有顯著差異。因此**需要對每個區域進行相應的溫度控制**。以下先來看看它是一個什麼樣的系統。

（1）控制面板

圖8-8是**艙內溫度**、**引氣**和**增壓**等各系統的控制面板。從圖片最上方機艙溫度控制面板的左上側開始，分為上層的2樓商務艙，1區駕駛艙，2區的1樓頭等艙、3區商務艙、4區的經濟艙，共有5個區域。

當各區溫度控制器處於AUTO位置時，會由溫度調節的配平閥門自動控制，將各區溫度控制在18℃至29℃之間。將選擇器旋轉至MANUAL（手動）位置並手動操作配平閥門，可讓機艙溫度降低至4℃。

機艙溫度控制面板的圖示的下半部，是顯示組件系統1的ACM OUTLET（空氣循環機出口，Air cycle machine exit）溫度和COMP DISCH（壓縮機排氣）溫度的範例。最下方是與所需機艙溫度相對應的閥門和檢查冷卻系統運作狀況的儀表。

圖面中央的**引氣控制面板**顯示了4個引氣閥及2個組件系統正在運作，其中1號至4號引氣閥為開啟，1號和3號組件閥為開啟，2號閥為關閉狀態。

最下方與**壓力控制**相關面板，顯示巡航高度為38,000英尺（約11,600 m），客艙高度為5,780英尺（約1,760 m），控制客艙壓力的放氣閥（減壓閥）顯示為關閉75%。

（2）引氣系統

圖8-9為控制面板開關位置和引氣系統之間的關係。❶、❷、❸、❹代表1號、2號、3號、4號引擎引氣閥的開關位置與閥門開閉的關

第 8 章　空氣系統

圖 8-8　波音 747 的控制面板

係。隔離閥 ⑤、⑥ 的作用是隔離供給空氣調節組件系統及防冰系統等的引氣。

右上方的再循環風扇開關是控制強制各區域空氣循環的風扇開關。題外話，在正常操作期間，1區的再循環風扇將維持在關閉位置，因為狹窄的駕駛艙內吹氣噪音很大。

引氣的供應來源主要來自第8級低壓壓縮機。當引擎在下降階段等低輸出運轉時，引氣溫度和壓力會降低，這時第14級高壓壓縮機的高階閥門 ⑩ 會打開，綠色HISTAGE指示燈亮起。此外，在地面期間引擎停止時，由APU（輔助動力設備）提供引氣源。當APU引氣閥 ⑬ 開啟時，可向液壓空氣泵、空調、引擎啟動器等供氣。

透過控制預冷器閥門 ⑪ 的開啟和關閉，引氣保持在350°F（178°C），這是防冰系統和空調機組的適當溫度。但是當溫度超過380°F（193°C）時，透過控制引氣閥的開閉位置以減少通過預冷器的流量，提高冷卻效果。如果溫度仍未下降並持續升至450°F（232°C）以上，引氣閥將關閉且過熱指示燈將會亮起。

如果因管道裂縫或連接部件分離而導致引氣洩漏，隔離閥具有隔離洩漏並防止客艙突然減壓的作用。例如，如果管道壓力表 ⑫ 指示為零，則操作關閉 ⑤、⑥ 任一隔離閥。如果左側管道壓力指示保持為零，而右側管道壓力指示返回正常值，可判斷左側管道有洩漏。

（3）空調機組系統

圖8-10是操作3號空氣調節組件開關前的示例。操作組件開關時，按下組件選擇開關 ⑧，設定輪機旁通閥（TBV，Turbine bypass valve）⑶、冷卻空氣進氣口 ④、冷卻空氣出氣口 ⑤ 的前置條件，也就是確認初始位置。須設定前置條件的原因，是因為透過提前打開TBV，可防止引氣一下子流入渦輪 ②，減少作用在ACM（空氣循環

第 8 章 空氣系統

圖 8-9 波音 747 的引氣系統

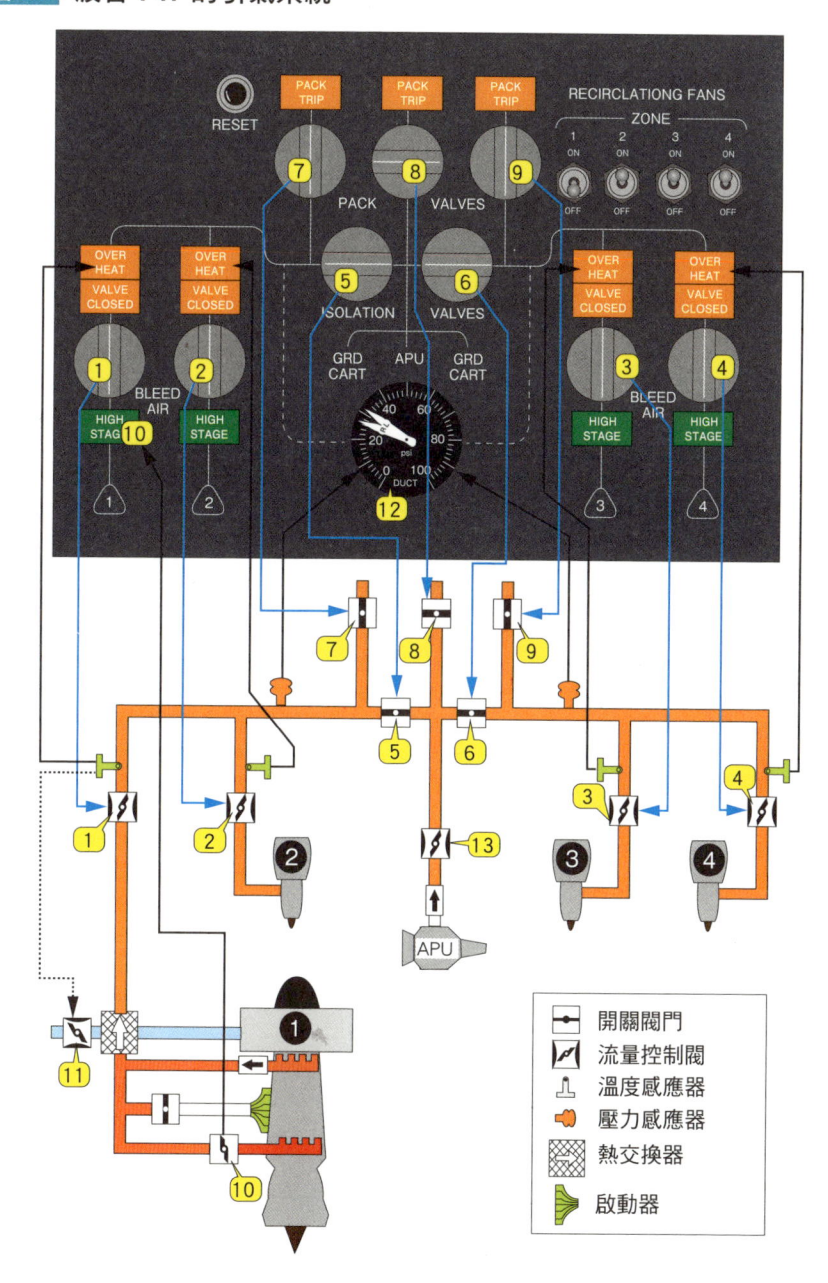

機）上的初始負載。

由於地面上的引擎輸出和引氣壓力較低，該前置條件如圖所示，③為1/4 COOL（25% 開啟），④、⑤為全COOL（完全開啟）。飛行期間，當引擎輸出高且引氣壓力高時，③為全HEAT（全開），④為全COOL（全開），⑤為3/4 HEAT（25%開啟）。出氣口⑤沒有完全打開，是為了抑制飛機阻力增加，飛行過程中最大位置為25%開啟。

TBV還具有防止結冰的作用，類似於波音727的35°F閥門，但它主要是透過開閉閥門來控制通過渦輪機的引氣量，進而決定渦輪所做的功量。接著自動空氣調節控制器將控制TBV、冷卻空氣進氣口、出氣口等各自開閉位置，提供35°F（2°C）～135°F（57°C）之間的調節空氣。順帶一提，波音727的冷卻空氣進氣口及出氣口必須手動操作，以確保它們在每個飛行階段處於指定位置。

如上所述，TBV、冷卻空氣進氣口及出氣口一起運作，因此如果它們的平衡被破壞，可能會導致組件系統故障。尤其是如果TBV位於全COOL（100%關閉），但冷卻空氣入口和出口門位於HEAT，則大量引氣將在高溫的情況下作用於渦輪機。所以當在這種情況下，組件閥門①會自動關閉，且PACK TRIP燈⑨會亮起。

針對引氣過熱，還有一個保護機制。如果渦輪機出口溫度⑥高於185°F（85°C）、或壓縮機排氣溫度⑦高於425°F（218°C），則組件閥①將自動關閉，且PACK TRIP燈⑨會亮起。

（4）區域溫度控制系統

區域溫度控制系統是以需要最低溫度的區域為基準，利用配平空氣閥加入適量高溫引氣，對應每個區域的所需溫度。

圖8-11是以提供給區域4的溫度為基準的範例。為了讓第4區的溫度①達到溫度控制器⑤所設定的最佳溫度24°C，調節空氣供應管路

第 8 章 空氣系統

圖 8-10 波音 747 的空氣調節組件系統

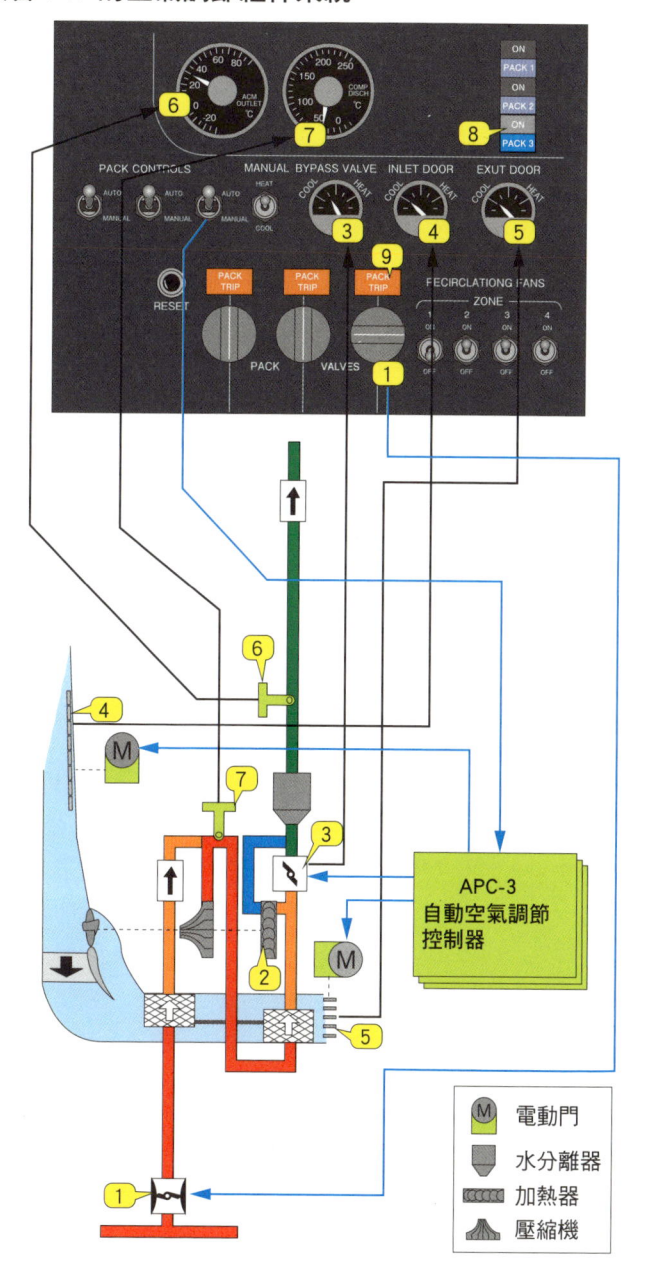

內的溫度②為18℃，配平空氣閥④設置為全COOL（全閉）。也就是說，在不引入高溫空氣的狀態下，透過供應18℃的ACM出口溫度，將4區維持在24℃。

　　1、2、3區各自的自動空氣調節控制器接收來自4區溫度控制器的訊號，並將其各自的ACM出口溫度控制在18℃。1、2、3區的溫度控制器透過打開和關閉配平空氣閥，控制管道溫度（送風溫度），使每個區域的溫度維持在24℃。例如在區域3中，將管道溫度⑧設定為28℃，室內溫度就會是24℃。

　　如果僅將第4區溫度控制器⑤設定為MANUAL位置⑥，則將根據第4區以外，供給風管溫度最低的區域來決定ACM出口溫度。將所有溫度控制器置於MANUAL位置，則區域溫度會與該區溫度控制器斷開，並將ACM出口溫度保持在35℉（2℃）。因此，溫度低的區域，溫度控制器須維持在HEAT位置，以調節該區域的溫度。

　　區域溫度控制系統還具有過熱保護功能。當管道溫度②升至185℉（85℃）以上時，配平空氣閥將關閉，且OVER HEAT指示燈③將亮起。

第 8 章 空氣系統

圖 8-11 波音 747 的區域溫度控制系統

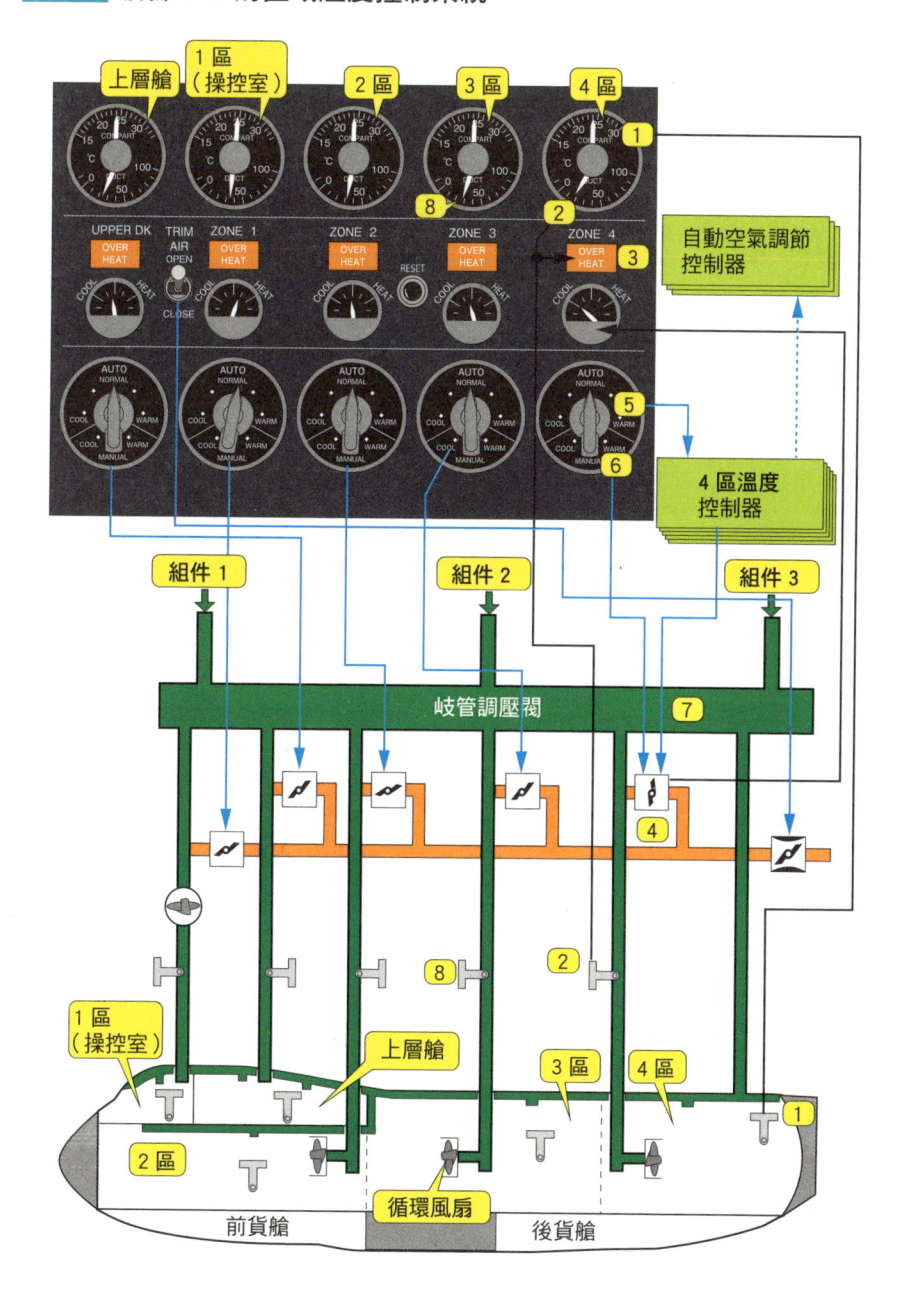

8-1-4 波音787的空調系統

其一大特點是使用**CAC（機艙空氣壓縮機，Cabin air compressor）**電動壓縮機來壓縮吸入的外部空氣。目的是透過利用空調組件消耗的大量壓縮空氣產生推力來改善燃油消耗（節省約3%）。

圖**8-12**是波音787航空系統頁面顯示與控制面板上各開關的關係圖。

左右組件開關❶、❷上的AUTO顯示代表使用270V直流電源運轉的CAC、以及組件系統是自動控制的。由於不使用引氣，因此無論引擎輸出如何，都可以精確控制CAC，將最佳壓縮空氣輸送到組件系統以調節艙內溫度。在正常飛行下，它會維持在AUTO位置，但如果想使用GPU（地面電源設備）的空調，則必須手動將組件開關推至OFF位置。

即使位於AUTO位置，當引擎啟動時，須集中電力啟動VFSG（可變頻啟動發電機），CAC會自動停止且開關會顯示OFF。另外，如果壓縮機出口溫度過高，CAC將自動停止並顯示OFF，這是系統的保護功能。

系統顯示器上的深紅色數字代表駕駛艙溫度控制旋鈕❸、和客艙溫度控制旋鈕❹選擇的溫度。相對於此，每個區域中的白色數字是實際溫度。而溫度控制是根據白色數字顯示❺的乘客人數。

當控制配平空氣閥的開關❻、❼打開時，配平空氣（暖空氣）被添加到空調組件的冷空氣中，使溫度達到18至29°C。再循環風扇❽用於輔助組件系統，維持機艙內通風。當所有組件系統發生故障，打開通風（換氣）開關就可開啟備用通風閥❿。儘管無法加壓，但透過引入外部新鮮空氣，可以讓機艙通風換氣。

圖 8-12 波音 787 的溫度控制系統

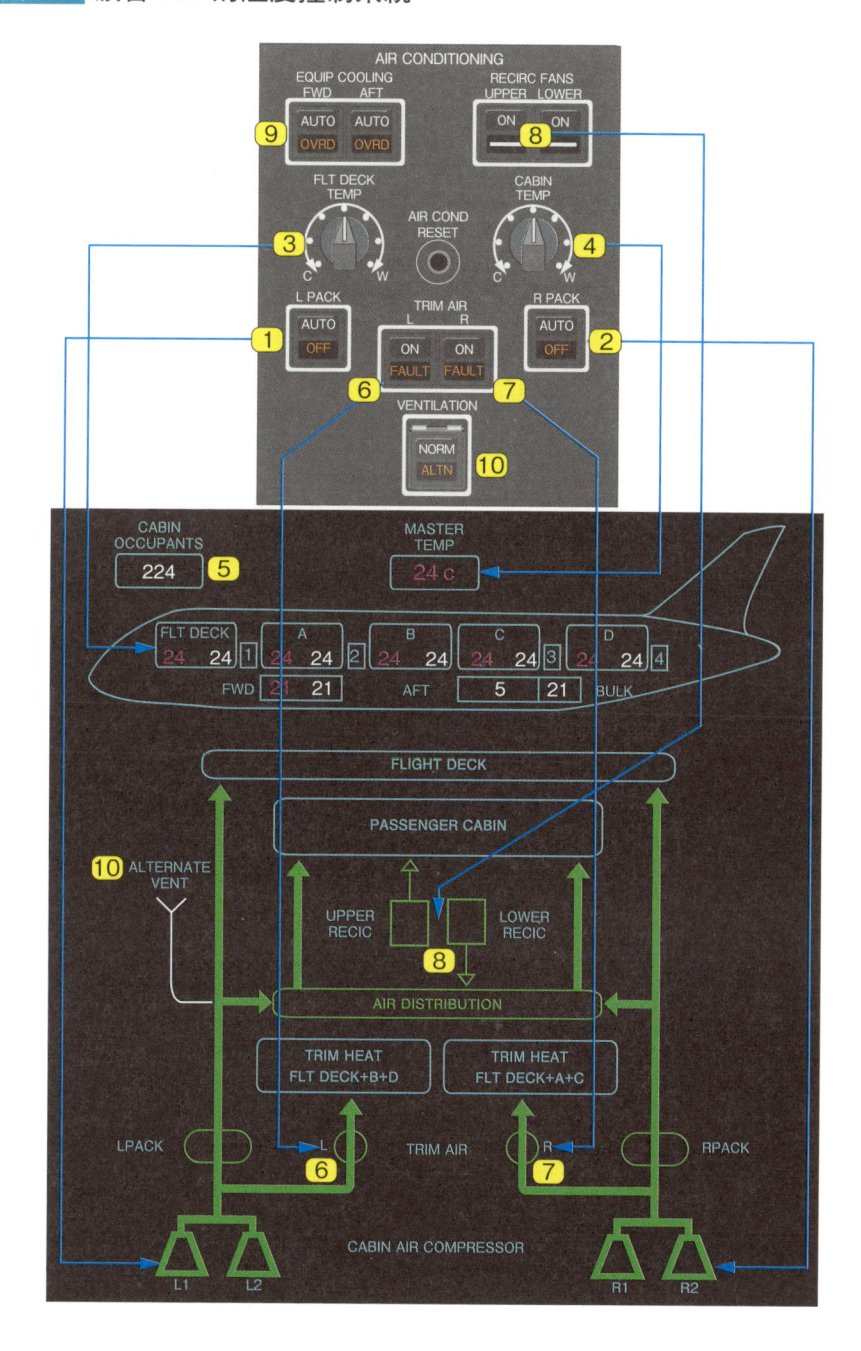

8-1-5 空中巴士 A350 的空調系統

A350的引氣系統在正常飛航期間能夠自動控制，無需像波音727和747那樣手動操作開關。不過也可以透過按壓按鈕取消自動控制。順帶一提，787的空調組件不使用引氣，僅在引擎進氣口的防冰裝置上使用引氣，並且在正常飛航時不需要執行開關操作，而是自動控制的。

引擎引氣會以最適合空調組件的溫度150℃和氣壓30 psi（約2大氣壓）的狀態，被送到組件系統。此外，APU（輔助動力設備）引氣不僅可以在地面使用，在飛行期間高度在22,500 英尺（約6,800 m）以下時，也能用於空調組件。

圖8-13中的PACK 1 ❶ 和PACK 2 ❷ 是控制將引氣送到組件系統閥門的開關。如圖8-13，組件閥門各配備2個。HOT AIR 1 ❸ 和 HOT AIR 2 ❹ 是與波音747的區域配平空氣閥具有相同作用的閥門。配平後的調節空氣供應劃分，波音客機分為1區駕駛艙、以及4個區域的客艙，共有5區；A350分為1區駕駛艙、以及7個區域的客艙，共有8區，劃分更為詳細。客艙的溫度控制主要以駕駛艙內的客艙溫度選擇器 ❺ 執行，但客艙乘務員也可以調節客艙內各區域的溫度。

圖中 ❻ 的RAM AIR開關與波音787上的通風開關作用相同。如果兩個組件系統都出現故障，透過打開開關，可以從外部引入空氣，讓飛機艙內通風換氣。

8-1-6 增壓系統

組件系統吸入外部空氣，將其轉化為調節過的空氣，然後供應至機艙，如果不排出，機艙內的壓力將變得過高，導致飛機結構出現問題。因此，使用減壓閥（放氣閥，Outflow valve）將其釋放到飛機外部。

圖 8-13 空中巴士 A350 的溫度控制系統

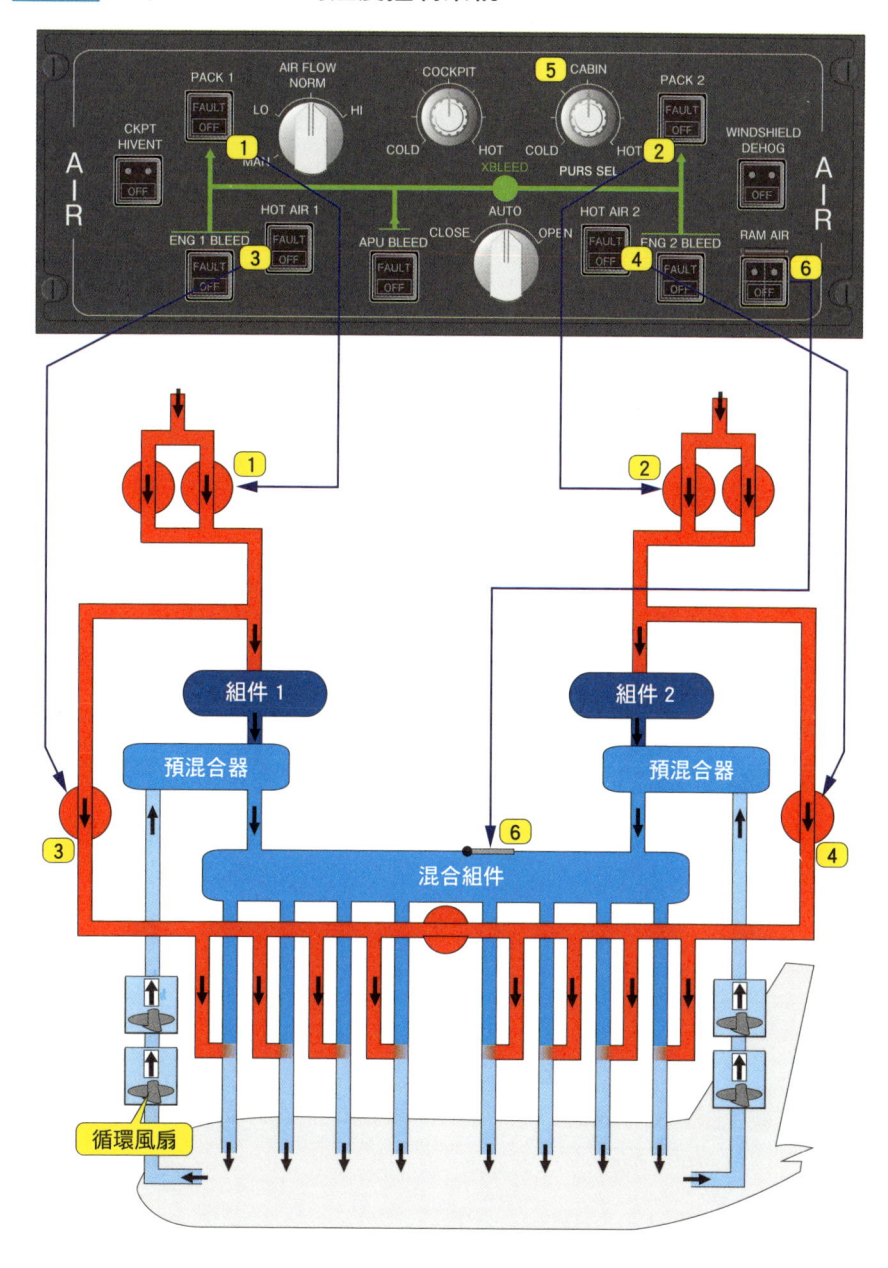

增壓系統是透過調節放氣閥所釋放的空氣量來控制艙內壓力。如果打開閥門增加釋放的空氣量，機艙內的壓力會降低，如果關閉閥門並減少釋放的空氣量，艙內壓力就會增加。

　　然而，艙內並非一直維持與地面相同。原因就在作用在機體上的空氣力。當在天空中升得愈高時，外部氣壓就會下降。例如，當飛行高度為10,000m時，外部氣壓約為3噸/m^2，如果機艙壓力維持在1大氣壓（約10噸/ m^2），艙內與外部空氣之間的壓力差約有7噸/ m^2的**膨脹力**會作用在飛機上。由於飛機會因為每次飛行而會承受膨脹及恢復的**反覆荷載**，因此會希望盡量縮小壓差。

　　為此採用將飛機內部壓力降低到1大氣壓力以下的方式，換句話說，就是**提高機艙高度，以縮小與飛行高度之間的差異**。不過法律規定機艙最大高度為 2,400m（8,000英尺）。而波音787的機身由碳纖維強化塑膠等複合材料製成，最大高度為1,800m（6,000英尺），低於法令限制。

　　圖8-14是每架飛機的**壓力控制面板**的比較範例。波音747的面板顯示飛行高度為38,000英尺（11,600 m），機艙高度為5,780英尺（1,760m），壓差表讀數為8.9psi（磅/平方英寸），減壓閥顯示狀態為打開約4分之1。飛行高度處的外部氣壓為3 psi（約2噸/m^2），機艙高度的氣壓為11.9 psi（約8噸/ m^2），因此壓力差為8.9 psi（6噸/m^2）。

　　如此透過**將飛機內部的氣壓降低到地面壓力的80%**，作用在飛機上的負荷大約減少1噸/ m^2。

第 8 章 空氣系統

圖 8-14 增壓系統

專欄 8　共享資訊以提升操作流程效率

　　波音727和747的增壓系統控制面板上裝有壓差表、機艙內升降指示器、機艙內高度表等，以及用於設定機艙內高度的旋鈕或高度指示窗，一定是一個大型控制面板。

　　另一方面，波音787和空中巴士A350的控制面板沒有這些儀表和旋鈕，因此它們的尺寸不到波音727和747的四分之一。

　　我們來思考一下原因。

　　首先，波音727和747的增壓系統是**完整的、獨立的系統**。由於該系統獨立於飛行控制系統，因此需要透過將機艙高度設定為與當前飛行高度相符，用來維持安全壓差。

　　另一方面，波音787和空中巴士A350的增壓系統不需要飛行員操作，而是自動控制。原因是當前飛行高度和外部空氣狀況等資訊被數位化處理，並與飛機所有的資訊互相共享。換句話說，**共享資訊使操作流程更有效率**。

　　提到數位化，波音787和空中巴士A350可以在中央顯示器上顯示引擎儀表，同時顯示機艙高度和壓差狀態等資訊。這就是控制面板上沒有安裝儀表的原因。大氣系統的示意圖可以在顯示器上顯示。順帶一提，直到波音747的時代來臨前，這些資訊都是以紙本手冊形式記載的。

　　另外，所謂與飛行狀態無關的獨立系統，就是**可以自由設定機艙內高度**。例如，專為國內航線設計的747SR（短程），為了縮小短程航線特有的反覆荷載，將飛機內外壓差設定為8.0 psi（5.6 噸/m^2）。然而，其增壓系統並沒有進行重大修改，只是改變了機艙內高度的設定方法。

結語

　　單手拿著手電筒，天亮前的機艙內，被黑暗無聲的寂靜包圍。進入駕駛艙目視檢查整個區域後，開始喚醒飛機的程序。

　　首先進行安全檢查，確認雨刷、液壓泵、起落架操縱桿、備用襟翼啟動開關等均處於指定位置。這是為了防止這些設備在通電時意外運作。

　　完成安全檢查並打開電池開關後，將聽到設備僅依靠電池供電運轉的微弱聲音。

　　接下來，打開APU（輔助動力設備）的啟動開關時，會聽到從後方傳來APU開始轉動的「嗡嗡」聲。檢查APU控制面板上的儀表，確認運轉穩定，發電機能夠供電，然後打開為飛機各系統供電的開關。

　　這時，駕駛艙及客艙內的燈光全部亮起，儀表重新啟動的同時，各種設備運轉的聲音開始響起，徹底喚醒了黑暗寂靜的飛機。

　　──至此，這就是以前清晨航班出發準備的一個場景。類比式飛機上電池開關的主要功能是啟動APU，以及為緊急情況下使用的各個設備供電。

　　在現今的數位飛機中，當電池開關打開時，整個飛機系統將透過網路連接起來，並且可以執行各個軟體。它的功能與啟

動電腦作業系統（Windows或mac OS等）的電源開關類似。

　　而透過網路連接的每個系統可以共享不斷變化的飛行姿態、高度和速度等資訊。如果修改電腦上電子試算表軟體中的數據，貼在文書處理軟體中的表格也會自動修改。基本上不需要操作各系統的控制面板。

　　如此當飛機甦醒，其他如加油車、牽引車、皮帶輸送機、貨物裝載機等工作車輛也齊聚在一起，彷彿早已等待著飛機，出發的準備工作一下子就展開。儘管系統的控制方式有很大變化，但出發前的場景，不管是過去或現在，仍然相同。

2023 年 7 月吉日　中村寬治

索 引

數字、英文

2.5 GAL管 …………………………… 190
A/C PACK ……………………………… 212
ADM ……………………………… 104、106
ADP（氣動泵）…………… 194~196、200
ADRS ………… 75、104、106、124~126
ATC transponder …………………… 104
CAC ……………………………………… 226
CAS ……………………………………… 104
CH ………………………………… 108~110
DME ……………………………… 70、73
EBHA（電動備用液壓執行器）… 204、205
EFIS（電子飛行儀器系統）………… 124
EHA（電動液壓執行器）……… 204、205
ETOPS ………………………………… 180
FADEC（全權數位發動機控制系統）… 140
GS ………………………………………… 90
IRS（慣性參考系統）…… 75、80、124~126
ISA ……………………………………… 28
ISS（慣性傳感系統）………………… 82
ITCZ（間熱帶輻合區）……………… 30
LNAV（水平導航）………………… 66、74
NDB ……………………………… 68~70
P&D閥 ………………………………… 136
QFE …………………………………… 100
QNE ……………………………… 100、101
QNH ……………………………… 100、101
RAT（衝壓空氣渦輪）178、182~184、204
RPDU（遠端電源分配器）…… 180、181
SAT（靜溫）……………………… 92、104
SID（標準儀表離場程序）…………… 74
S型導管 ……………………………… 137
TAS ………………………… 90、92、102、107
TAT（大氣全溫，全溫）… 92、102、104
TGT（渦輪氣體溫度）……………… 157
TIT（渦輪入口溫度）……………… 157
TPR（渦輪風扇功率比）…………… 154
TRU（變壓整流器）………………… 165
T型配置法 ……………………………… 85
VBV（可變旁通閥）………… 138、139
VG（垂直陀螺儀）…… 60、71、116~119
VNAV（垂直導航）………………… 66、74
VOR/DME …………………… 68、69、75
VSV（可變定子葉片）… 138、139、141

〔ㄅ〕

比例計算器………………………… 50、51
必備電力選擇器…… 169、170、174、175
玻璃駕駛艙 ……………………………… 13
備用系統操作燈……………………… 191
備用電力開關 ………………… 175、176

〔ㄆ〕

皮托管………………………………………
………… 90、91、93、95、102~104、128
偏西風 ………………………………… 128
偏航力矩 ………………… 40、50、145
頻率表/CSD轉速表 ………………… 174

〔ㄈ〕

反向偏航 ……………………………… 40
方向舵配平輪 …………………… 50、51
方向穩定性 …………………………… 48
放氣閥 ………………………………… 230
飛行計算機 …………………………… 105
飛航指引系統…………………………………
………… 62、63、67、70、71、103、126
飛機性能管理系統 ……………… 72、73

235

俯仰……………… 25、44~46、116、117
俯仰通道電腦………………………… 60
輔助動力設備……………………………
23、146、148、168、184、194、206、
212、220、228
輔助變速箱………………………… 152、153

〔ㄉ〕
地文航行術………………………………… 68
抖震…………………………………… 95、102
定向陀螺儀………………………… 109~113
怠速推力……………………………… 26、27
動力操作……………………………………… 22
單系統……………………………… 198、199
電磁閥……………………………… 112~115
電磁驅動泵………………………………… 200
導航模式開關…………………………… 62、120
斷路開關………………………………… 170

〔ㄊ〕
同步測定燈………………………… 168、169
托杯……………………………………… 153
停滯點………………………………… 90、92
碳纖維………………………………… 10、230

〔ㄋ〕
內平衡環架………………… 110、117、118
逆弧………………………………………… 44
逆操舵……………………………………… 52

〔ㄌ〕
連接桿………………………………… 60、61
臨界馬赫數………………………… 58、94、107
羅盤航向…………………………… 108、110

〔ㄍ〕
固定式………………………………… 80、81
高度表撥定………………………………… 100

滾轉………………………………………… 25
滾轉力矩…………………………………… 38
滾轉通道電腦……………………………… 60
關鍵引擎………………………………… 170

〔ㄎ〕
可變翼弧縫翼……………………………… 35
空氣循環…… 208、209、212、218、220
客艙座椅娛樂系統開關………………… 178
開縫襟翼…………………………………… 35

〔ㄏ〕
弧度………………………………………… 24
弧線………………………………………… 24
恆速驅動器……………………………… 170
航位推測法………………………………… 68
航點………………………………………
 72、74、76、82、120、122、123、127
匯流排聯絡斷路器……………… 167、182
環形雷射陀螺儀……………………… 80、81

〔ㄐ〕
加速規……………………… 68、78~81、114
巨無霸客機………………………………… 14
交流電動泵……………………… 194、195
金屬隔膜………… 92、93、95~97、104
校準……………………………………… 80
基本匯流排………………… 170、171、174
減壓閥……………………… 218、230、231
機尾擦地保護……………………………… 54
機艙溫度控制面板……………………… 218

〔ㄑ〕
氣動系統………………………………… 210
氣動馬達…………………………… 34、35
氣壓高度計………………………………
……… 62、85、86、98、100~102、116
區域溫度控制系統……………… 224、225

236

索 引

傾斜角保護功能·····································54
翹曲機翼···38

〔ㄊ〕
需求泵浦···200
箱型結構····································142、143

〔ㄓ〕
指示空速··· 51、62、90、94、103、104、107、162
真實空速··· 87、90、92、94、104~107、125、162
蒸氣循環···209

〔ㄕ〕
升降舵感覺計算器·······························46
雙系統··198

〔ㄖ〕
人力操作···22
熱啟動···152
擾流板混合器······························40、43

〔ㄗ〕
自動震桿器··54
最大零燃油重量·······························145

〔ㄘ〕
側桿·································53、56、64
操作限制···54

〔ㄙ〕
三重開縫襟翼···························34、35
速度模式開關···························62、63

〔一〕
引氣系統······ 212、213、218、221、228
引氣控制·························211、218、219

引擎驅動泵················ 194、200、205
液位開關·························117、118
葉輪·······································156
壓力控制······ 105、211、218、219、230
壓縮機失速·······················136、137
翼弦·································24、59

〔ㄒ〕
外平衡環架·················110、117、118
尾翼配平片··· 45、46、47、60、61、63、105
無線電高度儀··· 71、82、86、98、101
無線電導航········ 68、69、82、112、114

237

國家圖書館出版品預行編目資料

噴射客機的飛行原理：在飛行員的操縱下飛機怎麼運作？噴射客機系統的詳細圖解！/中村寬治著；盧宛瑜譯. -- 初版. -- 臺中市：晨星出版有限公司, 2024.11
面；公分 . —（知的！；232）
譯自：ビジュアルガイド ジェット旅客機のしくみ
ISBN 978-626-320-945-9（平裝）
1.CST: 噴射機 2.CST: 飛行 3.CST: 航空力學

447.75　　　　　　　　　　　　　　　　113013234

知的！232

噴射客機的飛行原理：在飛行員的操縱下飛機怎麼運作？噴射客機系統的詳細圖解！
ビジュアルガイド ジェット旅客機のしくみ

作者	中村寬治
內文插圖	中村寬治
內文圖版	笹澤記良（KURAMEDEA）
譯者	盧宛瑜
編輯	吳雨書
封面設計	ivy_design
美術設計	曾麗香
創辦人	陳銘民
發行所	晨星出版有限公司 407台中市西屯區工業30路1號1樓 TEL：（04）23595820　FAX：（04）23550581 http://star.morningstar.com.tw 行政院新聞局局版台業字第2500號
法律顧問	陳思成律師
初版	西元2024年11月15日　初版1刷
再版	西元2025年03月20日　初版2刷
讀者服務專線	TEL：（02）23672044 /（04）23595819#212
讀者傳真專線	FAX：（02）23635741 /（04）23595493
讀者專用信箱	service@morningstar.com.tw
網路書店	http://www.morningstar.com.tw
郵政劃撥	15060393（知己圖書股份有限公司）
印刷	上好印刷股份有限公司

掃描QR code填回函，
成為晨星網路書店會員，
即送「晨星網路書店Ecoupon優惠券」
一張，同時享有購書優惠。

定價450元

（缺頁或破損的書，請寄回更換）
版權所有．翻印必究

ISBN 978-626-320-945-9

Visual Guide Jet Ryokakuki No Shikumi
Copyright © 2023 Kanji Nakamura
Originally published in Japan in 2023 by SB Creative Corp.
Complex Chinese translation rights arranged with SB Creative Corp., through jia-xi books co., ltd., Taiwan, R.O.C.
Complex Chinese Translation copyright (c) 2024 by Morning Star Publishing Inc.